空天科学技术系列教材

振动可视化故障诊断
理论与方法

蔡艳平　王　旭　李爱华　岳应娟　著

西北工业大学出版社

西安

【内容简介】 本书分为7章,主要以内燃机的振动信号为基础,试图从内燃机振动动力学特性分析、振动诊断机理、振动可视化表征分析、振动谱图视觉特征提取、振动谱图代数特征提取以及振动谱图模式识别方法等方面入手,运用可视化分析技术探究内燃机状态监测的新方法、新途径。全书以振动可视化分析为主要手段,将二维可视化表征与图形图像分析理论、方法与工程应用实例相结合,以内燃机振动机理、振动可视化识别诊断技术途径、内燃机振动信号的典型可视化表征方法、内燃机振动谱图特征提取、振动谱图像模式识别诊断等内容为重点,系统分析了可视化故障诊断方法,并附有诊断实例,可为基于振动可视化分析的故障诊断提供操作指导依据,实现振动谱图像的自动分析和智能诊断。

本书既可作为高等学校相关专业研究生、高年级本科生的教材,也可供内燃机、机械、石油、化工、冶金、电力、船舶等行业从事设备故障诊断的研究人员、工程技术人员阅读参考。

图书在版编目(CIP)数据

振动可视化故障诊断理论与方法/蔡艳平等著.—
西安:西北工业大学出版社,2022.10
ISBN 978 - 7 - 5612 - 8437 - 7

Ⅰ.①振…　Ⅱ.①蔡…　Ⅲ.①内燃机-振动-故障诊断　Ⅳ.①TK4

中国版本图书馆 CIP 数据核字(2022)第 190381 号

ZHENDONG KESHIHUA GUZHANG ZHENDUAN LILUN YU FANGFA
振 动 可 视 化 故 障 诊 断 理 论 与 方 法
蔡艳平　王　旭　李爱华　岳应娟　著

责任编辑:蒋民昌	策划编辑:蒋民昌	
责任校对:胡莉巾	装帧设计:董晓伟	

出版发行:西北工业大学出版社
通信地址:西安市友谊西路 127 号　　邮编:710072
电　　话:(029)88491757,88493844
网　　址:www.nwpup.com
印 刷 者:西安浩轩印务有限公司
开　　本:787 mm×1 092 mm　　1/16
印　　张:11.875
字　　数:312 千字
版　　次:2022 年 10 月第 1 版　2022 年 10 月第 1 次印刷
书　　号:ISBN 978 - 7 - 5612 - 8437 - 7
定　　价:50.00 元

前　言

随着现代科学技术和社会生产力的发展,机械系统日趋大型化、复杂化、集成化和智能化,机、电、液、光、计算机一体化已成为机械系统的发展趋势。由于现代系统的复杂性明显提高,设备发生故障的潜在可能性相应增加,故障形式更加复杂。如果缺乏必要的状态监测和故障诊断手段,不能及时、准确地识别设备运行状况,一旦发生故障,将造成巨大的损失。内燃机作为一种广泛应用于工农业生产和国防军事中的往复式动力机械,其运行状态的好坏直接影响到整个动力系统的安全性和可靠性,在国民经济和军事现代化建设中发挥着重要作用。因此,开展内燃机状态监测和故障诊断研究非常有意义。

由于内燃机自身的结构特点和工作原理限制了一些测试和分析方法的应用,因此在旋转机械设备状态监测与故障诊断中的许多成熟技术不能很好地推广到内燃机的故障诊断中去,分析其原因主要是由于内燃机振动响应信号十分复杂,它既有旋转运动,又有往复运动,且运动部件多,其故障机理和振动信号成分相比旋转机械来说均要复杂得多。往复式机械振动信号的复杂性、非线性和非平稳性,决定了对其实施故障诊断的高难度。迄今为止,内燃机的故障诊断研究仍是机械故障诊断领域中的一个热点、难点课题,因此有必要持续深入、多视角地开展内燃机的故障诊断技术研究,这对发展我国工农业生产与国防建设,提高我国动力机械设备的故障诊断水平均具有重要意义。

本书是在广泛参考国内外文献、总结国内外最新研究成果的基础上,结合笔者多年来的研究成果和科研实践撰写而成的。主要内容以内燃机的振动信号为基础,试图从内燃机振动动力学特性分析、振动诊断机理、振动可视化表征分析、振动谱图视觉特征提取、振动谱图代数特征提取、振动谱图模式识别方法等方面入手,应用可视化分析技术探究内燃机状态监测的新方法、新途径。全书分为7章,第1章主要介绍了内燃机故障诊断的背景、意义和研究现状,并分析了内燃机的振动机理和振动特性;第2章以可视化分析技术为基础,从可视化表征、可视化图像特征提取、模式识别三方面入手,总结了内燃机可视化振动谱图识别诊断的技术途径;第3章和第4章阐述内燃机可视化故障诊断方法中的可视化表征手段,综合分析了典型的内燃机振动信号线性时频分析、二次型时频分析、EMD分析、递归图分析等可视化表征手段,并探究了基于窗函数可调的改进S变换时频表征、基于互信息(CEEMD-PWVD)的时频表征、基于变分模态分解的时频表征、基于快速稀疏分解的时频表征、基于改进递归图的可视化表征等手段,为内燃机以可视化表征为基础的监测和诊断提供了新的理论和方法;第5章和第6章主要是以内燃机的振动谱图视觉特征和代数特征分析为主要手段,以灰度共生矩阵分析、D-S证据理论特征融合、局部二值模式、主成分分析、非负矩阵分解等理论为基础,研究基于可视化谱图特征分析的故障分析方法,试图为实现内燃机振动信号分析、内燃机振动谱图像特征的自动提取探索新途径;第 7 章介绍了内燃机振动谱图典型模式识别方法,利用最近邻分类器、神经网络、支持向量机等方法对内燃机可视化特征的故障信息表达能力进行了检验,并进一步将所讨论的内燃机可视化故障诊断方法推广到一般的旋转机械设备上,从而为机械故障诊断领域的方法研究提供理论借鉴。

本书主要特色是探索了一套涵盖"振动可视化表征—振动谱图像特征提取—振动谱图像模式识别"的故障诊断新方法,并以内燃机为对象入手,分析制定出不同故障的不同振动谱图像表征和理解策略,通过内燃机故障诊断精度来指导内燃机故障诊断途径的选取,研究不同振动谱图像表征和分析方法对内燃机振动信号非线性特征刻画能力、抗干扰能力、故障识别结果的影响,从而形成一个闭环研究,并最终制定出内燃机不同故障的不同振动谱图像表征、分析和理解策略。书中内容为实现内燃机振动可视化诊断的自动分析和智能诊断探索了一条新途径,具有重要的理论研究意义和实际应用价值。

本书由蔡艳平编写第 1、2 章,王旭编写第 3、4 章,李爱华编写第 5、6 章,岳应娟编写第 7章,全书由蔡艳平统稿。

本书的研究内容得到了国家自然科学青年基金(项目编号:51405498)、中国博士后基金(项目编号:2015M582642)和陕西省自然科学基金(项目编号:2013JQ8023、2019JQ - 712)的支持。本书是在蔡艳平、王旭、李爱华、岳应娟等课题组成员研究成果的基础上完成的,孙刚、张世雄、牟伟杰、范宇等参加了本书的校对工作,并提出了许多修改意见。书中部分章节的撰写参考了有关文献,另外,本书的出版还得到了火箭军工程大学相关领导和同事的支持和帮助,在此也一并表示感谢!

由于水平有限,书中难免有疏漏和不妥之处,敬请读者批评指正。

著 者

2022 年 3 月

目　录

第1章 绪 论

1.1 内燃机故障诊断的背景和意义

随着当今社会工业化水平的迅猛发展,内燃机在动力牵引、固定发电、工程机械等多个领域得到了广泛的应用。经过约一个半世纪的发展,内燃机日益大型化、高速化、精密化,随之而来的问题是,一旦其某一部分或者某一环节发生故障,往往会造成停工停产、设备损坏等,直接或间接地带来经济损失,甚至是威胁人身安全。火箭军导弹武器系统中的内燃机发生故障时,若不能及时发现,产生的后果和影响更是巨大的。因此,内燃机状态监测及故障诊断技术的研究对于保证机械设备和武器系统运行状态、提高装备保养质量具有深远的意义。

机械故障诊断技术是建立在故障机理分析、传感器、信号分析、模式识别以及人工智能等技术之上的多学科融合技术,凭借力学、机械、信号处理、计算机、人工智能等学科的技术发展,近半个世纪以来取得了一系列重要的成果。按照诊断对象类别可将机械设备分为旋转机械和往复机械两大类,其中,旋转机械主要有转子、轴承、齿轮、泵、风机、电机等,往复机械则主要有内燃机、活塞曲柄和连杆机构等。由于内燃机系统结构复杂,振动源多,有燃爆产生的冲击力、转动件和往复件的不平衡惯性运动力、运动件间隙引起的碰撞力以及阀门落座产生的碰撞力等,工作也较为复杂,运行中既有旋转运动,又有往复运动,所以对内燃机的故障诊断较为困难,图 1.1 为内燃机零部件组成图。

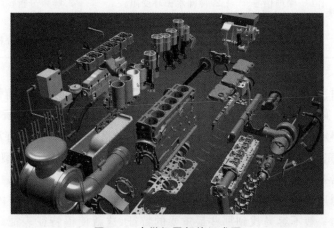

图 1.1 内燃机零部件组成图

内燃机结构复杂、类型繁多,且包含启动、润滑、冷却等众多子系统,各子系统之间相互影响、关系密切。当前,对内燃机进行状态监测和故障诊断的方法综合起来主要包含瞬时转速分析法、压力波诊断法、油液分析诊断法、热力学参数分析法以及振动分析诊断法等。正所谓"尺有所短,寸有所长",上述无论哪种方法都存在一定的局限,难以实现内燃机的全方位监测,内燃机系统中常见故障部位及诊断方法见表1.1。

表 1.1 内燃机系统常见故障部位及诊断方法一览表

故障部位	检测状态信息	故障产生的主要原因	主要诊断方法
配气系统	气缸压力 振动信号 噪声信号 排气温度 排气颜色	1.气门间隙异常; 2.气门烧损、磨损; 3.气门弹簧故障; 4.空气滤清器堵塞; 5.增压器故障	1.振动信号分析; 2.经验法; 3.气缸压力分析; 4.瞬时转速
燃油系统	燃油压力 振动信号	1.喷油压力异常; 2.喷油提前角异常; 3.喷油嘴积炭、堵塞; 4.喷油嘴泄漏、滴油	1.燃油压力测量; 2.爆发压力分析; 3.振动信号分析; 4.经验法
气缸活塞组件	气缸压力 振动信号 输出扭矩 瞬时转速 油液成分	1.缸套、活塞磨损; 2.活塞环折断; 3.活塞换向撞击; 4.活塞高温变形	1.振动信号分折; 2.气缸压力分析; 3.瞬时转速; 4.金属介质分析; 5.噪声分析
曲柄连杆组件	振动信号 油液成分	1.主轴瓦、连杆瓦磨损; 2.摩擦咬合; 3.构件裂纹	1.振动信号分析; 2.金属介质分析; 3.经验法
其他辅助系统	振动信号 噪声信号 冷却水温度 机油压力	1.机油压力异常; 2.冷却水循环受阻; 3.正时齿轮箱故障; 4.机油污染	1.振动信号分析; 2.噪声分析; 3.经验法; 4.油品理化分析

由表1.1可知,内燃机振动信号分析法由于其不解体性和实时性,目前仍是对内燃机实施诊断的研究热点。内燃机振动分析法主要包含信号采集、信号分析、特征提取,以及模式识别四个环节,其中信号分析是否合理、特征提取是否有效对最终的诊断效果有重大影响。从信号处理角度来说,要完成内燃机的故障诊断任务,实质是完成内燃机故障类型的模式识别任务,即内燃机振动数据要完成"数据空间"→"特征空间"→"类型空间"的映射。因此,在内燃机振动数据的模式识别过程中,振动特征是决定相似性和分类的关键。但由于内燃机振动信号的复杂性、非平稳性,一般不容易找到那些最重要的特征,这就使得特征表征、选择、提取和识别任务复杂化,从而使得内燃机故障诊断任务更加困难。

在内燃机故障诊断方法中,振动分析法的应用最为广泛,其有效性也得到了业内的认可。

处理非平稳、非线性的内燃机缸盖振动信号时往往需要应用时频分析方法。传统的时频分析方法需要依靠检查者的经验进行类型的判定,没有深入挖掘内燃机振动时频图像中所蕴含的丰富信息,也难以实现故障的自动诊断。本书研究内容将图形图像可视化分析技术引入内燃机故障诊断方法中,对内燃机振动信号的有效时频表征方法、时频图像的特征提取方法以及故障类别的判别方法进行了深入的探索,并提出了一套完整的内燃机振动时频图像识别诊断技术途径。

1.2　国内外研究现状

1.2.1　内燃机的故障诊断方法研究现状

作为一门综合多学科的技术方法,故障诊断技术涉及领域广泛,涵盖方法众多。其中,具有代表性的方法有热力参数分析法、磨粒监测分析法、振声信号分析法、瞬时转速法和振动分析法等。

1. 热力参数分析法

热力参数分析法主要是通过观察内燃机工作时的燃烧热力状态相关参数的变化来对内燃机运行状态进行监测的方法。应用较多的热力状态参数主要包括气缸内压力示功图和内燃机各部位温度等。在众多的参数中,由于示功图所包含的信息量相对较多,应用更为广泛。如Sharkey 等将示功图分析与人工神经网络相结合,用于内燃机气阀故障的有效诊断;Feng Kun等提出了示功图与主成分分析方法相结合的机械设备故障诊断方法;Wang Fengtao 等将示功图分析方法应用于往复式压缩机的故障诊断中,并利用支持向量机有效识别出 5 种模拟压缩机阀门状态;徐友林等对内燃机的示功图参数进行计算,实现了对船用内燃机运行状态的实时监测;许洪瑜等在实际应用中指出了示功图的测定主要受内燃机燃烧过程模型精确度的影响。此外,热力参数分析方面,也出现了许多利用内燃机气门温度、油路温度和水温等进行故障诊断的方法。如姚广涛等提出了通过对柴油机颗粒过滤器进、出口的温度进行特性分析,从而进一步判断柴油机故障类型的方法;马修真等提出了对内燃机的压力和进气门温度等相关参数进行模糊处理和识别的内燃机增压系统故障诊断方法;Wang Xun 等将主成分分析与温度参数分析相结合,实现了涡轮增压柴油机的故障诊断。由于热力参数分析法中热力学系统和燃烧数学模型的准确性与泛化性通常难以保证,所以基于热力参数分析的内燃机故障诊断方法推广性往往较差。

2. 磨粒监测分析法

磨粒监测分析是通过对内燃机润滑油进行成分、铁谱、光谱分析等来判断内燃机的磨损情况及故障状态的方法。Kumar 等通过分析润滑油的黏度、酸碱度、金属颗粒构成等参数,对内燃机进行了磨损检测;S. Ramezani 等提出了油液分析与模糊理论方法相结合的柴油发动机磨损检测方法,并分析了有关参数在设备状态监测中的贡献率问题;V. Macián 等在利用油液分析进行内燃机磨损状态的判别时,考虑到了油液的消耗和新油的添加等因素,提高了磨损状态识别的准确度;Cao Wei 等开发了一种在线铁谱分析仪,用于对内燃机的磨损程度进行检测,并通过实验证明了该监测方法的有效性;郝延龙等通过对润滑油的铁谱分析和微流控成像,并结合灰色关联分析方法实现了设备磨损程度的在线判定。虽然这些方法为内燃机磨损检测技术方法的研究均作出了贡献，但是在实际应用中，磨粒监测分析法也存在诸多问题。如Surapol Raadnui 指出磨粒监测分析法对于检测者的经验、知识依赖程度较高，分析结果存在较大的随机性。Du Li 等指出由于磨粒监测方法所需要分析的数据众多，各类参数对于结果的贡献率难以确定，并且对于相关数据的分析存在时效性问题，难以将该方法应用于内燃机运行状态的实时监测。

3. 振声信号分析法

振声信号分析法是一种利用声音传感器获取噪声信号，通过对噪声信号进行分析进而判断内燃机运行状态的方法。由于声音信号由内燃机的振动产生，所以通过对内燃机振声信号的特性进行分析，可以进一步判断内燃机的振动状态。郝志勇等利用小波变换的方法对内燃机的振声信号进行分析，实现了对内燃机的状态测试；Albarbar 等利用独立成分分析方法对柴油机振声信号进行了特征提取，实现了柴油机燃烧状态的判断；Tomasz Figlus 等利用小波包分解的方法对所采集到的内燃机振声信号进行过滤，并分别对信号的低频分量和高频分量进行特征提取，实现了内燃机运行状态的有效监测；F. Elamin 等通过对 JCB444T2 型柴油机声发射信号进行频率检测和信噪比分析，实现了该型设备的喷油器故障诊断；T. Lus 等对船用内燃机的振声诊断方法进行了研究，并对比分析了涡轮增压器振动与声信号的相互关系以及利用振生分析法时的条件。由于内燃机工作复杂，工作环境中难以去除周围声场的干扰，采用振声信号分析法对内燃机进行故障诊断时，信号成分较为复杂，并且故障信号容易湮没于背景噪声中，所以检测结果往往是不稳定的，易出现故障漏报或误报的现象。

4. 瞬时转速法

瞬时转速法是通过分析内燃机转速的波动性来判断内燃机运行状态的方法。由于内燃机转速的波动往往与内燃机各缸的点火情况有关，所以通过检测内燃机的瞬时转速可以得到内燃机缸内的做功指标，并对有关故障进行判断。Li Zhixiong 等利用经验模态分解、核主分量分析、Wigner 双谱分析和支持向量机对船舶柴油机瞬时转速进行了分解，实现了柴油机的智能故障诊断；A. Ahmed 等根据测得的瞬时转速编码器数据分析了蒸汽轮机叶片的振动状态，并对叶片寿命的可靠评估方法进行了探讨；J. J. Francisco 等通过对瞬时扭矩的谐波分析，确定了柴油机组动力传动系的动态特性，并指出这一指标可有效用于内燃机燃烧故障或系统的机械特性的判断；王帅等利用瞬时转速极坐标表示的方法，实现了内燃机失火故障的有效定位；Yiu Lun Tse 等分析了利用瞬时转速法对汽车发动机各类型故障进行诊断的有效性问题。但是要保证瞬时转速测量的高精度和高频响应，对测量仪器的要求较高，同时也一定程度上受监测人员专业技术的限制。

5. 振动分析法

振动分析法是通过对内燃机缸盖振动加速度信号进行分析或特征提取，从而判断内燃机运行状态的方法。与以上四种方法相比，振动分析法具有传感器安装更加便捷，测量过程更加快速、可靠等优点，目前在内燃机故障诊断领域应用最为广泛，下面重点介绍基于振动分析法的内燃机故障诊断方法。

1.2.2　基于振动分析法的内燃机故障诊断方法研究现状

传感器技术信息捕获能力的逐渐增强,及测量精度的不断提高,使得数据测量更加便捷和可靠,振动信号分析方法也逐渐显示出了其独特的优越性。伴随着信号处理理论的深入,发展出了多种振动分析方法,主要可分为时域分析方法、频域分析方法和时频分析方法三大类。

1. 时域分析方法

时域分析方法是对内燃机振动信号在时域的相关参数、指标的估计和计算,通过对振动信号的动态指标进行分析和选择,作为区分内燃机不同运行状态的判据。信号的时域变量主要包括有量纲的特征量和无量纲的特征量两种,其中,有量纲的特征量主要有峰值、最值、方差、均值、均方根、均方值等;无量纲的特征量则主要有波形指标、裕度指标、峭度指标、脉冲指标等。单一的指标往往对振动信号的脉冲较为敏感,通常将多个指标同时使用,以获得较好的故障诊断效果。谢雅选择振动信号的偏态、峭度、峰值和裕度指标对信号进行模式识别,实现了滚动轴承故障的快速检测;王柏杨等通过对轴承故障信号时域特征指标进行敏感性分析,认为对故障的敏感性较好的是裕度指标和脉冲指标,在实际应用中应被赋予较高的权值。时域分析方法也有其局限性,如王小玲等指出,信号的峭度、峰值、裕度、谱峭度等指标对于信号的扰动更为敏感,在状态监测过程中容易引起误判。OtmanBasir 等利用 D-S 证据理论将内燃机振动信号的时域特征与温度、压力等其他特征参数进行了融合,实现了故障的多传感器检测。

2. 频域分析方法

由于机械设备故障的出现往往伴随着振动信号频率成分的变化,所以频域分析是机械设备故障诊断技术中应用较多的方法。在众多频域分析方法中,频谱分析、倒频谱分析、阶比谱分析、包络分析、全息谱分析等方法最具代表性。频谱分析通常使用幅值谱和功率谱来描述振动信号的频率分布情况,应用较为直观;倒频谱分析通过对信号的功率谱进行傅里叶逆变换,使信号频谱中复杂的周期成分变得清晰;包络分析通过对高频信号进行解调处理,将其转化为低频信号,以便于故障信息的分析处理;阶比谱分析是针对旋转机械振动特征研究所提出的方法,通过建立振动与转速之间的关系,排除因转速的不平稳所引起的信号畸变;全息谱分析方法最初由屈梁生院士提出,是一种在频域对多种信息进行融合的方法。在工程应用方面,Rolf Isermann 利用 AR 谱模型的方法实现了船用柴油发动机的故障诊断;罗毅等利用倒频谱分析方法,有效地识别出风电机组齿轮故障;毕凤荣等将功率谱分析与遗传算法、BP 神经网络、支持向量机相结合,成功应用于内燃机气门故障的诊断;刘尚坤等利用变分模态分解对转子振动信号进行分解,通过分析各分量的频谱特征来对转子的油膜失稳故障进行诊断;Francis 等将粗糙集理论与信号的频谱分析相结合,实现了多缸柴油机气阀故障的有效诊断;桂勇等成功将包络谱分析应用于变速行星齿轮系统的故障检测;彭富强等利用阶比谱分析的方法实现了齿轮箱故障的诊断;杜永祚等将全息谱分析引入旋转机械的故障诊断中,指出三维全息谱可用于旋转机械的动平衡分析;胡彦红等则将二维和三维全息谱分析应用于转子系统的故障分析中,指出全息谱图可以突出旋转机械的故障特征信息。

3. 时频分析方法

由于内燃机结构及运行状态的复杂性,其振动信号具有明显的非线性、非平稳时变特征,并且特征信号往往相互重叠和混淆,特征频率难以确定。传统的信号分析方法大都建立在信号平稳性的基础之上,难以应用在内燃机的故障诊断中。此外,单纯在信号的时域或者频域对其进行分析,对信号中故障信息的表征能力有限,难以充分描述内燃机振动信号的非平稳时变特征。所以,目前非平稳信号处理的主要手段是时频分析方法,如短时傅里叶变换、维格纳分布、小波变换、第二代小波分析、S 变换、高阶谱分析、自适应时频分析、HHT 时频分析等。如刘建敏等利用 S 变换分析了变速器齿轮故障;Vladimir 等利用 STFT 来测量系统的固有频率和激励频率之间的相互作用;Elias 等分别用短时傅里叶变换、Wigner 分布、Choi-Williams 分布对永磁电机振动信号进行了时频分析;Li Chuan 等利用广义 S 变换实现了齿轮箱的振动分析;Wang Yan 等利用经验模态分解与平滑伪 Wigner 分布相结合,来分析振动信号中的微多普勒特征;Wang Hongchao 等提出了基于 EEMD 和可调 Q 因子小波变换的滚动轴承早期弱断层特征提取方法。这些时频分析方法的提出为非平稳、非线性信号的有效分析提供了良好借鉴。

1.2.3　基于图形图像识别的故障诊断方法研究现状

在内燃机故障诊断技术方面,振动分析法有其独特的优势。相比于时域分析与频域分析的方法,时频分析方法能够更加全面地反映内燃机振动信号在时域域频域的分布特性。通过信号的时频分析以及其他可视化分析手段可以得到大量反映设备运行状态信息的图像,传统的分析方法需要依靠监测者的先验知识来对内燃机的运行状态进行判定,而所得到图形中隐含的丰富信息却大多没有被继续挖掘。为了实现内燃机的故障自动诊断,更好地适应内燃机运行状态监测的实时性需求,可以利用图形图像识别的技术来对内燃机振动时频图像的所属类别进行判断。

图 1.2 反映了基于图形图像识别的内燃机故障诊断的思想。近年来,随着信息论研究的深入发展,图像识别技术逐渐成为人工智能领域中研究的热点技术之一,国内外研究者利用图像识别技术对机械设备的故障诊断方法进行了许多有益的探索。Hassen 等利用静态小波包变换和多类小波支持向量机组合建立了断转杆故障的智能诊断系统;Chen Jiayu 等提出了基于 CEEMD 方法的齿轮箱故障诊断算法;2001 年夏勇等人较早提出了运用图像处理方法对内燃机进行故障诊断的理念,并利用分形维数、小波包等方法实现了内燃机气阀故障的有效诊断;西安交通大学的王成栋、张优云等对内燃机时频图像的二次处理方法进行了大量探索。随着研究的深入,众多新的方法涌现了出来,如火箭军工程大学的蔡艳平等将图像分割理论引入内燃机故障诊断,提出了基于时频谱图分割与模糊模式识别方法的故障诊断;军械工程学院的张前图等提出了一种将时域振动信号变换为雪花图的表征方法,并利用线性局部切空间排列实现了轴承故障的有效诊断;军械工程学院的张云强等利用脉冲耦合神经网络对时频图像进行二值分解,有效地提取出滚动轴承信号的故障特征;天津大学的刘昱等将 Wigner 分布与分形维数相结合,有效的诊断出潍柴 WP7 型内燃机配气机构故障。此外,随着人脸识别、图像检索等领域研究的不断深入,许多图像特征提取及识别方法被引入机械故障诊断领域,如 Yang Yongsheng 等将鉴别非负矩阵分解方法应用于内燃机的故障诊断。但是从现有的文献来看,在利用图像分析技术进行机械设备故障诊断时,将旋转机械作为研究对象的居多,而针对内燃机时频图像故障特征提取方法的研究相对较少。图像识别技术属于一类模式识别技术,而内燃机故障的诊断也正是一类模式识别问题,利用时频图像的分析和处理,进一步对内燃机运行状态做出判别,方法上是完全可行的。目前来看,尚有许多内燃机时频图像的生成和

处理方法值得探索,这些探索也必将对机械设备故障诊断技术的研究产生积极的推动作用。

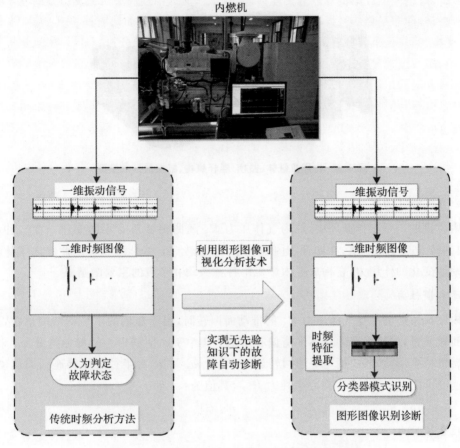

图 1.2　基于图形图像识别的内燃机故障诊断思路

1.3　内燃机振动动力学分析

振动分析的关键在于建立激振源、传递途径与振动响应之间的依赖关系,而建立这三者之间正确关系的基础就是激励产生条件及影响因素,也就是说必须从根本上了解振动的根源及动力学特性。因此,对影响内燃机缸盖表面振动的内部零部件进行动力学分析是十分必要的。

1.3.1　曲柄-连杆-活塞机构动力学分析

在内燃机中,曲柄-连杆-活塞机构是最主要的机构。内燃机的一个工作循环,共有进气—压缩—膨胀—排气 4 个工作过程。在膨胀过程的刚开始一瞬间曲轴受到燃烧气体的膨胀压力,其余几个工作过程中曲轴受到的是惯性力的作用,曲轴运转的扭矩就是由这两个力分别产生的。此外,曲轴在主轴承内还受到油膜力。内燃机曲柄连杆机构是由活塞、连杆和曲轴(曲柄)3 个基本构件组成的运动机构。图 1.3 为内燃机缸体、曲柄-连杆机构、缸盖的三维模型。

本章以大多数内燃机所采用的正置式曲柄-连杆机构作为研究对象,这种机构的特点是气缸中心线通过曲柄的回转中心,并垂直于曲柄的回转轴线。其动力学分析如下:

图 1.3　内燃机缸体、曲柄-连杆机构、缸盖的三维模型

1. 缸内气体压力

在内燃机的一个工作循环中，缸内气体压力 P_g 随曲轴转角 α 不断变化。在二冲程内燃机中，曲轴转 360°变化一次，在四冲程内燃机中，曲轴转 720°变化一次。因此缸内气体压力是一个周期性变化的作用力，它构成了内燃机中各种振动和噪声的主要激励源。

2. 离心惯性力

当内燃机主运动系受气体压力 P_g 的推动而回转时，由于曲柄的不平衡结构形状，形成一偏心的回转质量，如将曲柄的总不平衡偏心量用一集中于曲柄销中心的集中质量 m_g 来表示，则当内燃机稳定运转时，曲柄呈等速回转运动，质量 m_k 在 R 为半径处作等速圆周运动，具有向心加速度 $R\Omega^2$，因而将产生离心惯性力 P_{RK}，其值为：

$$P_{RK} = m_k R\Omega^2 \tag{1-1}$$

3. 往复惯性力

当内燃机运转时，活塞组件在气缸中作上下来回的往复运动，将气缸内气体压力的压力势能通过连杆传递给曲柄，用以带动曲轴以及受功件对外输出功率。曲柄转角为 α 瞬间，活塞、连杆、曲柄之间结构示意图如图 1.4 所示。

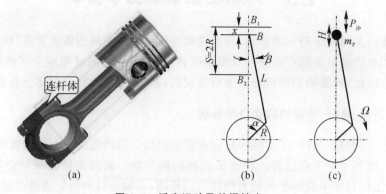

图 1.4　活塞运动及其惯性力

(a)活塞三维图；(b)活塞结构示意图；(c)活塞简化示意图

B_1 点为活塞运动的最高点，称为上止点，以上止点作为起始点，则当曲柄转角为 α 角时，活塞的位移为 x，活塞最大的位移受曲柄-连杆机构的限制到 B_2 点为止，B_2 点称为下止点，活

塞的总行程为 S，称为冲程，其值 $S=2R$。由图示关系可得

$$x = R(1-\cos\alpha) + L(1-\sqrt{1-\lambda^2\sin^2\alpha}) \tag{1-2}$$

式中　λ——曲柄连杆比。

将式(1-2)中的 $\sqrt{1-\lambda^2\sin^2\alpha}$ 展开成 λ 的多项式，忽略 λ^3 以上的值，则

$$x = \left(R + \frac{R\lambda}{4}\right) - R\left(\cos\alpha + \frac{\lambda}{4}\cos 2\alpha\right) \tag{1-3}$$

对活塞位移公式取 α 的导数即可求得活塞运动的速度和加速度，其近似值为

$$\dot{x} = R\Omega\left(\sin\alpha + \frac{\lambda}{2}\sin 2\alpha\right) \tag{1-4}$$

$$\ddot{x} = R\Omega^2(\cos\alpha + \lambda\cos 2\alpha) \tag{1-5}$$

因此，活塞组是以往复加速度 $\ddot{x}$ 来回运动，其总质量 m_p 将产生往复惯性力 P_{jp}(N)，作用于活塞销中心处，如图 1.4(c)所示。其中 P_{jp} 可表示为

$$P_{jp} = -m_p\ddot{x} = -m_p R\Omega^2(\cos\alpha + \lambda\cos 2\alpha) \tag{1-6}$$

4. 连杆惯性力

内燃机的连杆一端与活塞相连，其连接中心点即为活塞销中心，它的运动即为活塞的往复运动，另一端与曲柄销相连，连接中心点为曲柄销中心，其运动为绕曲轴中心的圆周运动。因此连杆上各点的运动实际上是连杆以活塞销中心为回转中心的摆动运动与活塞往复运动之合成。连杆当量转化示意图如图 1.5 所示，连杆摆动角加速度 $\ddot{\beta}$ 近似为

$$\ddot{\beta} = -\lambda\Omega^2\sin\alpha\left[1 + \frac{1}{2}\lambda^2(1-3\cos^2\alpha)\right] \tag{1-7}$$

在处理连杆的惯性作用时，通常用两质量一力偶的当量系统来替代连杆的全部惯性作用，如图 1.5(b)所示。

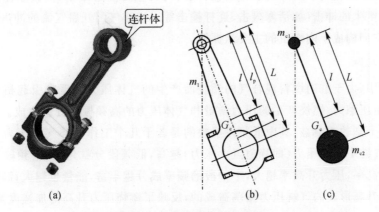

图 1.5　连杆当量转化示意图

(a)连杆三维图；(b)连杆结构示意图；(c)连杆简化示意图

将连杆总质量 m_c 分解成一部分集中于小头中心(为 m_{c1})，另一部分集中于大头中心(为 m_{c2})，为使当量连杆的重心位置 G_c 与实际连杆相当，m_{c1} 与 m_{c2} 应为

$$m_{c1} = m_c\frac{L-\bar{l}}{L} \tag{1-8}$$

$$m_{c2} = m_c \frac{\bar{l}}{L} \tag{1-9}$$

式中 $\bar{l}$——连杆重心到连杆小头中心的距离；

L——连杆长度。

经过以上的当量转化，连杆的惯性力就变成为由 m_{c1} 产生往复惯性力，由 m_{c2} 产生离心惯性力，它们可以分别与活塞组的往复惯性力以及曲柄的离心惯性力综合考虑，使分析简化，如图 1.5(c) 所示。但是以上两个替代质量所产生的惯性力与实际连杆产生的惯性效应并不完全相等，它们的差异在于当量连杆的转动惯量要比实际连杆大 $m_c \bar{l}(L-l_p)$，因而当连杆的摆动角加速度为 $\ddot{\beta}$ 时，将形成多余的惯性力矩，其值为 $M_c = m_c \bar{l}(L-l_p)\ddot{\beta}$，称为连杆力偶，其中 l_p 是连杆的打击中心与小头中心间的距离。

连杆力偶是由于采用了当量连杆系统以后所多增加的一个惯性力矩，实际效应应该扣去这一个值，但在周期性的反复作用中，同样是引起了激励振动的效应，所以，可以看作一个除 m_{c1} 及 m_{c2} 惯性效应外的另一个激励源。

综上所述，内燃机中的基本力源可以归纳为：气体压力、离心惯性力、往复惯性力以及连杆力偶四项。其中连杆的 m_{c1} 及 m_{c2} 的作用效应归并于往复惯性力及离心惯性力之中。由它们的计算公式可以看出：缸内气体压力以及各惯性力都是与曲柄旋转周期有关的周期函数。

1.3.2　内燃机振动的激振源及其传播路径

由前面的动力学分析可知，内燃机燃烧室中气体压力和曲柄连杆机构运动质量的惯性力都是与内燃机曲柄旋转周期有关的周期函数，因此由它们所产生的扭转力矩、沿气缸中心线作用的往复惯性力和曲柄的离心惯性力同样都是周期函数，内燃机在周期性变化的力以及力矩的作用下，都会产生振动。此外，气门机构的气门与门座之间的敲击、由各摩擦副之间的间隙在运动过程中产生的冲击（如活塞敲击、连杆撞击等）、进排气门开启气流的冲击等也是内燃机振动的因素，它们构成了内燃机的主要激振源。

1. 燃烧激振源

在内燃机中，由于缸内燃料混合气的燃烧而产生的气体压力激振是引起机体振动的主要激励源，主要由压缩力、燃烧产生的压力增量和气体压力的高频振荡分量组成。其响应的主要频率范围为数十到数千赫兹，其中低频段反映的是若干几个工作循环气体压力均值光滑曲线的频率特性，气缸中最高压力（即峰值点火压力）越高，低频段分量越大；中频段反映的是缸内气体的压力升高率，压力升高率越大，中频段的频率成分越丰富，能量也越大；高频段是由燃烧开始陡峭压力升高形成的气缸压力振荡造成的，反映了燃烧压力升高的加速度最大值。总之，燃烧压力振荡构成了内燃机振动的主要激振源，其强度与燃烧压力升高率、压力升高加速度、最高燃烧压力以及三者出现时的曲轴转角等因素有关，其振动响应会最终反映到缸体或缸盖表面的振动信号中。

2. 活塞敲击激振

由曲柄-连杆-活塞机构的动力学分析可知，在气体力和往复惯性力的作用下，活塞会产生一个沿连杆轴线方向的分力和一个垂直缸套中心线的侧向推力。由于活塞和缸套间存在一定的间隙,活塞侧向推力在上止点变换方向时就会引起活塞敲击缸套,激起缸套和气缸体的振动,并反映到表面振动信号中。由于活塞敲击是瞬时突加载荷,具有很宽的频谱,一般情况下只在缸体固有频率附近激起振动。

3.气门落座冲击

由气门工作过程可知,在内燃机工作循环中,气门在凸轮轴的作用下按照一定的时序开启,然后依靠弹簧的弹性恢复力关闭。为保证气门能关紧,在气门杆和摇臂之间一般都预留一定的气门间隙,气门关闭时必然会对门座产生冲击,冲击会引起缸盖或摇臂座产生振动响应信号,一般为高频成分。

4.进排气门节流冲击

排气门打开瞬间,高温高压气体通过气门与气门座之间的空隙,形成狭缝喷流的状态。狭缝喷流特性的研究表明:它与白噪声信号极为相似,即其频谱与白噪声基本相同。因此,排气节流对系统造成的冲击是一个频率范围很宽的准白噪声激振力。由气门密封磨损、积炭或翘曲变形面造成的气门漏气也具有该特性,不过它在主燃烧段造成的响应较明显。

5.振动传播路径

由上述分析可知,内燃机激振源多,激振频率宽,参与振动的零件众多,因而振动的传播路径也复杂。当各种冲击载荷激振时,使相应的零部件以固有频率和振型独立地或相互影响地进行复杂的瞬态振动,再沿各种路径传播到机体或缸盖表面。主要有以下 3 种传播途径:①燃烧所引起的气体力和进排气门落座冲击都直接作用在缸盖上,引起振动并传播到缸盖外表面;②作用在活塞上的燃烧气体力和惯性力使活塞产生垂向振动并沿连杆、曲轴、主轴承、曲轴箱等零件传播;③活塞敲击激发起缸套和气缸体的振动,进而传到整个机体上。

综上所述,各种主要激振源激发的振动最终都会传播到内燃机机体或缸盖表面上,通过测取内燃机缸体或缸盖振动信号,从中提取机体内各部件的状态信息并进行诊断是可行的。图1.6 为内燃机正常工况下,缸盖、缸套及机身振动信号的时域及频域波形。由于测量的位置及激励作用力不同,3 种振动信号的波形在时域上具有一定的差别,幅值大小及位置差异也较大,不同测点位置的振动信号包含的内燃机工作状态的信息不同。从信号的频谱图中可以看到:信号的频谱分布在整个频带上,为宽带分布。

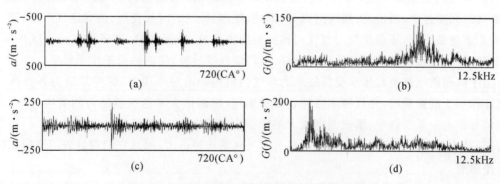

图 1.6　缸盖、缸套及机身振动信号的时域及频谱

(a)缸盖;(b)缸盖振动信号频谱;(c)缸套;(d)缸套振动信号频谱

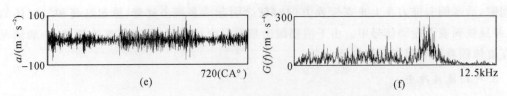

续图 1.6　缸盖、缸套及机身振动信号的时域波形及频谱
(e)机身；(f)机身振动信号频谱

1.4　气门机构振动诊断机理

气门机构是内燃机的重要机构,其作用是按照内燃机的工作循环、工作次序和配气相位的要求,定时启闭各缸进、排气门,以便及时完成换气过程,并在压缩行程和做功行程时保证气缸的气密性。气缸换气的好与坏,对内燃机的动力性和经济性有很大的影响。图 1.7 为内燃机配气机构的三维模型。

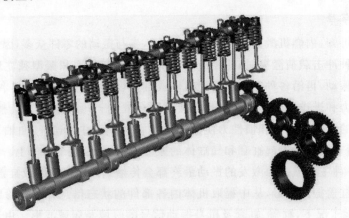

图 1.7　内燃机配气机构的三维模型

气门机构其主要故障有两种:①气门机构的间隙异常;②是气门机构的气门漏气。若气门间隙过小,气门受热膨胀后,会使气门密封不严,导致气门烧蚀,燃烧不良,功率下降,油耗增加;而气门间隙过大,则使进、排气门迟开、早关,使进、排气的时间变短,造成进气不足,排气不净,使工质更新恶化,还会使气门与气门推杆间撞击严重,磨损加剧,造成噪声过大等现象;而气门漏气则会直接引起内燃机的功率下降,气门烧蚀等故障,使内燃机工作不稳定。

由于内燃机气缸盖直接承受气缸压力和气门机构冲击等作用力,这些激励力各自按一定的规律作用于缸盖系统,并且频率特性也各不相同,因而作为对这些激励力的响应,缸盖表面振动信号是由一系列频率、幅值差别较大的瞬态响应组成的,其频率成分相当复杂。但通过分析可知,其中起主要影响的为气缸爆燃压力和气阀落座冲击力,而且它们对缸盖的作用在时间上并不重叠。

表 1.2 为 6135 系列内燃机配气定时数据表。根据表 1.2 和 6135 系列内燃机各缸的发火顺序(1—5—3—6—2—4),可以推算出在内燃机的一个工作循环中,六个气缸爆燃压力和气阀冲击作用的时间次序,如图 1.8 所示。

表 1.2　6135 系列内燃机配气定时数据表

进气阀			排气阀		
提前角	迟闭角	开启持续角度	提前角	迟闭角	开启持续角度
上止点前	下止点后		下止点前	上止点后	
20°	48°	248°	48°	20°	248°

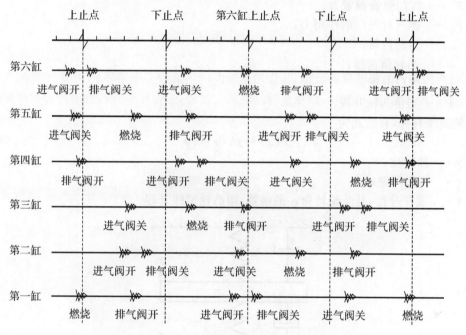

图 1.8　6135 内燃机缸盖主要激励时序图

　　研究表明:进气阀和排气阀落座产生的振动响应很相似,都为高频响应。随着气门间隙的增大,落座速度变大,缸盖振动急剧增加,而增加的主要是高频成分。因此气阀落座阶段的振动信号分析对于进、排气系统的故障十分重要,可通过缸盖表面测得的振动信号来对气门机构进行监测诊断。

1.4.1　气门机构的动力学分析

　　在进行气门机构的动力学分析时,必须考虑弹性变形等因素的影响,并对气门机构进行一定的简化。气门机构的动力学模型目前主要有单自由度、多自由度和有限元法等多种。由于内燃机气门机构固有频率较高,外界干扰与之相比相当于静载荷,实际工作中主要是基频振动,因此把气门机构简化成单自由度模型已足够精确。

　　图 1.9 是气门机构的单自由度动力学模型,该模型将气门机构换算到气门一侧,用一个当量质量 m 来代替整个机构。质量 m 的一端通过不计质量且刚度为 k_1 的气门弹簧与气缸盖相连,另一端接一刚度为 k_2 的无质量弹簧(它模拟整个机构传动链的弹性),此弹簧由"当量凸轮"驱动。则气门的运动微分方程为

$$k_2(x-z) - k_1 z + c_2\left(\frac{\mathrm{d}x}{\mathrm{d}t} - \frac{\mathrm{d}z}{\mathrm{d}t}\right) - c_1\frac{\mathrm{d}z}{\mathrm{d}t} - m\frac{\mathrm{d}^2 z}{\mathrm{d}t^2} - F_0 - F_{\mathrm{g}} = 0 \qquad (1-10)$$

即
$$\frac{\mathrm{d}^2 z}{\mathrm{d}\alpha^2} + \frac{c_1 + c_2}{m\omega}\frac{\mathrm{d}z}{\mathrm{d}\alpha} + \frac{k_1 + k_2}{m\alpha^2}z = \frac{c_2}{m\omega}\frac{\mathrm{d}x}{\mathrm{d}\alpha} + \frac{k_2}{m\omega^2}x - \frac{1}{m\omega^2}(F_0 + F_g) \qquad (1-11)$$

式中 m_2——系统当量质量；

$\quad k_1$——气门弹簧刚度；

$\quad k_2$——系统当量刚度；

$\quad c_1$——系统外阻尼系数；

$\quad c_2$——系统内阻尼系数；

$\quad F_0$——气门弹簧预紧力；

$\quad F_g$——燃气对气门的作用力；

$\quad \alpha$——凸轮传角；

$\quad \omega$——凸轮角速度；

$\quad z$——气门升程；

$\quad x$——当量凸轮升程。

x 与凸轮型线有关,表达式为

$$x(\alpha) = \gamma h(\alpha) - e \qquad (1-12)$$

式中 γ——摇臂比；

$\quad e$——气门间隙；

$\quad h$——顶杆升程,是凸轮转角 α 的函数,即凸轮型线升程。

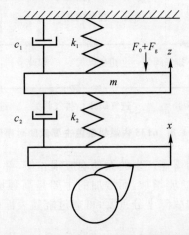

图 1.9 气门机构单自由度动力学模型

气门运动的上述微分方程,满足初始条件:

$$\left.\begin{array}{r} z\big|_{\alpha=\alpha_0} = x(\alpha_0) \\ \dfrac{\mathrm{d}z}{\mathrm{d}\alpha}\big|_{\alpha=\alpha_0} = \dfrac{\mathrm{d}x}{\mathrm{d}\alpha}\big|_{\alpha=\alpha_0} \end{array}\right\} \qquad (1-13)$$

式中,α_0 为气门开启角,此时气门所受向上作用力和向下作用力恰好处于平衡状态,即 α_0 应视为以下关于 α 的方程的解:

$$c_2\omega\frac{\mathrm{d}x(\alpha)}{\mathrm{d}\alpha} + k_2 x(\alpha) = F_0 + F_g(\alpha) \qquad (1-14)$$

当凸轮型线 $h(\alpha)$ 和各物理量给定时,可根据上面各式求解气门运动的升程、速度和加速度。

1.4.2　气门间隙异常的振动诊断机理

气门在开启瞬时的受力平衡满足式(1-14),式中左端第一项所代表的阻尼力较小,如果将其忽略,并把 F_g 当作定值处理,则将式 $x(\alpha)=\gamma h(\alpha)-e$ 代入后,可得

$$k_2[\gamma \cdot h(\alpha_0)-e]=F_0+F_g \qquad (1-15)$$

即

$$e=\gamma h(\alpha_0)-\frac{F_0+Fg}{k_2} \qquad (1-16)$$

这说明,α_0 与 e 是单值函数。凸轮型线升程 $h(\alpha)$ 在气门开启段为单调递增函数,如果气门间隙 e 增大,则 α_0 必然增大,气门将不是在设计的缓冲段终端开启,而是滞后到基本段中的正加速度段开启,使气门开启速度和加速度增大。图 1.10 是计算的 α_0、开启速度 v 和加速度 a_0 随气门间隙 e 的变化情况。

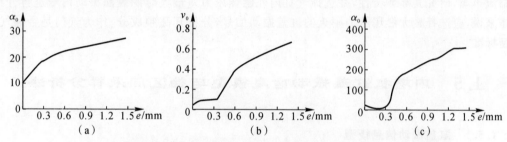

图 1.10　气门开启角 α_0、开启速度 v_0 和加速度 a_0 随气门间隙 e 的变化曲线

对气门落座段进行同样分析,当气门间隙增大时,气门落座角提前,落座速度和加速度增大,必然导致落座冲击的激励力和激励能量增大。

1.4.3　气门漏气的振动诊断机理

内燃机气门机构的另一类常见故障是气门漏气。气门和气门座是内燃机中工作条件十分恶劣的摩擦副之一,在气门弹簧和缸内燃气压力的作用下不断开启和关闭,不仅反复经受强烈的冲击负荷和炽热燃气的高速冲击,而且由于散热不良而长期处于高温状态。由于硬质燃烧产物、积炭、高温腐蚀和零件变形等多种因素的影响,气门密封锥面易于受到磨损和烧蚀,导致气门密封不严,即气门漏气。其恶劣后果使燃烧室的气密性降低,排气温度上升,导致内燃机功率下降,严重时甚至停止工作。因此,对气门漏气故障实现早期预报是很有必要的。

内燃机气门漏气是高温高压气体通过很小缝隙在有限空腔中产生的阻塞喷注,它一方面经缸盖结构传到缸盖表面,引发表面的局部振动,另一方面形成高频喷注噪声沿着进气、排气管道传播开来。根据流体喷注中一般波动方程的张量形式,有广义 Lighthill 方程为

$$\frac{\partial^2 \rho}{\partial t^2}-c_0^2 \Delta^2 \rho=\frac{\partial Q(x,t)}{\partial t}-\frac{\partial F_i(x,t)}{\partial t}+\frac{\partial^2 T_{ij}}{\partial x_i x_j} \qquad (1-17)$$

式中　ρ——为流体密度;

t——为时间;

Δ——为拉普拉斯算子。

$$\Delta=i\frac{\partial}{\partial x_1}+j\frac{\partial}{\partial x_2}+k\frac{\partial}{\partial x_3}$$

式中　x_1,x_2,x_3——直角坐标;

i,j,k——3个坐标方向的单位向量；

$Q(x,t)$——简单声源强度,等于在点 $x(x_1,x_2,x_3)$ 和时刻 t 处每单位体积和单位时间内增加的流体质量；

$F_i(x,t)$——外加作用力的 x_i 分量；

t_{ij}——Lighthill 应力张量。

广义 Lighthill 方程右边第一项代表单极子源,第二项代表偶极子源,第三项代表四极子源。内燃机气门漏气产生的喷注噪声包括简单声源、固体声源和湍流声源,分别与上面三项相对应。其中,简单声源与排气流量变化率有关,应采用与内燃机工作循环相当的大时间尺度来描述,其频谱表现为低频特性；固体声源与内燃机的气道形态和结构有密切关系,其频谱表现为中高频特性；湍流声源必须采用微时间尺度来研究,其频谱表现为高频特性。

因此,利用缸盖振动信号对气门漏气程度进行诊断时,应着重选取反映漏气程度的四极子源湍流声源,研究其高频特性,并选择气缸内外燃烧压力差最大时的表面振动信号进行分析。具体来说,应选择最大燃爆压力附近的缸盖振动信号,分析其高频成分,作为气门是否漏气的判断标准。

1.5　内燃机缸盖振动信息模型与抽区间采样分析法

1.5.1　缸盖振动信息模型

由于气缸盖表面振动响应是多个激励源振动响应的综合反映,对内燃机气阀漏气和气阀间隙异常故障进行诊断,需要从气缸盖表面振动信号中提取由于气阀漏气和气阀间隙异常产生的振动响应信号。

由前面的分析可知,内燃机表面振动信号是缸内气体燃烧压力、活塞敲击、气门落座冲击和进排气门开启气流冲击等多种激励力综合作用的结果,同时还有各气缸激振力的相互作用,因而其表现形式非常复杂。以单缸四冲程内燃机为例对内燃机振动的激振源及其特性进行分析,图 1.11 为四冲程内燃机工作示意图。从图中可以看出,内燃机工作时主要有以下几种激振力:燃烧激振力、排气阀开启时气体节流冲击、排气阀落座冲击、进气阀落座冲击及活塞换向对缸套的冲击等。

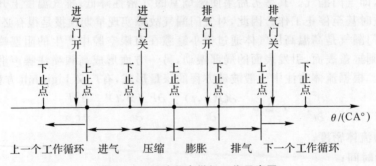

图 1.11　四冲程内燃机工作示意图

图 1.12 为一个工作循环中配气相位示意图。对于等时间间隔采样来说,以膨胀上止点为 $0CA°$ 起点 $(t_0=0)$,则根据配气相位和曲轴转速即可确定各激励源振动响应的位置。设曲轴

转速为 n（单位：r/min），则各主要激励源相对于膨胀冲程上止点的关系（单位：ms）有以下几方面。

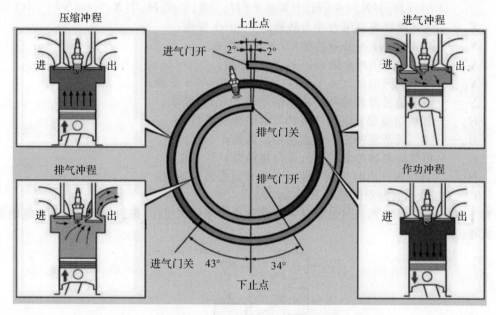

图 1.12　四冲程内燃机配气相位图

　　(1)燃烧激振 t_1 发生在膨胀冲程上止点附近,最大值滞后于上止点;活塞换向撞击及气阀漏气节流冲击也在该时刻最为显著。

　　(2)排气阀节流冲击响应为

$$t_2 = \frac{180-\delta}{360} \times \frac{1\,000}{60 \times n}$$

　　(3)排气阀落座冲击响应为

$$t_3 = \frac{360+\gamma}{360} \times \frac{1\,000}{60 \times n}$$

　　(4)进气阀节流冲击响应为

$$t_4 = \frac{540+\beta}{360} \times \frac{1\,000}{60 \times n}$$

式中　　α——进气提前角;

　　　　β——进气延迟角;

　　　　δ——排气提前角;

　　　　γ——排气延迟角。

　　由于缸盖系统的结构非常复杂,用微分方程对其传递特性进行描述和求解是非常困难的。在理论上讲,气缸盖表面振动响应的激励源有四个:缸内燃烧气体爆发压力的冲击;排气阀开启时气流节流产生的冲击;排气阀落座冲击;进气阀落座冲击,而且四个激励源特征的作用时间、作用位置和传递途径不一样,因此缸盖振动响应信号的时域、频域特性不一样,可假定这几个激励源是线性无关的。大量研究表明,气缸盖系统可以看成是一个线性时不变系统,其内外表面具有非常接近的频率特性,并且认为上述各激励力彼此之间是线性无关的。

基于此,可以将气缸盖简化为一个多输入单输出系统模型,如图 1.13 所示,则气缸盖表面振动信号可由下式表示:

$$\{Y\} = [H_g]\{X_g\} + [H_v]\{X_v\} + [H_u]\{X_u\} + [H_w]\{X_w\} + \{N\} \qquad (1-18)$$

式中　X_g——气体燃烧爆发压力冲击激励的 Fourier 变换;

　　　X_v——排气阀关闭冲击激励的 Fourier 变换;

　　　X_u——进气阀关闭冲击激励的 Fourier 变换;

　　　X_w——排气阀开启时气流节流冲击激励的 Fourier 变换;

　　　N——噪声信号及其他激励响应信号的 Fourier 变换;

　　　H_g——气体燃烧爆发压力冲击的气缸盖传递函数;

　　　H_v——排气阀落座冲击的气缸盖传递函数;

　　　H_u——进气阀落座冲击的气缸盖传递函数;

　　　H_w——排气阀开启时气流节流冲击的气缸盖传递函数;

　　　Y—气缸盖表面振动信号的 Fourier 变换。

对于多缸内燃机而言,各气缸按照一定的发火顺序依次工作,缸盖振动响应是各缸响应按照发火相位的总和。

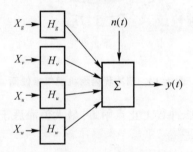

图 1.13　气缸盖多输入单输出线性模型

1.5.2　缸盖振动信号抽区间采样分析法

根据内燃机的工作原理,供油系统(或点火系统)决定了喷油提前角(或点火提前角),从而决定了燃爆压力的产生时刻;配气相位则决定了进排气门的开启和关闭角。因此,缸盖表面振动信号在时域内的波形与喷油提前角和配气相位密不可分。内燃机工作时,缸盖系统承受的主要激励力有 5 个:进、排气门开启和关闭的 4 个冲击力以及缸内气体压力。由于缸盖系统的结构复杂,在理论上用微分方程对其传递特性进行描述和求解非常困难。研究表明,缸盖系统可以近似地看成一个频不变系统,其内外表面具有较为接近的频率特性,因此可近似地认为上述各激励力彼此之间是线性无关的。缸盖振动信号的时域特性是指各激励力响应信号在作用时刻及其作用强度等方面表现出来的特性。对于单缸机而言,各激励力产生的响应信号在时间相位上相差较大,比较容易在时域内加以分离;对于多缸机而言,邻缸激励力的影响从理论上来说是不容忽视的,但它在传递过程中衰减较快,如果合理选择测点,一般情况下可不考虑邻缸激励力对响应信号的影响。

缸盖振动信号的时域特性为其分析和诊断提供了一种简易方法,即抽区间采样分析法。抽区间采样分析法是指在抽区间采样的基础上,对采集的缸盖振动信号进行分析,进而得到故障征兆的分析诊断方法。严格的抽区间采样是指采集每一循环中特定曲轴转角范围内的一段缸盖振动信号,以与某个感兴趣的激励力相对应。其技术关键为:采样必须以某个参考转角信号作为起始触发信号,且采样长度需要根据运行平均转速进行控制。如前所述,本书采用的是等时间方式对信号进行采样,显然,在转速波动的情况下等时间采样间隔点并不与曲轴转角成正比。但实验对象 6135G 是多缸机,在正常状况下其循环内转速波动较小,因此将等时间采样信号以上止点信号为参考线性映射到曲轴转角区域进行分析也是可行的。

1.6　内燃机缸盖振动信号特性分析

1.6.1　时域特性

缸盖振动信号的时域特性是指各激励力响应信号在作用时刻及其作用强度等方面体现出来的特性。由于内燃机的惯性不平衡力是相对整机而言的,此分量产生的振动激励在缸盖上响应较小,因此,缸盖的振动信号实质上反映整机燃烧气体压力冲击和进排气门开闭时产生的冲击(分别如图 1.14～图 1.17 所示),当内燃机出现故障时,相应的激励力响应信号在作用时间和能量强度等方面将发生改变,据此可以获取特征参数并进行故障诊断。这表明时域特性是指导振动诊断的有力工具。

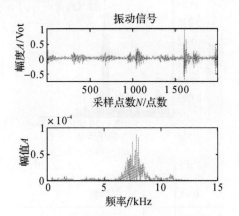

图 1.14　内燃机正常工况下振动信号

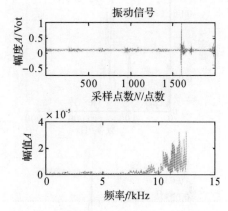

图 1.15　内燃机排气门间隙过小振动信号

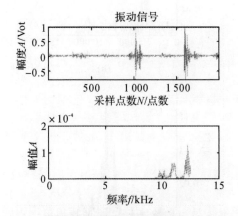

图 1.16　内燃机排气门间隙过大振动信号

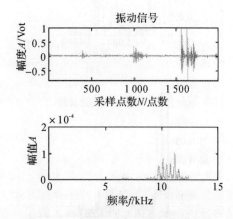

图 1.17　内燃机排气门漏气振动信号

1.6.2 频域特性

图 1.14～图 1.17 表明,尽管内燃机缸盖所受激励力较多,但在一般工作条件下,气体燃爆压力和进、排气门落座冲击力是最主要的。为了进一步对各激励力进行识别与分离,有必要了解各激励力响应信号的频谱特性。缸盖振动信号的频域特性是指各激励力响应信号在频域内体现出来的特性。结合内燃机的工作过程配气定时,并利用抽区间采样分析法,可以得到各激励段振动信号的功率谱。

从图 1.18 中可以发现进气门开启和关闭时产生的振动响应相似,其能量主要集中在 6～8kHz;排气门开启和关闭时产生的振动响应相似,其能量主要集中在 6.5～8kHz;燃烧产生的振动能量主要集中在 2～3kHz,燃烧后段产生的振动能量主要集中在 0.8～1.7kHz。这表明:气门落座响应为高频振动信号,燃爆响应为中低频振动信号。当内燃机出现故障时,相应频带内的能量或谱峰值对应的频带范围将发生改变,从而可以提供诊断特征,这是内燃机缸盖振动信号的另一个基本特性。

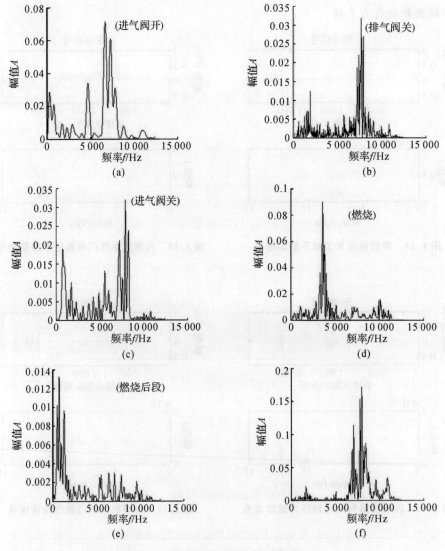

图 1.18 各激励段振动信号的频谱分析

(a)进气门开段振动信号谱图;(b)排气门关段振动信号谱图;(c)进气门关段振动信号谱图;
(d)燃烧段振动信号谱;(e)燃烧后段振动信号谱图;(f)排气门开段振动信号谱图

1.6.3　循环波动特性

上述缸盖振动信号的时域和频域特性,均是指一个工作循环内的特性,可以统称为循环内特性。缸盖振动信号还存在另一类特性,称为循环波动特性。缸盖振动信号的循环波动特性是指内燃机稳定运转时同一工况下不同循环间振动信号的波动变化特性,这种变化表现在作用时间、频率成分和振动强度等各方面,分别称为时间波动特性、频率波动特性和强度波动特性。

内燃机工作过程的循环间波动是导致振动响应信号循环波动的根源所在。对于燃爆段来说,诸如喷油泵供油压力的波动、各部件热力状态的变化以及振动等,都会使喷油过程出现循环波动;至于燃烧过程,影响因素更是多方面的,除了喷射过程和雾化质量波动这两个主要因素外,进气状况、气流扰动以及热力状态等波动,都会使其发生变化。图 1.19 和图 1.20 为同一种工况下不同循环内缸盖振动信号的短时傅里叶变换结果。从图中可以看出两者在时域内即有较明显的差别,信号在不同时刻的幅值大小有区别;而在频域内的分布也有较大的不同,低、高频部分的能量分布不尽相同。这说明内燃机即使在稳定工况下,其响应的时频特征也存在明显的波动。

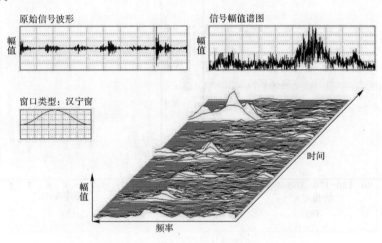

图 1.19　整循环 1 缸盖振动信号的短时傅里叶变换

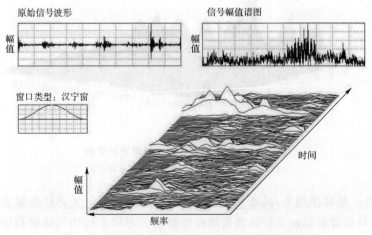

图 1.20　整循环 2 缸盖振动信号的短时傅里叶变换

1.6.4 非平稳时变特性

研究表明:缸盖表面振动信号是由一系列的冲击响应信号按一定的时序组成的,是一非平稳的时变信号。对多个周期内的振动信号进行分析可以发现:振动信号在上止点附近有一个明显的冲击响应,这一冲击响应即为气缸压力的作用,另外还有一个对配气机构冲击的响应,它们在一个周期内的表现行为基本一致。对多组振动信号的频域图分析可以看出:振动信号即使在同一工况下,其频率成分也是不断变化的。这主要是因为在一个周期内的不同时刻,缸盖受到不同的激励,而且这一周期内的激励对下一周期也将产生影响,同时实际缸内燃烧压力是多个共振模态的叠加,其压力振荡具有多阶共振频率。因此对这样一种非平稳信号仅用传统的线性分析方法研究必然会带进由线性假设产生的误差。图1.21和图1.22为同一种工况下缸盖振动信号的短时傅里叶变换和小波包变换结果。从图中可以看出在一个循环周期内的频率分布状态。

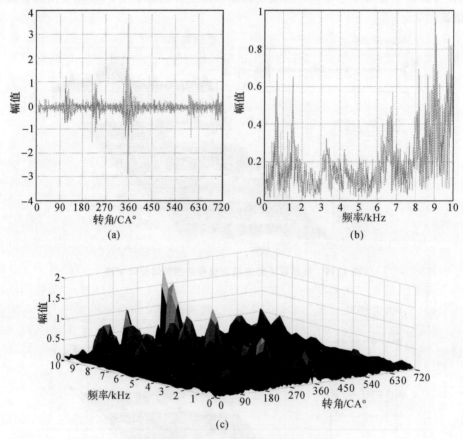

图1.21 缸盖振动信号的短时傅里叶变换

(a)振动信号;(b)能量谱;(c)短时傅里叶变换

气缸压力是一低频激励力,其能量主要集中在1kHz以下。气体燃烧爆发压力的主要频率成分为低频,但仍能引起缸盖较强能量的高频振动。对应于缸内气体燃烧时间内的缸盖表面振动信号除在低频段有较强的能量外,在高频段也有相当强的能量。这些高频成分同配气

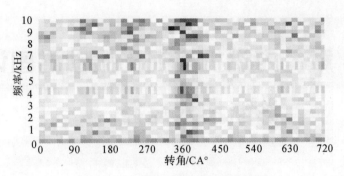

图 1.22　缸盖振动信号的小波包变换

机构对缸盖冲击产生的高频振动一起,构成了缸盖表面振动信号复杂的频率分布。

内燃机缸盖是一个结构十分复杂的系统,气缸压力除直接作用在缸盖上外,也作用在活塞和缸套上,气缸压力通过活塞、曲轴连杆再传递到机身,使机身产生振动,而机身的振动必然要影响到缸盖的振动;气缸压力也通过缸套影响机身的振动,并进一步影响缸盖的振动。振动信号和和压力信号在 $2.1\sim2.8\text{kHz}$ 和 4.1kHz 以上的高频成分相干性较小,这说明缸盖表面振动信号的高频部分并不完全是气缸压力的线性振动响应。因此,在实践中必须充分考虑缸盖系统的非线性特性和非平稳时变特性。

1.7　本　章　小　结

利用内燃机缸盖表面振动信号对内燃机进行状态监测与故障诊断,必须深刻了解内燃机的工作原理、引起内燃机表面振动的主要原因及其性质。因此本章首先分析了内燃机的振动理论基础,研究了气门机构故障的振动诊断机理,阐述了引起内燃机振动的主要激励源,说明了内部激励源与表面振动响应信号之间的内在关系,论证了利用内燃机气缸盖表面振动响应信号对其进行不解体故障诊断的可行性。然后论述了激励源及其响应的特性,同时也分析了振动信号的传递途径,为选择振动信号的测点位置及信号分析与处理的方法指明了方向。在分析内燃机的故障机理和振动激励的基础上,建立内燃机的振动信息模型,分析内燃机缸盖振动信号的时域、频域、循环波动和非平稳时变特性,这为内燃机振动分析提供了一定的诊断依据。最后,深入分析了内燃机气门间隙异常与气门漏气的振动机理,提出了相应的诊断方法。本章的讨论,为利用缸盖振动信号对内燃机气门机构故障进行状态监测与故障诊断奠定了理论基础。

第 2 章　内燃机可视化振动谱图识别诊断技术途径

2.1　引　言

内燃机系统中存在着多种振动激励源,既有旋转运动的振源,又有往复运动的振源,并且部件内部还存在冲击作用(如门对门座的冲击),同时流体物理特性(如阻尼等)常有变化,因此,内燃机的振动信号从本质上说是一种非平稳、非周期信号。特别是在某些部件出现故障时,信号的瞬变特性会更加明显。内燃机振动谱图识别诊断方法利用可视化分析技术将机械设备一维振动信号表征到二维联合分布域,通过对可视化图像的纹理特征、灰度特征、颜色特征、代数特征等信息的分析来获取振动信号中蕴含的设备工作状态信息,从而有效挖掘内燃机振动谱图中蕴含的信息,进一步实现不依靠先验知识的故障自动识别。鉴于上述思路,可将内燃机故障可视化诊断过程归纳为 3 个部分:振动数据的可视化表征、振动谱图的特征提取、内燃机故障状态的识别。其中,可视化表征阶段是图像识别诊断过程实现的基础,特征提取阶段是整个流程的关键步骤,故障识别阶段则是整个流程实现的重要条件。

(1)振动数据的可视化表征。传统的信号分析方法在处理内燃机振动信号方面有许多不足,如时域分析法简单、易操作,但只能提供有限的信息量;频域分析法虽然能得到信号频率的分布情况,但无法获知信号频率在时间维度的对应信息。然而通过提取振动谱图像特征来自动识别机械设备的运行状态,其本质是采用图像表征、特征提取和模式识别从而进行设备状态识别的诊断方法。该方法的优势表现在:突破了单纯时域或频域分析方法的局限性,采用联合分布函数的形式表现内燃机振动信号时间和频率的变化关系,并利用图像生成方法将其可视化,同时以图像特征的自动提取和分类识别,深入挖掘图像信息,为内燃机故障诊断提供有力支撑。

(2)振动谱图的特征提取。针对内燃机振动信号的复杂性、非平稳性,将数据可视化引入机械故障诊断领域,利用"数图结合"的思想,将一维振动信号的故障诊断问题拓展至二维图像域进行处理,提出内燃机故障诊断的"可视化"分析诊断新理论和新方法,通过图形、图像的形式来表现抽象的、非物理的、非平稳的数据,可增强对数据本质的认识。这套体系化的思想和研究思路可提升内燃机振动数据的特征表达,提高信噪比,突出故障特征信息,进而实现对故障信号特征信息的检测、提取和诊断。

(3)内燃机故障状态的识别。通过研究振动数据到可视化图形的映射关系、可视化图形到特征变量的表达形式、可视化图形到故障判别的模式识别方法,以及如何将内燃机振动数据从所在的模式空间映射到特征空间再映射到类型空间等问题,不仅可将内燃机振动多维状态非结构化信息进行结构化的表征,即统一描述到二维时频域,以利于信号特征的非平稳信息提取和形式化描述,进而提高内燃机故障诊断准确率,还有利于发现和拓展新的学科和研究方向。数据可视化分析诊断研究具有先进性,内燃机非平稳振动数据的可视化图形表征方法、特征提取方法、模式识别方法明显区别于传统方法,并能够取得明显优于现有方法的诊断效果。

2.2　内燃机振动数据的可视化表征

内燃机振动信号数图映射表征模型涉及三种信息域,即数域(D)、图域(G)以及数域(D)与图域(G)之间构成的映射域,同时存在三种映射关系,分别是数域→数域映射器,数域→图域映射器,图域→数域逆映射器,如图 2.1 所示。

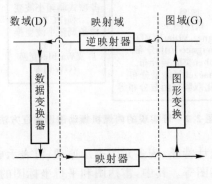

图 2.1　数图映射表征一般模型

2.2.1　数域→数域映射器

数据映射器(D→D)可实现数据的分析和处理。针对内燃机振动信号来讲,根据不同的实验需求存在不同类型的处理方法。当信号中含有多个变量时,为减少各变量间的差异可采取数据预处理的方法有:标准化变换、中心化变换、归一化变换、极差标准化变换等;在信号分量的求解方面有:经验模态分解(EMD)、局部均值分解(LMD)、变分模态分解(VMD)、经验小波分解(EWD)等。常用的数据变换器处理方法见表 2.1。

表 2.1　数据变换器常用的处理方法

变换器	数据处理方法
信号预处理	标准化变换、中心化变换、归一化变换、极差标准化变换、对数变换、消除趋势项等
信号分解	经验模态分解、局部均值分解、变分模态分解、经验小波分解等

2.2.2　数域→图域映射器

映射器可实现将数据从数域转换到图域,其本质是借助抽象思维将无结构的数据信息具化为有结构的图形信息。针对内燃机振动数据来讲,其数据到图的转换过程一般有两种方式:

(1)根据内积变换原理,构造与原数据信息具有相似物理特征的"基函数",利用时频分析方法将数据分解得到时间、频率以及与时间和频率相对应的频谱分量,借助图形绘制工具生成二维振动谱图像。根据数据信息物理特征的不同,内积变换中构造的"基函数"也会有所不同,从而形成不同类型的时频分布图像。目前,根据内积变换原理可实现的内燃机振动谱图表征方法如图2.2所示。

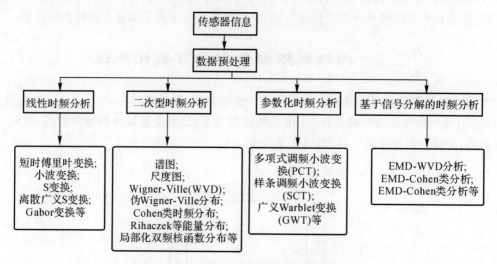

图2.2　可实现的内燃机振动谱图表征方法

(2)将振动信号的时域统计特征,按多元图表示原理,可表示成不同类型的多元图,如雷达图、平行坐标图、散点图、星座图等。其中,雷达图和平行坐标图的应用较为广泛。

内燃机振动信号的雷达图表征方法如下:假设有 n 个数据样本 $x_i,i=1,2,\cdots,n$,每个样本中有 d 个变量 $x_{i1},x_{i2},\cdots,x_{id}$,通过计算各工况下信号的时域统计特征(最值、峰值、均值、偏斜度、峭度、波形因子、裕度因子和脉冲因子),并按照此特征定序,进行多维数据(多变量)的多元图表示,提取图像特征数输入分类器,可达到故障诊断的目的。图2.3所示为内燃机8种典型工况的多元雷达图表征,以顺时针方向为正方向,从 $0°$ 起每隔 $45°$ 代表一个变量,变量顺序为时域统计特征顺序,折线代表不同工况。由图可知,不同工况的雷达图表示差异明显,反映出不同的结构信息,因此可提取雷达图面积、方向以及相邻幅值比等特征,从而实现内燃机不同工况下运行状态的分类识别。

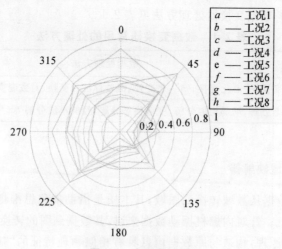

图2.3　多元雷达图

内燃机振动信号平行坐标图表征方法如下:假设有 n 个数据样本 $x_i, i=1,2,\cdots,n$,每个样本中有 m 个变量 $x_{i1}, x_{i2}, \cdots, x_{im}$,其平行坐标图的映射公式表示为:

$$f_{m1}(x_{nm}) = md, f_{m2}(x_{nm}) = x_{nm} \tag{2-1}$$

$$f_m(x_{nm}) = md + j \cdot x_{nm} \tag{2-2}$$

式中　　d——常数,且有 $d > 0$,表示各坐标之间的距离;

M——样本中变量的个数 $m = 1,2,\cdots,M$。

内燃机 8 种典型工况振动信号的平行坐标图表征如图 2.4 所示。

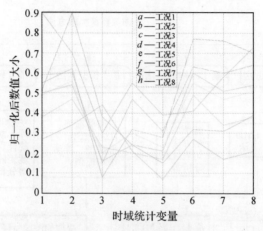

图 2.4　多元平行坐标图

图 2.4 中横坐标代表各时域统计变量,以不同颜色的折线代表不同工况。不同工况对应的折线与坐标轴围成的面积、斜率以及数据变化的趋势各不相同,其本质是由振动信号所反映的设备运行状态不同,因此提取平行坐标图的面积、折线斜率等特征可对设备运行状态进行分类。类似地,当采用不同的映射关系时,可得到不同类型的多元图表示,将目前常用的多元图表示方式及其数学基础归纳整理,结果如图 2.5 所示。多元图表征方法也为机械故障诊断提供了一条新的途径。

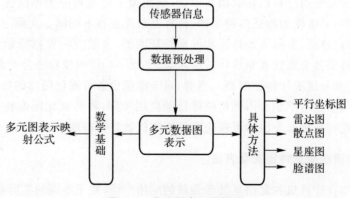

图 2.5　多元图表示图解图

2.2.3　图域→数域逆映射器

逆映射器的功能是实现图像到数据的逆变换,其本质是对图像进行特征提取,通过对数据的理性分析提高对图像信息更深层次的认识。从不同的角度提取图像特征将会得到具有不同含义的图像信息,通常,可用来表示图像特征的有灰度统计特征、几何特征、纹理特征以及编码特征,这些特征是分析、理解图像信息的重要手段,如何选取合适的特征提取方法来实现振动谱图像特征的有效提取是本书研究的一个重点。图2.6给出了可实现的内燃机振动谱图特征提取方法分类。

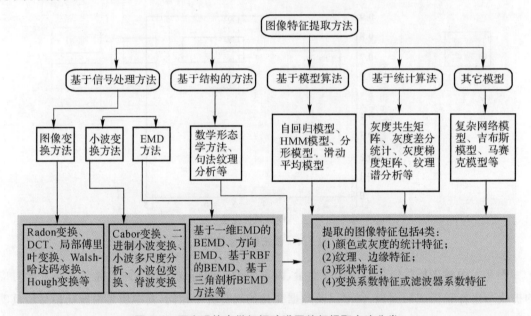

图2.6　可实现的内燃机振动谱图特征提取方法分类

2.3　内燃机振动可视化图像的特征提取方法

特征提取方法是使用计算机获取图像信息,把图像上的点划分为不同区域的子集。特征提取算法门类众多,其提取的特征多种多样,计算复杂度也各不相同。文献[65]将图像特征归纳为形状特征、颜色特征、空间关系特征和纹理特征四类;文献[66]根据原始信息映射处理方式的不同将图像特征分为线性和非线性特征两类;文献[67]将图像特征分为直观性特征、变换域特征、代数特征和灰度统计特征四类。当前,对于机械设备可视化图像的特征提取方法尚未形成统一的理论体系。本章结合内燃机故障诊断应用实际,将可视化图像特征提取方法总结为可视化图像视觉特征提取方法和可视化图像矩阵代数特征提取方法两大类别。

2.3.1　振动谱图视觉特征提取方法

视觉特征提取在计算机视觉信息处理领域的应用广泛,对于不同的实际应用,视觉特征的有效选择至关重要。根据分类依据的不同,图像的视觉特征有不同的分类方法。如按照特征在图像中所占的比例可将图像的视觉特征分为全局特征、局部特征和点特征三类;按照获取方式的不同可将图像的视觉特征分为光谱特征、几何特征、直方图、边缘信息、频谱信息等。通过对故障诊断方面相关方法的总结和分析,本书将图像的视觉特征按照自然特征与数学特征两大类别进行了梳理,如图 2.7 所示。

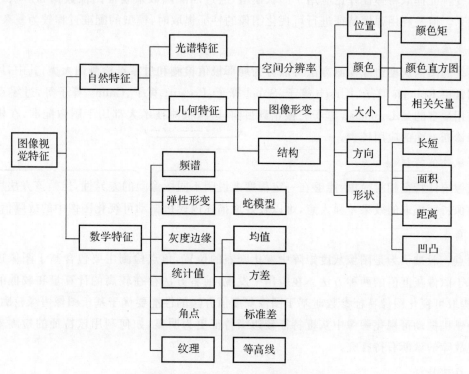

图 2.7 图像视觉特征提取方法分类

自然特征主要指符合人眼直观感受的特征信息,数学特征侧重于表达隐藏在图像内部,需要通过计算机分析得出的特征信息。自然特征主要涉及了光谱特征和几何特征两大类。光谱特征提取可实现利用光谱能量差异性和结构差异性来实现地物信息的识别,在遥感图像识别中应用广泛。几何特征能够刻画出物体的轮廓、色彩等信息,是图像描述的一个重要方法,尤以形状特征和颜色特征最为典型。其中,形状特征最为简单,但是与人类视觉认识近似的形状特征数学模型很难找到,导致形状特征在描述复杂内燃机可视化图像信息时往往效果不佳;颜色特征主要用于描述图像中颜色的全局性的分布,可以同时提取图像的局部特征和全局特征信息。但是颜色特征缺乏对所描述对象的具体性,并且难以对不同颜色在图像中的相对位置信息进行描述,所以在单纯提取内燃机可视化图像颜色特征时故障诊断效果并不理想。

数学方法相较于自然特征而言,应用更为广泛。目前较为成熟的数学特征方法主要有以下几种:

1. 频谱特征

一幅二维数字图像能够表示灰度在二维空间变化的信息,经二维傅里叶变换后,频谱图则反映了图像中频率信息的构成,能够更好地反映信号中的周期性成分,往往作为图像中周期信息特征的提取方法。文献[70]利用频谱特征提取方法对虫背图像进行特征提取,实现了对飞虱昆虫的识别。

2. 弹性形变

通过匹配提取形状特征时,有时无法对形状进行正确的建模,所以在应用上很有局限性。弹性形变特征提取将弹性理论应用于形状模型,通过匹配函数来表征图像数据和形状之间的匹配关系。但是利用弹性特征进行可视化图像的特征提取时,模型的配准过程较为复杂。

3. 灰度边缘

传统的图像灰度边缘检测方法可以分为局部极值检测和过零点检测两大类,其中,局部极值检测常用 Roberts 算子、Kirsch 算子、Sobel 算子、Prewitt 算子、Canny 算子等,过零点检测方法应用最多的是 Laplacian 算子。截止到目前,边缘检测技术大都用于图像配准,在机械设备故障诊断方面的应用较少。

4. 统计值特征

图像统计特征相对简单,能够在一定程度上说明不同图像间的差异性,但是该方法用于可视化图像特征提取的效果差强人意,难以较好地描述内燃机振动可视化图像中的故障信息。

5. 角点

角点一般被认为是图像灰度矩阵中变化剧烈的位置,角点检测主要包含基于图像边缘轮廓和基于图像灰度值的两种方法。在应用中发现,前者方法存在较高的计算量和较低的鲁棒性,在提取可视化图像特征参数时基于图像灰度值方法的性能要优于基于图像边缘轮廓方法。由于内燃机振动可视化图像中灰度特征较边缘特征更为明显,如何利用该特征的检测来实现内燃机故障的诊断有待探究。

6. 纹理特征

在上述几种可视化图像数学特征提取方法中,尤以纹理特征提取方法在机械设备故障诊断领域中的应用最为广泛。如文献[74]将可视化图像纹理特征提取应用于轴承故障诊断,文献[75]将纹理分析应用于轴承平滑伪 Wigner-Ville 分布可视化图像特征提取。

有许多纹理特征提取方法得到了长足的发展和应用,如著名的灰度共生矩阵(Gray-Level Co-occurrence Matrix,GLCM)、灰度行程长度法、自相关函数法、分形理论、马尔可夫随机场(Markov Random Field,MRF)模型理论、小波理论等。但是对于纹理特征提取方法也没有统一的分类,目前尚缺乏一种被公众认可的纹理特征提取方法。

当前,堪称经典的分类方法主要有 Haralick 分类方法、Reed 分类方法、Tuceryan 分类方法等。由于 Tuceryan 分类方法提出时,相关理论方法的应用已经基本成型,所以这种分类方法在业内的认可度相对较高,即将纹理特征提取方法归纳为统计方法、几何方法、结构方法、模型方法和信号处理方法。考虑到几何方法在纹理提取方法中应用较少,本书将图像纹理特征提取方法按照统计方法、结构方法、模型方法和信号处理方法四大类进行了梳理,如图 2.8 所示。

(1)横向进行比较。统计方法原理相对简单,算法上易于实现,应用也较为广泛,但是统计方法的缺点是其缺乏对图像全局信息的充分利用;结构方法认为纹理基元具有规范的相对关系,目前对结构类方法的研究还不深入,应用上也仅仅局限于对人工纹理特征的提取;模型方法能够兼顾到图像中灰度信息的局部随机性和整体规律性,但是其存在的最大问题是模型求解具有较大难度,参数调节很大程度上依赖于专业知识的判断,自适应性差;信号处理方法能够对图像纹理进行多分辨率层次上的分析,分析尺度更为精细,但此类方法大多用于规则的纹理图像,并且很容易受噪声信息的干扰。

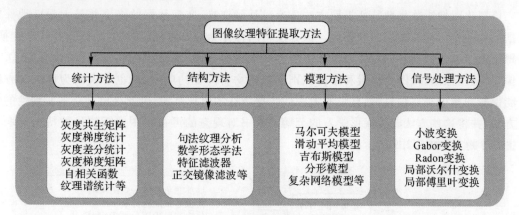

图 2.8 图像纹理特征提取方法分类

(2)纵向进行比较。结构方法中最为典型的是句法纹理分析和数学形态学分析法。句法纹理分析将语法表示的思想用于纹理空间关系的分析,可以在多层次上对纹理进行描述,但是在应用上存在较大困难;数学形态学方法对图像中指定形状的重复性特征进行分析,也存在应用上的困难。

模型方法通过对图像中的纹理信息进行建模,并进行模型参数的估计,其中最有代表性的是随机场模型和分形模型方法。随机场模型中当属马尔可夫模型应用最为广泛,在其基础上衍生出了众多模型算法。基本的 MRF 模型通过迭代的方式提取整个图像的局部纹理信息,在描述图像空间约束关系方法体现出了独特的优势,但是模型的求解相当困难;分形模型将图像的空间信息与灰度信息进行结合,其在描述图像纹理特征时的核心问题是分形维数的准确估计。但是由于分形维数的估计精度往往与计算复杂度相对立,所以分形模型在应用时需要在估计精度和计算复杂度之间寻一个折中,给实际应用带来很大不便。

信号处理方法依据不同的能量准则,通过线性变换来提取图像中的纹理信息,以小波变换最为典型。小波变换将自然纹理图像视为周期信号,在低分辨率下快速识别图像中不同的纹理区域,在高分辨率下对纹理边缘信息进行定位,从而实现图像纹理信息的多尺度分析,但是小波变换存在重低频信息、轻高频信息的问题,并且图像的边缘保持与能量估计无法同时顾及。

统计方法在众多的图像纹理特征提取方法中一枝独秀,应用最为广泛,其中最具代表性的是灰度共生矩阵(GLCM)方法。GLCM 能够导出 14 种特征量来对图像的纹理特征信息进行描述。但是要计算出所有的纹理特征量,所需要的计算量相当大,一定程度上限制了 GLCM 在高维度图像纹理特征提取中的应用。针对 GLCM 计算量的问题,也有众多学者给出了解决策略,如文献[85]提出通过减少图像的灰度级来减少计算量,但是这种方法会损失图像中部分灰度空间依赖信息;有人提出对 14 个特征量进行筛选,如 Ulaby 等发现 GLCM 中的 14 个特征量具有较强的相关性,故提出通过 4 个特征量就可以反映图像的纹理特征。总体说来,改进的方法往往需要较大的人工干预来对参数进行筛选,自适应性不强。近年来,Ojala 等提出的局部二值模式(LBP)算法应用越来越广泛,其计算复杂度小,应用于纹理检索时效果较好。

2.3.2　振动谱图矩阵代数特征提取方法

可视化图像矩阵代数特征提取方法是通过某种变换,实现数据的降维并最大限度地保留数据类内的相似性和类间的差异性。该方法将图像作为矩阵看待,对图像矩阵进行代数变换,获得反映图像代数属性的特征向量。传统方法在图像去噪、人脸检测和识别、图像分割、医学图像识别、图像水印、图像检索和字符识别等领域均有广泛的应用,但也有人认为传统的方法不能保持图像的局部信息,而且没有考虑到数据所在的流形结构,因此提出了众多非线性的分析方法,并将这些方法归为流形学习的范畴。本书对现有的可视化图像矩阵代数特征提取方法进行了总结,如图 2.9 所示。

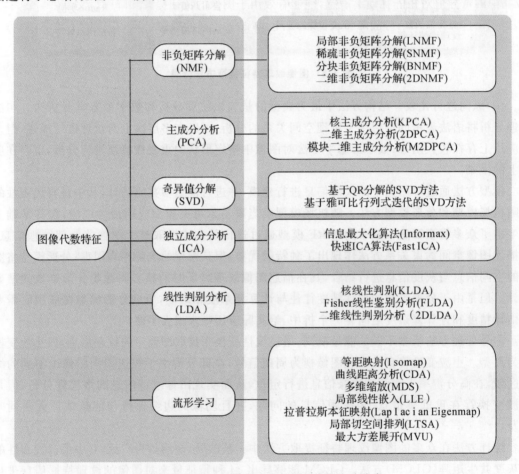

图 2.9　可视化图像矩阵代数特征提取方法分类

1.主成分分析方法

主成分分析的英文名称为 Principal Component Analysis,简称为 PCA。文献[88]、[89]将 PCA 方法引入轴承、齿轮等旋转机械中用于故障特征的提取。核主成分分析方法(Kernel PCA,KPCA)是在 PCA 的基础上加入了核函数,用以解决数据空间线性不可分的问题。文献

[90]将 KPCA 方法用于单向阀的小波包可视化图像故障特征的提取。二维主成分分析方法（two-dimension PCA，2DPCA）是一维 PCA 方法的拓展，直接利用图像对应的二维矩阵进行鉴别分析，因而可以更好地保留图像数据的相对空间信息。模块二维主成分分析（Module 2DPCA，M2DPCA）是将图像矩阵分块处理后再利用 2DPCA 方法进行特征提取，文献[92]证明 M2DPCA 可以更好地提取图像的局部特征。

2. 奇异值分解

奇异值分解的英文名称为 Singular Value Decomposition，简写为 SVD。SVD 是正规矩阵酉对角化的推广，主要形式有两种：基于矩阵 QR 分解的 SVD 方法和基于 Jacobi（雅可比）行列式迭代的 SVD 方法。前者着眼于 SVD 的快速计算，而后者更侧重于算法的分解精度。SVD 中的奇异值对矩阵扰动不敏感，能够有效用于图像的特征提取和降噪。文献[94]将 SVD 方法应用于轴承振动信号故障特征的提取，也取得了较好的效果。所以，理论上将 SVD 方法用于内燃机振动可视化图像的特征提取也应是可行的。

3. 独立成分分析

独立成分分析的英文名称为 Independent Component Analysis，简写为 ICA。ICA 是 PCA 在高阶统计上的延伸，通过对高维数据的线性分解，得到尽可能相互独立的数据代数特征。ICA 算法实现上主要有信息最大化算法（Informax）和快速 ICA 算法两种，分别侧重于算法的特征提取效果和计算效率。文献[96]将 ICA 应用于故障诊断中，并证明 ICA 比 PCA 具有更好的收敛性能和特征提取效果。

4. 线性判别分析

线性判别分析的英文名称为 Linear Discriminant Analysis，简写为 LDA。LDA 是根据样本的类内离散度和类间离散度提取特征向量的方法。FLDA（Fisher LDA）则是在 Fisher 准则的基础上，寻找最佳判别投影向量，并且使类内样本分布尽量紧凑，类间样本距离尽量大。文献[98]将 FLDA 应用在人脸识别领域，其在故障诊断方面的应用有效性尚有待考证。

5. 非负矩阵分解

非负矩阵分解的英文名称为 Non-negative Matrix Factorization，简写为 NMF。在 PCA，LDA，ICA 等矩阵分析方法中，系数向量的元素多取正或负值，鲜有零值，意味着这些方法中所有基向量都参与观测数据向量的拟合和回归。NMF 对组合因子进行了非负性的约束，有利于产生更加稀疏的编码，更符合人脑对编码的理解。局部非负矩阵分解（Local NMF，LNMF）在 NMF 的基础上增加了三点限制：权重系数矩阵尽可能稀疏、不同基之间的冗余性最小、仅保留含有最重要信息的基。文献[101]成功地将 LNMF 应用于内燃机振动可视化图像的特征提取。稀疏非负矩阵分解（Sparse NMF，SNMF）是在 NMF 的基础上，对基矩阵和系数矩阵单一或同时添加了稀疏约束条件的方法，是稀疏编码与 NMF 的结合。文献[102]将 SNMF 应用于内燃机可视化图像的故障特征提取，并证明 SNMF 能更好地发现稳定、直观的局部特征。

6. 流形学习

流形学习的英文名称为 Manifold Learning。流形学习通过对观测空间卷曲流形信息进行分析,实现对数据集的特征提取。比较有代表性的流形学习方法有等距映射、曲线距离分析、多维缩放、局部线性嵌入、拉普拉斯本征映射、局部切空间排列等,是一类较有发展潜力的特征提取方法。文献[104]将流形学习方法用于高维数据的特征提取,并指出流形学习方法与PCA 和 LDA 等其他特征提取方法相比,具有更强的故障模式分类性能;文献[105]将流形学习方法用于可视化图像的特征提取,并指出流形学习的方法能够较好地提取出图像中的非线性特征。

2.4　内燃机故障的模式识别方法

整个故障诊断过程大致要经历数据采集、数据处理、特征提取和模式识别 4 个阶段,实质是将处理后的数据空间经由特征空间向类别空间的映射过程,如图 2.10 所示。

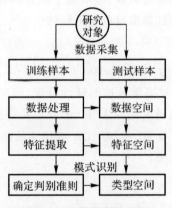

图 2.10　故障诊断过程

在此过程中,数据采集阶段的数据为一维的内燃机缸盖振动加速度信号数据,在数据处理阶段,利用时频表征方法将信号转化为可视化图像,在特征提取阶段对可视化图像矩阵的低维特征进行提取。在模式识别阶段,首先按预设模型计算得到判决准则,然后利用该准则对测试样本的特征参量进行识别,输出识别结果。在已知识别结果的基础上,可对判决准则和特征提取方法不断改进,以得到更好的故障识别效果。

图 2.11 按照统计分析识别方法、人工神经网络识别方法、模糊理论识别方法、粗糙集理论识别方法和其他智能算法识别方法五个类别对现有的故障模式识别方法进行了梳理。

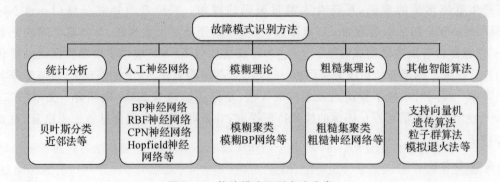

图 2.11　故障模式识别方法分类

1.统计分析识别方法

与其他模式识别方法相比,统计模式识别方法是研究得最广泛、最深入的一类方法。典型的统计模式识别方法有贝叶斯分类法和近邻法。贝叶斯分类法是一种基于概率统计的模式识别方法,其中较有代表性的是最小距离分类器。最小距离分类器将测试样本与划分代表点之间的距离最近作为分类的判别准则进行模式识别。近邻法在最小距离分类器的基础上发展而来,以训练样本与测试样本中的欧式距离最近者的类别作为结果。最近邻分类(Nearest Neighbor Classification,NNC)是一种非参数的识别方法,不需要先验概率和类条件概率密度函数,直接对样本进行操作,只需通过比较未知样本与已知样本间的欧氏距离即可完成样本类别的判定,方法虽然较为简单但是适用性很强,其作为特征参数提取效果的验证方法被用于众多文献中。

2.人工神经网络识别方法

人工神经网络识别方法(Artificial Neural Network,ANN)是对人脑进行的简化、抽象和模拟,由大量功能简单却具有自适应能力的信息处理单元通过拓扑结构连接而成。人工神经网络有多种模型,按结构方式有前馈网络(如 BP 网络)和反馈网络(如 Hopfield 网络);按状态方式分有离散型网络和连续型网络;按学习方式分有监督学习网络(如 BP 网络、RBF 网络)和无监督学习网络(如自组织网络)。在机械设备故障诊断领域,文献[108]利用神经网络实现了对内燃机气阀故障的识别,文献[109]利用多网络神经网络对多传感器条件下的内燃机故障信息进行了融合,文献[110]用双谱分析和人工神经网络对船用柴油机气缸-活塞环故障进行了识别。

3.模糊理论识别方法

模糊理论识别方法(Fuzzy Theory)是采用精确的方法、公式和模型来度量和处理模糊、信息不完整或不确定的规律。将模糊理论用于模式识别有两种实现形式,分别利用"最大隶属原则"和"择近原则"对数据进行归类。文献[111]将模糊理论应用于汽车驱动桥故障的诊断之中,取得了较好的效果;文献[112]利用模糊模式识别的方法实现了内燃机失火故障的诊断和故障气缸的定位。

4.粗糙集理论识别方法

粗糙集理论识别方法(Rough Set Theory)是在已有数据中寻找其蕴含的深层次规则的一种方法,通过内部机制对数据的学习,找到数据样本中隐含的模式和关系,产生分类规则。文献[113]将小波包可视化图像与粗糙集模式识别相结合,用于内燃机气门故障的诊断;文献[114]利用粗糙集理论实现了内燃机故障的动态监测。

5.其他智能算法识别方法

支持向量机(Support Vector Machine,SVM)采用统计学习理论,具有全局最优性、泛化能力强、学习速度快、发展前景广及适合小样本数据等优势,是机械设备智能故障诊断与预测的一个重要内容。与其他有较成熟的高级模式识别方法,如神经网络、遗传算法、粒子群算法等相比,SVM 有其独到的优势。SVM 基于结构风险最小化原则,能保证学习机器有良好的泛化能力,避免了过学习与欠学习的问题;模型训练速度快,实际应用中便于利用新的样本对模型进行调整并且避免了经验成分的影响,参数选取简单,建模方便。基于以上优点,支持向量机逐渐成为机器学习中的研究热点,在模式识别领域获得越来越广泛的应用。文献[115],[116]从不同的角度对 SVM 在机械设备故障诊断领域的应用进行了综述。

按照以上分析思路,图 2.12 显示了内燃机振动可视化图像识别诊断的具体途径。

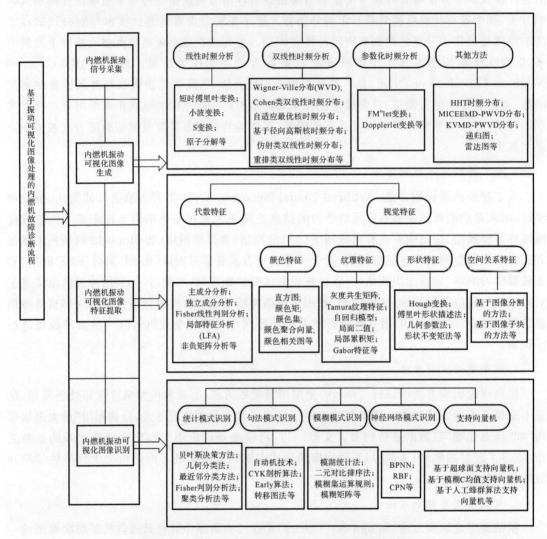

图 2.12　内燃机振动可视化图像识别诊断的具体途径

2.5　本　章　小　结

本章针对内燃机振动谱图二维信息没有得到充分利用的问题,提出了内燃机可视化振动谱图识别诊断技术途径,系统分析了其潜在方法。具体工作如下:

(1)在可视化图像表征方面,将内燃机振动信号数图映射表征模型概括为数域(D)、图域(G)以及数域(D)与图域(G)之间构成的映射域三个层面,对比分析了不同可视化分析方法在内燃机振动数据图像表征方面的可行性,指出传统的线性时频分析方法应用广泛,但需要解决时、频分辨率的问题;非线性时频分析方法直观合理,但存在交叉干扰项的问题;参数化时频分析方法自适应性强,对特定信号的解析更具优势;。

(2)在图像特征提取方面,研究了图像视觉特征提取和图像代数特征提取方法用在内燃机振动可视化图像特征提取中的优缺点,在视觉特征提取方法中,指出自然特征的提取原理简单,但对特征的描述能力较弱;数学特征的提取模型相对复杂,但往往能更好地描述图像特征,尤其是纹理特征,特征描述能力强,在故障诊断领域已有较多应用;在矩阵代数特征提取方法中,不同方法从不同的角度对图像矩阵进行降维,有各自适用的数据信息。其中,非负矩阵分解由于能够保证特征参量的非负性,具有更好的物理解释。

(3)在故障模式识别方面,主要对统计分析、神经网络、模糊理论、粗糙集理论和其他智能方法进行了分析,指出各自的应用特点及其在故障诊断领域的应用情况。其中,统计分析原理简单,人工神经网络自适应能力更强,模糊理论和粗糙集方法适用于从不完整信息中寻找规律,而支持向量机更适用于小样本模式识别情况。

第 3 章 内燃机振动信号的典型可视化表征方法

3.1 引 言

在内燃机振动信号可视化表征方法中,最重要的是时频表征手段。时频表征是在时频联合域上将一维信号转化为二维可视化图像进行分析的方法,是分析时变非平稳信号的有力工具。内燃机缸盖表面振动信号是多种激励力综合作用的结果,表现形式非常复杂。对于内燃机缸盖振动信号而言,对信号全局进行分析的 Fourier 变换不再是有效的数学分析工具,为得到更为精确的表述,可以使用信号时频分析的方法来表征信号的局部性能。非平稳信号的时频分析可以分为线性时频分析、非线性时频分析和参数化时频分析方法三大类。

图 3.1 给出了信号时频分析方面的重要成果和发展历程。线性时频分析方法中比较有代表性的方法是短时傅里叶变换(STFT)、Gabor 变换和小波变换(WT)。STFT 和 Gabor 变换出现较早,两种方法均属于加窗 Fourier 变换的形式,也正是受窗函数的限制,STFT 和 Gabor 变换存在时、频域分辨率难以兼顾的问题;小波变换和 STFT 十分相似,但是小波变换实现了信号的多分辨率分析。尽管 STFT、Gabor 和小波变换这些线性变换的分析方法能够有效描述非平稳信号的局部特征,但是不如非线性变换的分析方法显得直观和合理。

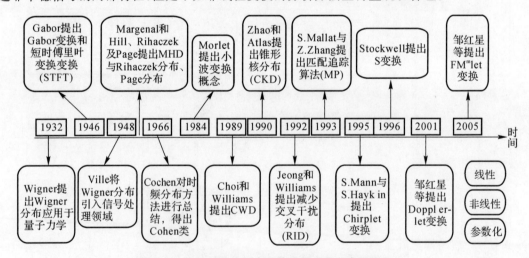

图 3.1 信号时频分析方面的重要成果和发展历程

以 Cohen 类的双线性时频分布为代表,这类方法的基础都是维格纳威尔分布(WVD),通过信号分析在时频平面内表示信号的能量分布。WVD 本身有众多优良的特性,但其与生俱来的交叉项干扰,却是其应用时的瓶颈。与 Cohen 类时频分布类似,仿射类的时频分布是通过时移和伸缩对信号的时间和频率局部特性进行刻画,通过对 WVD 进行时频平滑及时间-尺度平滑处理来抑制交叉项干扰。重排类的双线性时频分布通过对时频平面进行重排并进行平均运算来衰减交叉项,但信号自项成分的集中也同时被破坏。自适应最优核函数类时频分布对核函数的定义更加自由,以提高核函数确定的自适应性,然而,这种"最优"只是针对算法的优化,这种算法仍无力将自项成分和交叉项成分分离开来。

无论是线性时频分析还是非线性时频分析,均属于非参数的方法,都缺乏模型信号的设定,参数化时频分析方法解决了这一问题。匹配追踪算法(Matching Pursuit,MP)通过对原子字典中的原子进行匹配,实现信号的稀疏表示;Chirplet 变换更适合于描述信号中的线性时变分量,用于某些特定信号的处理中;Dopplerlet 变换对于类似火车汽笛声的 Doppler 信号的分析更加准确;FMᵐlet 变换在 Chirplet 变换的基础上发展而来,对于特定自然波形的分析更有优势。总体来说,信号的参数化时频表示方法更加灵活,给定字典就可实现信号稀疏表示。

内燃机振动响应信号具有典型的非线性、非稳态特性。这是由内燃机的工作特性和工作环境所决定的:内燃机系统结构较为复杂,运动部件多,在工作过程中既包含旋转运动又包含往复运动,耦合严重;所处工作环境较为恶劣,具有多变的边界条件和不确定的信号传递特性。除时频分析方法外,处理内燃机非线性、非平稳振动信号的方法还有很多。图 3.2 给出了常用的典型内燃机振动谱图像生成方法及其方法分类。

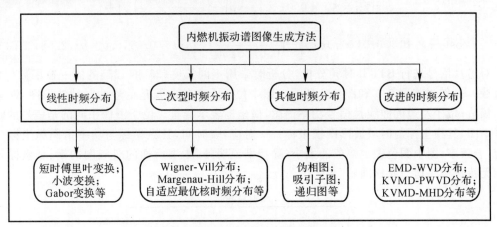

图 3.2　典型内燃机振动谱图像生成方法及其方法分类

上述方法为内燃机非线性、非稳态信号的分析提供了必要途径,但往往选择越多时,如何去选择就成为了一个问题,因为往往使用不同的振动谱图像生成方法故障诊断的结果也可能不同。

3.2　典型的线性时频表征

3.2.1　短时傅里叶变换

短时傅里叶变换(Short Time Fourier Transform,STFT)是线性时频变换,属于加窗 Fourier 变换的一种,是由 P. K. Potter 在 1932 年为分析语音信号而提出的一种信号分析方法。假设存在一个窗函数 $g(t)$ 其时间跨度很短,将其沿着 $x(t)$ 时间轴滑动,便可得到关于信

号 $x(t)$ 的 STFT 定义：

$$\text{STFT}_x(\tau,\omega) = \int_{-\infty}^{+\infty} \left[x(t)\overline{g(t-\tau)} \right] e^{-j\omega t}\, dt \qquad (3-1)$$

式中 "——"表示复数共轭

当窗函数 $g(t)=1$，即窗函数取为无穷长的矩形窗函数时，则 STFT 便退化成传统的 Fourier 变换。因此 $\text{STFT}_x(\tau,\omega)$ 反映的是信号在时刻 $[\tau-\delta,\tau+\delta]$、频率 $[\omega-\varepsilon,\omega+\varepsilon]$ 这一区域内局部时频特征，其中 δ 表示窗口的时宽，ε 表示窗口的频宽，δ 和 ε 代表了时频分辨率。窗口宽度越窄，时频分辨率越高，遗憾的是由测不准原理，δ 和 ε 相互制约，不可能同时取任意小值。在分析过程中，当 δ 取值比较小时，ε 的值会相应变得比较大（拥有较好的时间分辨率）；当 ε 取值取得比较小时，δ 的值会相应变得比较大（拥有较好的频率分辨率）。在选用 STFT 对信号进行分析时，窗函数一旦选定，大小和形状是不能变化的，因此时间和频率分辨率也随之固定，缺乏对信号的自适应性。

仿真信号是由 3 个高斯包络的余弦信号（简称"三分量信号"）相叠加而成，三个余弦信号分量的时间、频率中心分别为 $(t_1,f_1)=(0.64,10)$，$(t_2,f_2)=(0.64,40)$，$(t_3,f_3)=(1.92,40)$，采样频率为 $100\,\text{Hz}$，仿真信号表达式为

$$x(t) = \cos(2\pi\times10\times0.01\times t)\exp\left[-\left(\frac{t-0.64}{0.07\times256}\right)^2\right] +$$

$$\cos(2\pi\times40\times0.01\times t)\exp\left[-\left(\frac{t-0.64}{0.07\times256}\right)^2\right] +$$

$$\cos(2\pi\times40\times0.01\times t)\exp\left[-\left(\frac{t-1.92}{0.07\times256}\right)^2\right], (t=0.01,0.02,\cdots,2.56) \qquad (3-2)$$

对仿真信号进行 STFT 时频分析，分析时采用不同长度（25 和 125）的同一窗函数（Hanning 窗），其结果如图 3.3 和图 3.4 所示。图中位于上方的曲线是信号的时域波形图，纵坐标表示幅值；位于左边的曲线是信号功率谱图，横坐标表示能量。位于图像中间的是信号的时频相平面图，其横坐标与时域波形图横坐标一一对应，表时间，其纵坐标与功率谱图纵坐标一一对应，表频率，图中颜色表示幅值的大小（除特别说明外，本书后面的时频图的横、纵坐标等含义如无特殊标注均与此相同）。

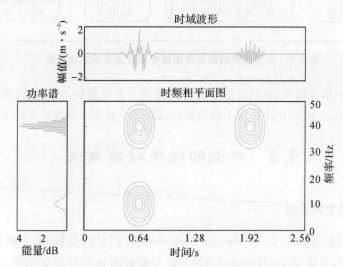

图 3.3　三分量信号的 STFT 分析结果（Hanning,25）

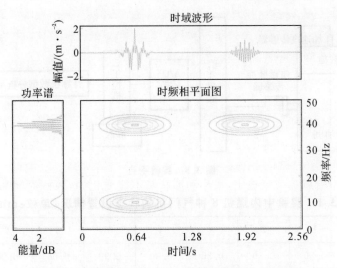

图 3.4　三分量信号的 STFT 分析结果（Hanning,125）

图 3.3 和图 3.4 中可以看出,仿真信号经 STFT 时频分析后,可从时频相平面图中清晰地分辨出仿真信号中包含了 3 个分量信号,很好的描述了各分量信号地时频特性。可从图中看到,3 个分量信号的产生时间、消亡时间、所在位置的幅值频率信息,这些信息是单纯的时域波形图和功率谱波形图所不能反映的。但也可以看出,窗函数长度的选择对时频分析结果有很大影响。选取窗函数的长度越小,时间分辨率越高,但频率分辨率随之相应降低;反之选取窗函数的长度越大,频率分辨率越高,但时间分辨率随之相应降低。在实际应用中,窗函数及窗函数长度的选择是 STFT 时频分析中的关键,一般情况下,窗函数和窗函数长度的选择靠经验法,即人为地取不同长度的不同窗函数进行比较分析,然后通过经验进行选择。

一般在内燃机中,气门漏气和气门间隙异常是内燃机运行中最常见的两种故障。进气门由于受到进气流的冷却作用,热负荷较轻,发生故障的概率较低。相比而言,排气门的热负荷相对较重,故障率较高,而且对其故障检测相对困难。在信号采集过程中,信号的质量主要受测量系统精度、测量位置及采样频率的影响。为了对内燃机气门机构故障进行有效的研究和诊断,本书选择 BF4L1011F 型内燃机排气门为研究对象,设备的额定转速为 3 000 r/min,采样频率为 25 kHz,实验平台如图 3.5 所示,图 3.6 为内燃机测试中所用的传感器,图 3.7 为内燃机现场测试图,图 3.8 为振动数据采集界面。内燃机缸盖振动信号的获取是对内燃机运行状态进行分析的基础。

实验模拟了 7 种常见的气阀故障,与气阀正常状态形成对比,见表 3.1。其中正常进气门间隙应为 0.25~0.35mm,排气门间隙应为 0.45~0.55mm。实验中,0.3mm 和 0.5mm 分别对应进、排气门间隙正常状态,0.06mm、0.7mm 分别对应气门间隙过小与过大状态,"开口"表示在气阀上开 4mm×1mm 的孔来模拟严重漏气故障状态,"新气门"表示气门间隙调整为 0.5mm,模拟气门尚未磨损时的轻微漏气故障。实验中共采集 8 种状态下各 100 组振动信号样本进行分析。

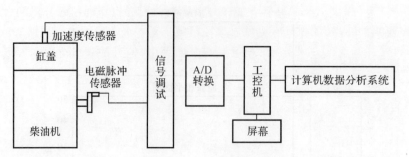

图 3.5　实验平台

表 3.1　实验中内燃机 8 种气门机构状态设置情况(单位：mm)

工况编号	1	2	3	4	5	6	7	8
进气门	0.30	0.30	0.30	0.30	0.30	0.06	0.06	0.70
排气门	0.50	0.06	0.70	开口	新气门	0.06	0.70	0.70

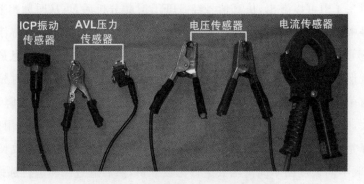

图 3.6　内燃机测试中所用的传感器

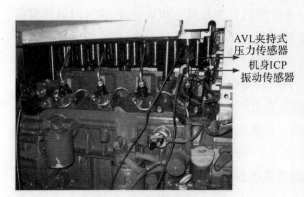

图 3.7　内燃机测试现场图

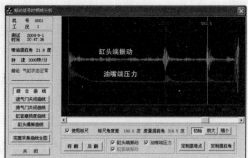

图 3.8　振动数据采集界面

　　使用短时傅里叶变换对采集到的四种不同气门间隙工况下的内燃机缸盖振动信号进行分

析,其结果如图 3.9 所示。图中窗函数的选取是经过多次的尝试取得的最优结果,可以从图中看出传统的 STFT 振动谱图像分析方法在对采集到的内燃机振动信号分析的过程中,由于时频分辨不能兼顾的特点,无法既在时域上又在频域上对各个激励源进行识别定位,得不到理想的分析结果,尤其在工况 2 和工况 3 的时频相平面图中,信号的频率分辨率太低,对进一步的故障诊断分析造成较大影响 。

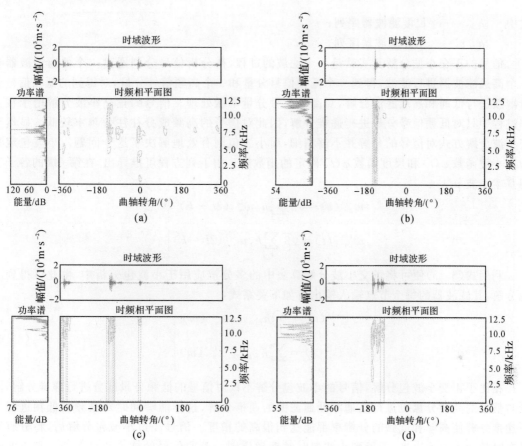

图 3.9　内燃机缸盖振动信号的 STFT 图像
(a)工况 1;(b)工况 2;(c)工况 3;(d)工况 4

3.2.2　小波包振动谱图像生成

小波包(Wavelet Packet)方法是 Coifman,Meyer 等在 1989 年提出的一种信号分析方法,与 STFT 时频分析相比,它具有对信号特征的自适应性,因而能够使低频和高频成分都达到很精细的程度,小波包分解是通过正交镜像滤波器进行的。假设时变信号为 $x(t)$,有以下的正交小波分解:

$$x(t) = \sum_{j=-\infty}^{J} \sum_{K=-\infty}^{\infty} d_{j,k} \psi_{j,k}(t) + \sum_{k=-\infty}^{\infty} c_{J,k} \varphi_{J,k}(t) \tag{3-3}$$

式中　　J —— 分解层数;

$d_{j,k}$ —— 小波分解系数;

$\psi(t)$ —— 正交小波函数;

$c_{j,k}$——信号第 j 层的尺度分解系数；

$\varphi_{j,k}(t)$——由基本尺度函数 $\varphi(t)$ 得到的二进制尺度函数为

$$\left.\begin{array}{l} c_{j,k} = \sum_n h_{0(n-2k)} c_{j-1,k} \\ d_{j,k} = \sum_n h_{1(n-2k)} c_{j-1,k} \end{array}\right\} \qquad (3-4)$$

式中 $\{h_{0k}\}$——尺度滤波器序列；

$\{h_{1k}\}$——小波滤波器序列。

信号的正交小波分解其实就是一个滤波的过程，待分析信号分别通过一个低通滤波器和一个高通滤波器进行滤波，得到一个低频信号分量和一个高频信号分量，对得到的低频信号分量继续进行低通和高通滤波分解，对高频信号分量不做处理。信号的正交小波分解由于在分解过程中只对低信号分量进行递推分解，因此对信号的高频成分往往分辨率较低。显然正交小波分解方式对信号的分解并不够精细，而小波包则有效地解决了这个问题。小波包定义为由小波函数 $\psi(t)$ 和尺度函数 $\varphi(t)$ 确定的函数簇。由下列方程可推导出，在第 j 级的各子空间基本小波 $w_n^{(j)}$：

$$\left.\begin{array}{l} w_{2n}^{(j)}(t) = \sqrt{2} \sum_k h_0 w_n^{(j)}(2t-k) \\ w_{2n+1}^{(j)}(t) = \sqrt{2} \sum_k h_1 w_n^{(j)}(2t-k) \end{array}\right\} \qquad (3-5)$$

利用式(3-5)便可将正交小波分解算法中的多分辨应用于小波包分析中，由此可得到小包分解，其滤波器的每个节点输入输出有如下关系式：

$$\left.\begin{array}{l} x_{2n}^{(j+1)}(t) = \sum_k h_{0(m-2k)} x_n^{(j)}(m) \\ w_{2n+1}^{(j+1)}(t) = \sum_k h_{1(m-2k)} x_n^{(j)}(m) \end{array}\right\} \qquad (3-6)$$

相比于正交小波包分解，信号的小波包分解不仅对信号的低频分量部分进行递推分解，同样对信号的高频分量也进行高通和低通滤波的递推分解，这样能够同时对高频和低频进行不断递推分解使高频和低频的分辨率都能达到很高的精度。信号经过小波包分解后，将分解结果在时频面上表示出来，即得到小波包时频振动谱图。若原信号的样本长度为 N，则小波包分解结果被表示为时频面上 N 个面积为 $t \times f$ 的相邻小矩形。

图 3.10 为式(3-2)的仿真信号的不同小波基和分解层数下的小波包分析结果。从图中可以看出小波基和分解层数选取得不同，形成的仿真信号小波包时频相平面图也各不相同。这是因为在利用小波包对信号进行分析过程中，小波基一经选定，便决定了分解的过程，当选择的小波基与待分析的信号很难匹配时，注定会出现多余的小波分量，造成信号能量谱的扩散，可以看出能量谱有轻微扩散，幅值最大点的位置出现了较严重的偏移；分解层数与分辨率之间的关系受制于测不准原理，当分解层数选的较小时，小波包的时间分辨率会较好频率分辨率会降低，反之当分解层数选的较大，则频率分辨率会较好时间分辨率会降低。因此，在用小波包对信号进行分析时，小波基与分解层数的选择是影响时频相平面图好坏的关键问题。目前在实际的工程应用中，小波基函数和分解层数的选择仍然受制于人为经验选择。

一般情况下，根据内燃机非平稳振动信号时频域的变化特性，按照以下四个条件确定小波基的选择：① $\psi(t)$ 有紧支集；② $\psi(t)$ 有 N 阶消失矩；③ $\psi(t)$ 连续可微；③ $\psi(t)$ 有对称性。使用传统的小波包方法对采集到的四种工况下的内燃机振动信号进行振动谱图像生成，选取小

波包基函数为 DB6,分解层数为 6 层,生成的振动谱图像如图 3.11 所示。从生成的振动谱图像来看,时频分辨率在高频和低频都有很好的分辨率,但在实际的实验过程中,由于小波包基函数和分解层数的选取,即使选取的参数有细微差别,造成的分解结果也会呈现出很大的差异,生成的振动谱图像会极易出现错误信息,这是小波包分析的局限性之一。

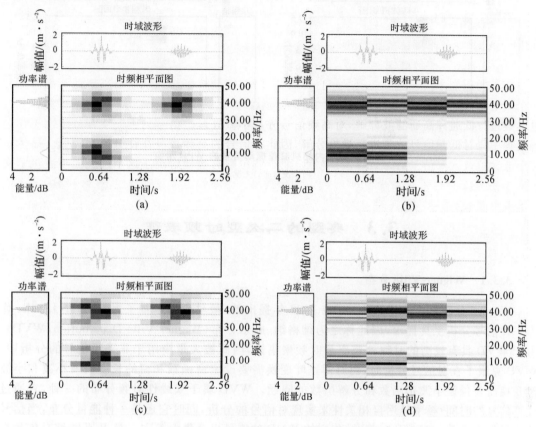

图 3.10　三分量信号的小波包分析结果图
(a)小波基:sym6,分解层数:4;(b)小波基:sym6,分解层数:6;(c)小波基:db4,分解层数:4;(d)小波基:db4,分解层数:6

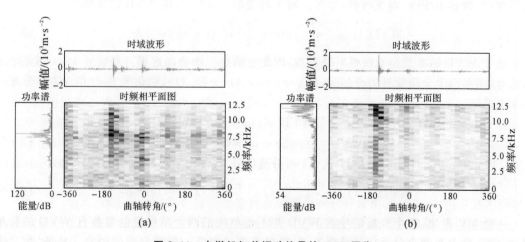

图 3.11　内燃机缸盖振动信号的 WPD 图像
(a)工况 1;(b)工况 2;

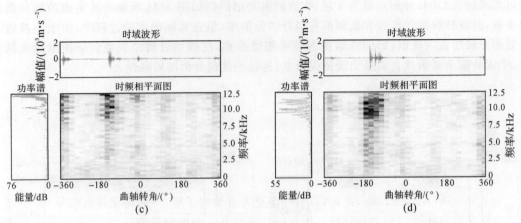

续图 3.11　内燃机缸盖振动信号的 WPD 图像

(c)工况 3;(d)工况 4

3.3　典型的二次型时频表征

3.3.1　Wigner-Ville 分布

Wigner 分布是由 E. P. Wigner 在 1932 年提出的,最早应用于量子力学,后经 J. Ville 作为一种信号分析工具提出,因此称之为维格纳-威尔分布(Wigner-Ville Distribution, WVD)。由于 WVD 具有较高的时频分辨率和时频聚集性,因此被大量应用于非平稳信号的分析中。WVD 克服了在对信号分析时,短时傅里叶变换需要设定窗函数和窗的长度以及小波和小波包变换需要预设小波基函数和分解层数的问题。WVD 属于双线性时频分布的一种,它通过计算信号的时间-频率延迟自相关性来实现对信号的分析,同时它还是一种能量分布,当信号的能量集中于某一频率和时间时,相应的 WVD 的能量也会集中于这一点,因此能够对信号进行很好的时频表征。当然除此之外,WVD 还有很多优良特性,如实值性,对称性、边缘性、时移不变性、频移不变性,弱支撑性,等等。对于时变信号 $x(t)$,其 WVD 定义如下:

$$\mathrm{WVD}_x(t,\omega) = \int_{-\infty}^{+\infty} x\left(t+\frac{\tau}{2}\right) x^*\left(t-\frac{\tau}{2}\right) \mathrm{e}^{-\mathrm{j}\omega\tau} \, \mathrm{d}\tau \qquad (3-7)$$

由于 WVD 的本质是双线性时频分布,因此它满足二次叠加定理。当信号 $x(t)$ 不是单分量信号,而是两个分量信号的叠加时,即 $x(t)=ax_1(t)+bx_2(t)$,则信号 $x(t)$ 的 WVD 分布有如下关系:

$$\begin{aligned}\mathrm{WVD}_x(t,\omega) = &\, |a|^2 \mathrm{WVD}_{x_1}(t,\omega) + |b|^2 \mathrm{WVD}_{x_2}(t,\omega) + \\ &\, ab^* \mathrm{WVD}_{x_1 x_2}(t,\omega) + a^* b\,\mathrm{WVD}_{x_1 x_2}(t,\omega)\end{aligned} \qquad (3-8)$$

式中, $\mathrm{WVD}_{x_1 x_2}(t,\omega)$ 为分量信号 $x_1(t)$ 与分量信号 $x_2(t)$ 的交叉项(Cross-WVD):

$$\mathrm{WVD}_{x_1 x_2}(t,\omega) = \int_{-\infty}^{+\infty} x_1\left(t+\frac{\tau}{2}\right) x_2^*\left(t-\frac{\tau}{2}\right) \mathrm{e}^{-\mathrm{j}\omega\tau} \, \mathrm{d}\tau \qquad (3-9)$$

由此可以看出,两个分量信号的 WVD 并不是单纯的两个单份量信号各自 WVD 的简单叠加,它还包含有两个分量信号的交叉项,且交叉项的幅值一般是自项的两倍。易证,信号中包含的分量成分越多,信号 WVD 中的交叉项越多,假设一个时变信号中包含有 n 个分量信号,那交叉项就会有 $n(n-1)/2$ 个。交叉项的出现会导致假频问题和虚假信号,使 WVD 很难将多成分信号表示清楚。

为了抑制 WVD 中的交叉项,对 WVD 进行时域加窗处理后得到了伪 Wigner-Vill 分布(PWVD),定义如下:

$$PWVD(x;t,\omega)=\int_{-\infty}^{\infty} h(\tau)x(t+\frac{\tau}{2})x^*(t-\frac{\tau}{2})e^{-j\omega\tau}\,d\tau \qquad (3-10)$$

式中 $h(\tau)$ 为窗函数。进一步在 PWVD 的基础上在频域增加平滑函数约束 $g(\tau)$,就得到了平滑伪 Wigner-Vill 分布(SPWVD):

$$SPWVD(x;t,\omega)=\int_{-\infty}^{\infty} h(\tau)\int_{-\infty}^{\infty} g(s-\tau)x(t+\frac{\tau}{2})x^*(t-\frac{\tau}{2})e^{-j\omega\tau}\,d\tau \qquad (3-11)$$

为了对 WVD、PWVD 和 SPWVD 有一个更为直观的了解,下面构建仿真信号,采用以上三种方法分别对仿真信号进行分析。仿真信号分别有一个单分量信号、两个单分量信号的组合信号和三个分量信号的组合信号。

单分量信号为

$$x(t)=\cos(2\pi\times10\times0.01\times t)\exp\left[-\left(\frac{t-0.64}{0.07\times256}\right)^2\right],(t=0.01,0.02,\cdots,2.56)$$

$$(3-12)$$

两个单分量信号的组合信号(简称"二分量信号")为

$$x(t)=\cos(2\pi\times10\times0.01\times t)\exp\left[-\left(\frac{t-0.64}{0.07\times256}\right)^2\right]+$$

$$\cos(2\pi\times40\times0.01\times t)\exp\left[-\left(\frac{t-1.92}{0.07\times256}\right)^2\right],(t=0.01,0.02,\cdots,2.56) \qquad (3-13)$$

三分量信号采用式(3-2)所示信号,分别绘制各仿真信号的 WVD、PWVD 和 SPWVD 时频分布图,从图 3.12 可以看出,WVD 分布具有很好的时频分辨率和时频聚集特性。针对单分量信号进行 WVD 分析[见图 3.12(a)],时频相平面图中清晰地描述了信号从产生到消亡过程中频率、幅值、能量变换情况,此时没有交叉项。当使用 WVD 对多分量信号进行分析时,随着分量信号个数的增加,交叉相个数也在相应增加,且交叉项产生的位置位于两个自相的位置连线中心处,如图 3.12(b)(c)所示。

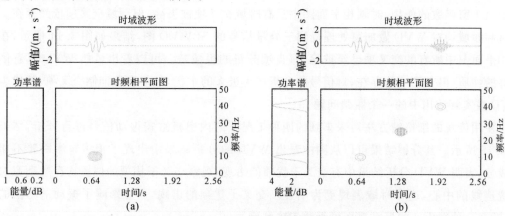

图 3.12　仿真原子信号的 WVD 分析结果图(Hanning,25)
(a)单分量信号;(b)二分量信号;

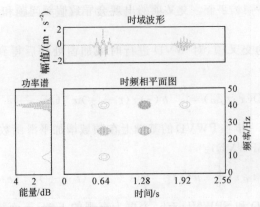

续图 3.12　仿真原子信号的 WVD 分析结果图（Hanning,25）

（c）三分量信号

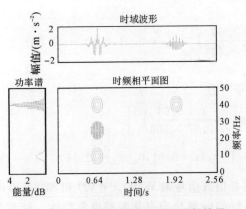

图 3.13　三分量信号的 PWVD 分析结果
（Hanning,25）

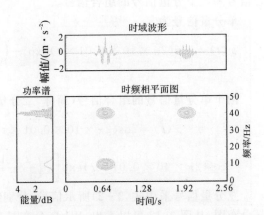

图 3.14　三分量信号的 SPWVD 分析结果
（Hanning,25）

如图 3.13 所示,在时域上对 WVD 进行加窗处理得到三分量信号的 PWVD 分布图,可以看出由于窗函数的作用,时频相平面图中只有时域交叉项被去除,但频域交叉项依然存在。在时域和频域均对 WVD 做加窗处理得到三分量信号的 SPWVD 图,结果如图 3.14 所示,在时频相平面图中所有的交叉项已经被除去,自项分辨的很清楚。可以看出虽然 WVD 有着诸多良好的性质,但交叉项的存在,对信号的分析产生极大的干扰,如何有效抑制交叉项,就成为了 WVD 在实际应用中的一个瓶颈问题。

使用传统的维格纳方法对采集到的四种工况下的内燃机缸盖振动信号进行分析,结果如图 3.15 所示。其分解结果可以从图中看出 WVD 的分析结果中出现了很多与激励源不相符的成分,表明 WVD 分析结果中有交叉干扰项的出现,观察交叉干扰项的位置均在激励源对应位置连线的中心,这在时域表现更为明显。交叉干扰项的出现,严重影响了振动谱图像的表达,甚至会使得生产的振动谱图像无法正确解释。

使用传统的伪维格纳方法对采集到的四种工况下的内燃机缸盖振动进行分析,结果如图 3.16 所示。通过加窗,WVD 中的时域交叉干扰项得到了很好的抑制,但是各个激励源的时域交叉干扰项仍然存在,时频相平面图中有多处与振动信号频域不对应的成分。

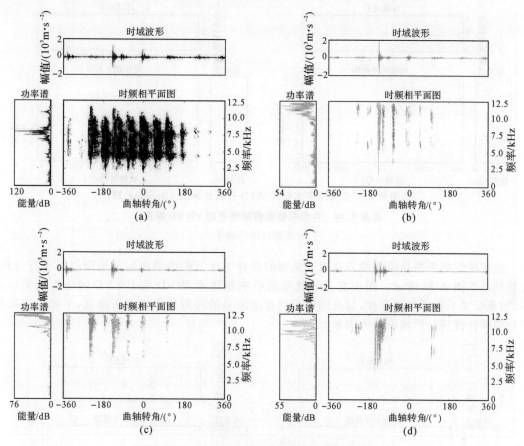

图 3.15　内燃机缸盖振动信号的 WVD 图像

(a)工况 1;(b)工况 2;(c)工况 3;(d)工况 4

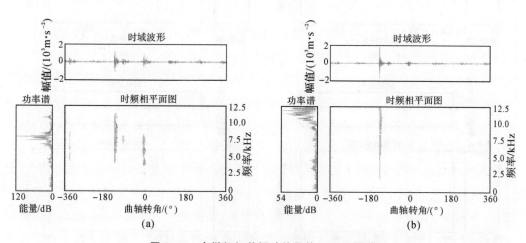

图 3.16　内燃机缸盖振动信号的 PWVD 图像

(a)工况 1;(b)工况 2;

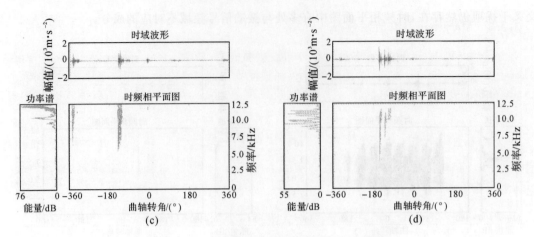

续图 3.16　内燃机缸盖振动信号的 PWVD 图像

(c)工况 3;(d)工况 4

　　使用传统的平滑伪维格纳方法对采集到的四种工况下的内燃机缸盖振动信号进行分析,分析结果如图 3.17 所示。图中交叉干扰项的影响相比于 WVD 和 PWVD 的分析结果小很多,但是交叉干扰项仍然存在,且从图中可以看出信号的时频聚集性有所降低,不能对振动信号的时频特性进行严格准确的表示。

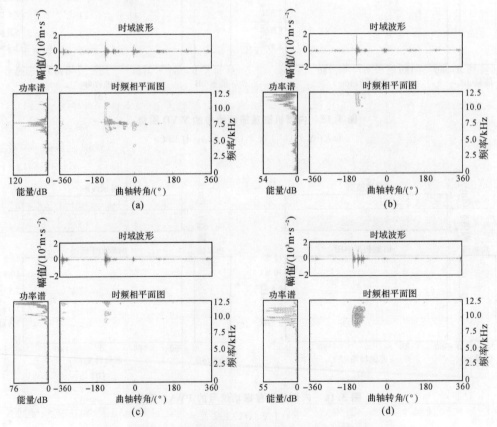

图 3.17　内燃机缸盖振动信号的 SPWVD 图像

(a)工况 1;(b)工况 2;(c)工况 3;(d)工况 4

3.3.2　Margenau-Hill 时频分布

在 Wigner-Ville 分布之后，多种时频分布被相继提出，如 Margenau-Hill 分布、培基分布、Kirkood 分布等。Cohen 发现，这些时频分布都建立在 Wigner-Ville 分布的基础上，是 Wigner-Ville 分布的变形。对给定信号 $x(t)$ 的时频分布 $p(t,f)$，Cohen 给出一般形式的数学表达式：

$$p(t,f)=\int_{-\infty}^{+\infty}\int_{-\infty}^{+\infty}\int_{-\infty}^{+\infty}x\left(u+\frac{\tau}{2}\right)x^*\left(u-\frac{\tau}{2}\right)\cdot\varphi(\tau,v)\,e^{-j2\pi(tv+\tau f-uv)}\,\mathrm{d}u\,\mathrm{d}t\,\mathrm{d}v \quad (3-14)$$

式中，$\varphi(\tau,v)$ 是核函数。若 $\varphi\equiv0$，则为 Wigner-Ville 分布，当 $\varphi=\cos(\pi\tau v)$ 时，即为 Margenau-Hill 分布，则有

$$p_{\mathrm{MH}}(t,f)=\int_{-\infty}^{+\infty}\int_{-\infty}^{+\infty}\int_{-\infty}^{+\infty}x\left(u+\frac{\tau}{2}\right)x^*\left(u-\frac{\tau}{2}\right)\cdot\cos(\pi\tau v)e^{-j2(tv+\tau f-uv)}\,\mathrm{d}u\,\mathrm{d}\tau\,\mathrm{d}v$$

$$(3-15)$$

Margenau-Hill 时频分布同样具有弱支撑性、真边缘性、平移不变性等优良特性。但由于双线性核函数的引入，多个分量在时频平面发生耦合产生了交叉项，MHD 时频分布很难将有多个频率成分的信号表示清楚。通常去除 MHD 中交叉干扰项的做法为对 MHD 进行加窗处理，这样就得到了 PMHD 为

$$p_{\mathrm{PMH}}(t,f)=\int_{-\infty}^{+\infty}\int_{-\infty}^{+\infty}\int_{-\infty}^{+\infty}h(\tau)x\left(u+\frac{\tau}{2}\right)x^*\left(u-\frac{\tau}{2}\right)\cdot\cos(\pi\tau v)e^{-j2(tv+\tau f-uv)}\,\mathrm{d}u\,\mathrm{d}\tau\,\mathrm{d}v$$

$$(3-16)$$

式中　$h(\tau)$——窗函数。

图 3.18～图 3.20 为三个仿真信号的 MHD 分析结果，图 3.21 为三分量信号的 PMHD 图，三个仿真信号分别取式所示信号。图 3.18 为单分量信号的 MHD 分布结果，从时频相平面图中可以看出，MHD 分布对信号进行了清晰的描述，且没有交叉项的存在。图 3.19 为两个单分量信号的组合信号的 MHD 结果，从结果来看，时频相平面图中除了两个自项外还出现了两个交叉项，且交叉项的位置位于以两个自项连线为对角线的矩形的另一对顶角上，若两个自项分布位于同一频率或同一时间，则自项和交叉项重叠。图 3.20 为三分量信号的 MHD 分布图，仅从时频项平面图中已经很难分辨哪个是自项，那个是交叉项，通过与原始信号进行分析和比对，可以发现在 $(t,f)=(1.92,10)$ 处为交叉项，其余均为自项与交叉项的叠加。图 3.21 为三分量信号的 PMHD 图，从图中可以看出，交叉项已经基本得到去除，但存在信号细节丢失的现象，时频分辨精度受到一定影响。

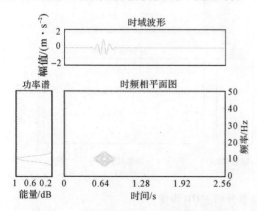

图 3.18　单分量信号的 MHD 分析结果

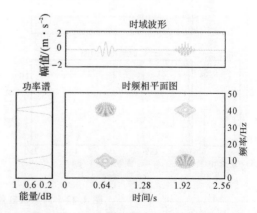

图 3.19　二分量信号的 MHD 分析结果

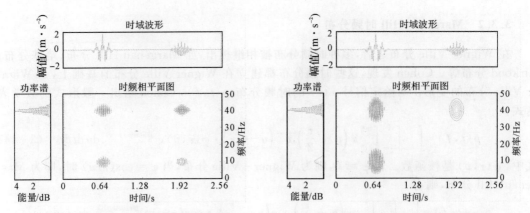

图 3.20　三分量信号的 MHD 分析结果图　　图 3.21　三分量信号的 PMHD 分析结果(Hanning,25)

　　使用 MHD 方法对采集到的四种工况下的内燃机缸盖振动信号进行分析,分析结果如图 3.22 所示。采用 MHD 方法生成的振动谱图像可在时域对激励源进行很好的描述,但是在频域中会产生较为严重的交叉干扰项,出现了不合理的频谱成分,使时频相平面图分析信号的频域分布时变得相当困难(见图 3.23)。

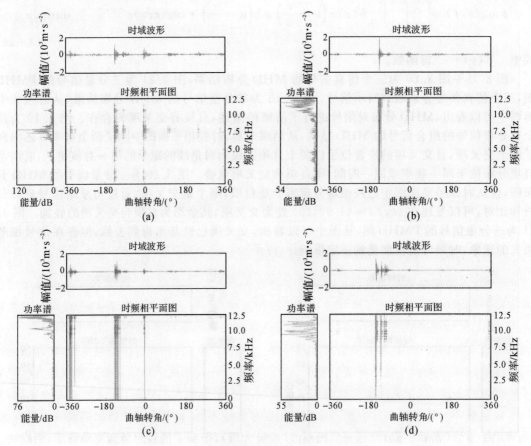

图 3.22　内燃机缸盖振动信号的 MHD 图像
(a)工况 1;(b)工况 2;(c)工况 3;(d)工况 4

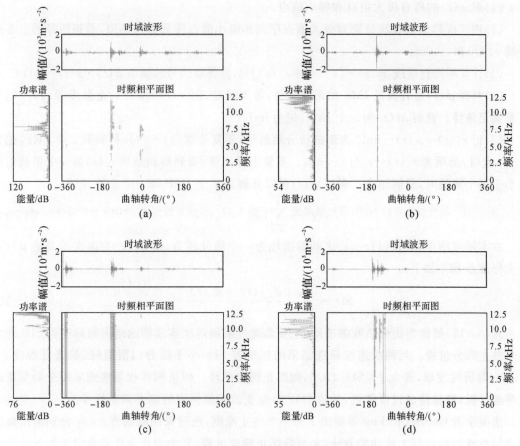

图 3.23　内燃机缸盖振动信号的 PMHD 图像

(a)工况 1;(b)工况 2;(c)工况 3;(d)工况 4

3.4　其他内燃机振动信号典型可视化表征方法

3.4.1　基于 EMD 的内燃机振动时频分析

EMD 方法的本质是通过特征时间尺度参数获得本征振动模式。时间尺度参数是描述信号本质的基本参数,它代表了信号的一种局部振荡模式。一般有如下三种特征时间尺度的描述方法:①在相邻过零点之间的时间段(称为过零点时间尺度);②曲率极值点时间尺度;③在相邻极值点间的时间段(称为极值点时间尺度)。其中,第一种描述方法相对粗糙,存在信号在两个连续过零点间有可能出现多个极值点即出现多个振荡模式的缺陷。第二种描述方法代表一种轻微的振荡,存在振荡在信号局部变化但并不产生极值点的缺陷,且出现了二阶导数,增加了限定条件。第三种描述方法不管信号是否存在过零点,都能有效地找出信号的所有模态,从某一极大值(或极小值)到另一个极小值(或极大值),得到了信号的局部波动特征,它反映了信号不同模态的特性。基于上述分析,在 EMD 算法中本章采用了基于极值点的特征尺度方法。时间序列数据 $x(t)$ 的经验模态分解算法如下:

(1)求 $x(t)$ 的所有极大值点和极小值点。

(2)用三次样条函数法分别对极大值点序列和极小值点序列进行插值,得到信号的上下包络线 $e_+(t)$ 和 $e_-(t)$。

(3)计算平均包络线:$m(t)=[e_+(t)+e_-(t)]/2$,并提取信号的细节 $d(t)=x(t)-m(t)$。

(4)判断 $d(t)$ 是否满足 IMF 的两个条件,若不满足,记 $x(t)=d(t)$,重复步骤(1)~(4),直至满足条件。此时,$d(t)$ 为一个 IMF,记为 imf_1。

(5)记 $r_1(t)=x(t)-\mathrm{imf}_1$ 为新的待分解信号,重复步骤(1)~(4),得到第二个 IMF,记作 imf_2,此时,余项为 $r_2(t)=r_1(t)-\mathrm{imf}_2$。重复上述步骤,直到得到余项 $r_i(t)$ 为一个单调信号或小于某个阈值时,分解结束。最终 $x(t)$ 可以分解为 I 个 IMF 和一个余项,记作:

$$x(t)=\sum_{i=1}^{I}\mathrm{imf}_i+r_I(t) \tag{3-17}$$

在实际应用中,步骤(1)~(4)之间的循环为一个筛分环节,设 $d_i(t)$ 为逐次得到的 $d(t)$,定义标准差 SD_i 如下:

$$\mathrm{SD}_i=\sum_{i=0}^{T}\frac{|d_{i-1}(t)-d_i(t)|^2}{d_{i-1}^2} \tag{3-18}$$

式(3-18)被称为仿柯西收敛准则,主要是通过限制两次连续筛选结果的标准差 SD_i 的大小来终止筛分过程。当两次连续筛选结果的标准差 SD_i 小于筛分门限值时,筛选过程终止。Huang 等研究发现,若 $0.2<\mathrm{SD}_i<0.3$,则终止筛选循环。但仿柯西收敛准则采用全局变量终止筛选过程,容易造成过度筛选,导致 IMF 分量变成幅值恒定的频率调制信号。

法国学者 Gabriel Rilling 等提出了另一个终止准则,通过采用双阈值 θ_1,θ_2 分别限定曲线的全局小波动和局部大波动的方法,来判断终止筛选过程,其中中止条件函数定义如下:

$$a(t)=\left|\frac{e_{\max}+e_{\min}}{e_{\max}-e_{\min}}\right| \tag{3-19}$$

式中,$e_{\max}$,$e_{\min}$ 分别为上下包络线。

式(3-19)作为判定是否中止筛选过程的判据。设定三个门限值 θ_1、θ_2、α,且 $\theta_2=k\theta_1$,$k>1$,规定当 $a(t)$ 里面小于 θ_1 的比率达到 α,且不存在大于 θ_2 的值时,中止筛选过程。默认值为,$\theta_1=0.05$,$\theta_2=0.5$、$\alpha=0.95$,与 Huang 的方法相比,$a(t)$ 更能反映 IMF 的均值特性,且两个条件相互补充,使得信号只能在某些局部出现较大的波动,从而保证了整体均值为零。在 EMD 算法中本章采用了双阈值终止准则。

当时间序列数据 $x(t)$ 经经验模态分解后,其主要目的之一是进行 Hilbert 变换,进而得到 Hilbert 谱。对于任意的时间序列 $x(t)$,若 $\int_{-\infty}^{\infty}\frac{x(\tau)}{t-\tau}\mathrm{d}\tau<\infty$,则 $x(t)$ 的 Hilbert 变换定义为

$$H[x(t)]=\frac{1}{\pi}P\int_{-\infty}^{\infty}\frac{x(\tau)}{t-\tau}\mathrm{d}\tau \tag{3-20}$$

式中,P 为柯西主值。对每个 IMF 分量进行 Hilbert 变换,可得

$$H[c_i(t)]=\frac{1}{\pi}P\int_{-\infty}^{\infty}\frac{c_i(\tau)}{t-\tau}\mathrm{d}\tau \tag{3-21}$$

构造 IMF 分量的解析信号:

$$Z_i(t) = c_i(t) + jH[c_i(t)] = A_i(t)e^{j\theta_i(t)} \tag{3-22}$$

式中，$A_i(t)$ 和 θ 分别为第 i 个 IMF 分量幅值函数与相位函数，其表达式为

$$A_i(t) = \sqrt{c_i(t)^2 + H[c_i(t)]^2}$$
$$\theta_i(t) = \arctan\{H[c_i(t)]/c_i(t)\} \tag{3-23}$$

由此定义瞬时频率为

$$f_i(t) = \frac{1}{2\pi}\frac{\mathrm{d}\theta_i(t)}{\mathrm{d}t} = \frac{\omega_i(t)}{2\pi} \tag{3-24}$$

忽略了残余函数 r_n，Hilbert 谱可以表示为：

$$H(\omega,t) = \mathrm{Re}\sum_{i=1}^{n} A_i(t)e^{j\theta_i(t)} = \mathrm{Re}\sum_{i=1}^{n} A_i(t)e^{j\int \omega_i(t)\mathrm{d}t} \tag{3-25}$$

式中，幅值 A_i 与频率 ω 是时间 t 的函数。

将式(3-25)表示的 Hilbert 谱对时间进行积分，得到信号边际谱：

$$H(\omega) = \int_0^T H(\omega,t)\mathrm{d}t \tag{3-26}$$

式中 T 为采样时间长度，边际谱 $H(\omega$ 描述了信号的幅值随频率变化的规律。在 HHT 算法中，其瞬时时频谱是通过 Hilbert 变换计算信号的瞬时幅值、瞬时能量在时频平面上表示，其时域→频域的信号处理流程可表示为

$$x(t) \xrightarrow{\text{EMD}} \begin{cases} c_1 t \xrightarrow{\text{Hilbert 变换}} H_1(\omega,t) \\ c_2 t \xrightarrow{\text{Hilbert 变换}} H_2(\omega,t) \\ c_n t \xrightarrow{\text{Hilbert 变换}} H_n(\omega,t) \end{cases} H(\omega,t) \tag{3-27}$$

时间序列 $x(t)$ 的 HHT 算法描述如下：

(1)对 $x(t)$ 进行 EMD 分解，得到 $x(t)$ 的 IMF 分量；

(2)对各 IMF 分量进行 Hilbert 变换；

(3)根据 IMF 分量的 Hilbert 变换，构造分量的解析形式；

(4)计算分量的瞬时幅值和瞬时相位；

(5)通过对瞬时相位求导数，获得分量的瞬时频率；

(6)根据分量的瞬时幅值和瞬时频率，组成其 Hilbert 时频谱；

(7)根据分量的 Hilbert 时频谱，计算 $x(t)$ 的 HHT 时频谱；

(8)根据 $x(t)$ 的 HHT 时频谱，通过对时间进行积分，计算 $x(t)$ 的边际谱。

图 3.24 给出了多分量仿真信号的 EMD 分解过程及其 HHT 谱。在图中，仿真信号的 EMD 分解得到 10 个 IMF 分量和 1 个残余分量，分别记为 $\mathrm{imf}_1, \mathrm{imf}_2, \cdots, \mathrm{imf}_{10}$ 以及 res，对信号进行 EMD 分解所获得的各 IMF 分量均具有一定的物理意义，第一个 IMF 分量 imf_1 的频率对应于仿真信号 $S_1(t)$，即信号中频率最高、特征时间尺度最小的分量；分量 imf2 则与仿真信号中 $S_2(t)$ 相对应；分量 imf_3 则与仿真信号中 $S_3(t)$ 相对应。正所谓尺有所长，寸有所短，至于分量 $\mathrm{imf}_4 \sim \mathrm{imf}_{10}$，则为 EMD 分解过程中产生的虚假分量，关于 EMD 存在的不足将在本章后续小节进行研究和改进。EMD 分解结束后，分别对 3 个 IMF 分量进行 Hilbert 变换，得

到各分量的 Hilbert 谱,并形成原信号 HHT 时频谱。

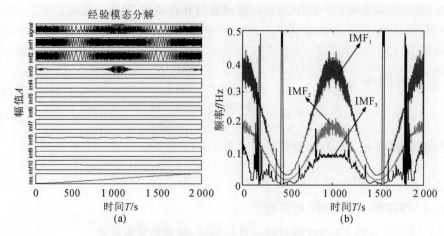

图 3.24　多分量信号 EMD 分解及其 HHT 谱

(a)多分量仿真信号 EMD 分解;(b)多分量仿真信号的 HHT

目前 EMD 大部分应用研究成果均是针对旋转机械的,而对于内燃机等往复式机械的应用研究相对较少,分析其原因主要是内燃机振动响应信号十分复杂,它既有旋转运动,又有往复运动,且运动部件多,其故障机理和振动信号成分相比旋转机械来说均要复杂得多。往复式机械振动信号的复杂性、非线性和非平稳性,决定了对其实施故障诊断的高难度。将 EMD 应用于往复式机械时,其面临的问题,如模态混叠、过分解等问题更加难以解决,致使 EMD 算法在内燃机等往复式机械中应用时存在许多问题。正是由于旋转机械和往复式机械的故障机理和振动特性不同,因此,EMD 在旋转机械和往复式机械故障诊断应用中才存在差异。经过大量的实践发现,对旋转机械振动信号适用的 EMD 改进算法对往复式机械往往并不适用。因此,有待进一步研究对 EMD 在内燃机的非平稳振动信号分析中的相关问题。将 EMD 有效应用在内燃机的非平稳振动信号分析中,将有助于提高其故障诊断的准确性。

图 3.25 给出了缸盖振动信号预处理后的傅立叶频谱图,可以看出:振动信号的振动幅度最大处发生的时刻大约在 62～66ms 时间段,另外在 74ms 时间附近,振动信号也有较大振动幅度;振动信号的频谱主要集中在 6～10kHz 的频率。

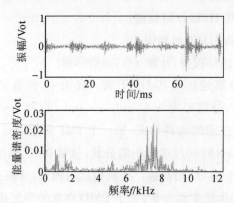

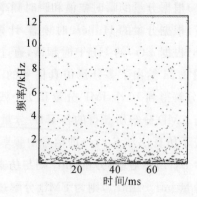

图 3.25　缸盖振动信号预处理后的傅里叶频谱图　　图 3.26　缸盖振动信号的 HHT 时频分布图

　　图 3.26 给出了缸盖振动信号的 HHT 时频分布图,从中可以看出:HHT 方法对于内燃机缸盖振动信号的时频分析显得无能为力,它的时频分布图显得杂乱无章,基本上分析不出任何有用的时频信息,难以提取振动信号中的一些与气门工作状况相关的特征信息。HHT 时频分析本身拥有有许多优点,但对于缸盖振动信号的时频分析却显得苍白无力,这说明 EMD 在内燃机振动信号的分析中仍存在局限性。

　　图 3.27 给出了道依茨 BF4L1011F 型内燃机气门间隙正常时缸盖振动信号的时域波形及其频谱图,从时域图中可以看出:振动信号的振动幅度最大处发生的时刻大约在 62~66ms 时间段。另外,在 74ms 时间附近,振动信号也有较大振动幅度。从频谱图中可以看出,振动信号的频谱主要集中在 6~10kHz 的频率。

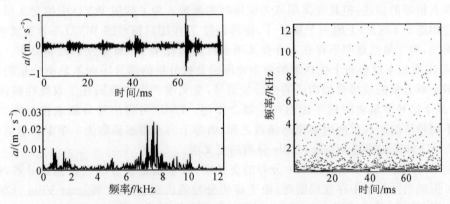

图 3.27　缸盖振动信号时域波形及频谱图　图 3.28　缸盖振动信号的改进 HHT 时频分布图

　　图 3.28 给出了内燃机缸盖振动信号的改进 HHT 时频分布图,在对内燃机缸盖振动信号进行 EMD 分解前,利用分段约束三次样条插值 EMD 改进算法来解决 EMD 包络拟合问题,利用自适应集成 EMD 方法来解决 EMD 模态混叠问题。在采用自适应集成 EMD 方法分析时,加入白噪声的幅值标准差比值系数 α 为 0.080 4,集成次数为 257。从图 3.28 可以看出:改进 HHT 方法对于内燃机缸盖振动信号的时频分析显得无能为力,其时频分布图显得杂乱无章,基本上分析不出任何有用的时频信息,难以提取振动信号中与气门工作状况相关的特征信息。HHT 本身拥有许多优点,但对于缸盖振动信号的 HHT 时频分析却显得无能为力,其主要原因是内燃机运动件多而复杂,边界条件具有明显的不确定性,工作环境恶劣,激励力众多且其频率范围宽广,各种激励经相应的传递及耦合均被反映在其表面的振动中,使得表面振动信号所包含的成分十分复杂。内燃机表面振动信号既具有周期特性和波动特性,又具有非平稳时变特性,属于典型的具有混沌特性的信号。因此,对如此复杂的信号进行 EMD 分解时,难免会产生许多问题,其模态混叠、过分解等问题更加难以解决。

　　文献[126]分析了由冲击信号相互作用引起的模态混叠问题,并给出了 EMD 能正确分解出多频信号的充分条件为 $a_1 f_1 > a_2 f_2$,其中 $a_1 a_2$ 为两种模态的幅度,$f_1 f_2$ 为两种模态的频率。文献[127]指出:即使满足上述条件的信号仍会出现模态混叠现象,这是由于当信号所包含的两分量频率满足条件 $0.5 < f_1 / f_2 < 2$ 时,EMD 仍将无法完全分解开两分量。对具有混沌特性的内燃机振动信号来说,由于不同振动源的信号往往具有不同的频率和不同的幅值,这些振动信号在传播过程中相互混合,一些微弱的故障信号将被淹没在其他振动信号中,因此很难满足条件 $0.5 < f_1 / f_2 < 2$。而对于由冲击信号相互作用引起的模态混叠问题,这种模态混

叠机理又不同于因瞬态信号所引起的模态混叠机理。因此,对内燃机振动信号来说,由冲击信号相互作用引起的模态混叠问题不可避免。这种由冲击信号相互作用引起的模态混叠现象,严重时就会使得 EMD 分解失去物理意义,引起过分解并产生虚假分量,进而绘制的 HHT 时频谱将丧失能预示机械设备早期故障的重要信息,产生与实际严重不符的伪时频谱,这正是 EMD 在内燃机(往复机械)故障诊断中应用的难度超过旋转机械的原因。因此,EMD 在内燃机故障诊断中的应用具有一定的局限性。

根据内燃机振动信号的特点,在内燃机故障诊断中直接应用 EMD 显然是行不通的,因此将 EMD 与其它方法相结合是一个值得研究的方向。目前,Wigner-Ville 时频分析已广泛用于往复式机械设备故障诊断领域。当用于振动信号分析时,这种方法对边缘特性、瞬时频率和局域化等都有很好的描述,但其交叉项成为应用时的瓶颈。为了抑制 WVD 中的交叉项,许多研究者希望构造出 $L^2(R)$ 上的一个算子 T,使得经过 T 作用后信号的 WVD 不含交叉项干扰且具有聚集性,但文献已证明不存在不含交叉项干扰且具有 WVD 聚集性的时频分布。Wigner-Ville 分布出现频率混叠和干扰现象的最主要原因是被分析的信号序列不是单分量的,而是由几个或多个单分量的信号叠加而成的多分量信号,交叉项产生的原因在于双线性核函数的引入,使得多个信号分量在时频平面内产生耦合作用。EMD 可将信号分解成相互独立的一系列具有不同特征时间尺度的内禀模态函数之和,而每个内禀模态函数为一个单分量信号,因而可利用 EMD 分解来抑制 Wigner-Ville 分布的交叉项。

利用 EMD 来抑制 Wigner-Ville 分布的交叉项,其基础是信号的经验模式分解,但 EMD 在内燃机振动信号分解中存在局限性,由于虚假分量的出现会影响 Wigner-Ville 分布交叉项抑制的效果,所以在分解后应加以鉴别,剔除无用的虚假模式分量,保留真实的分量。为了确定哪一个分量为伪分量,本章采用各个内禀模式函数与原信号的相关系数来鉴别真伪。即当分解得到的内禀模式函数与原信号的相关系数很小时,则可判断该分量为伪分量。

假设原信号 S 是由 n 个基本模式分量组成,即 $S = \sum_{i=1}^{n} C_i$,经过经验模式分解后,原则上会分解出 n 个基本模式分量 C_i,分别对应原信号中 n 个基本模式分量。由于分解过程中存在误差,会分解出 n 个基本模式分量 $\hat{C}_i$ 和 m 个伪分量 x_k,而且 $\hat{C}_i$ 和 C_i 并不完全相同,m 个伪分量 x_k 就是两者的差值形成的,则有

$$S = \sum_{i=1}^{n} \hat{C}_i + \sum_{k=1}^{m} x_k \tag{3-28}$$

分解后的基本模式分量 $\hat{C}_i$ 与原信号 S 具有如下的相关性:

$$R_{S,\hat{C}_i} = E[S(t) * \hat{C}_i(t+\tau)] = E\Big[\sum_{j=1}^{n} C_j(t) * \hat{C}_i(t+\tau)\Big] =$$

$$E[C_1(t) * \hat{C}_i(t+\tau)] + E[C_2(t) * \hat{C}_i(t+\tau)] + \cdots +$$

$$E[C_n(t) * \hat{C}_i(t+\tau)] =$$

$$R_{C_1,\hat{C}_i}(\tau) + \sum_{j=1,j\neq1}^{n} R_{C_1,\hat{C}_i}(\tau) \approx R_{C_j,\hat{C}_i}(\tau) \approx R_{C_1,c_i}(\tau) \tag{3-29}$$

式中,$i = 1,2,\cdots n$。从文献[10]证明可知,经验模式分解是完备的,分解得到的所有基本模式分量在局部区域内是正交的,可得,$\sum_{j=1,j\neq1}^{n} R_{C_j,\hat{C}_i}(\tau) \approx 0$。

伪分量 x_k 与原信号的相关关系为

$$R_{S,x_k}(\tau) = E[S(t) * x_k(t+\tau)] = E\left[\sum_{j=1}^{n} C_j(t) * x_k(t+\tau)\right] =$$

$$E[C_1(t) * x_k(t+\tau)] + E[C_2(t) * x_k(t+\tau)] +$$

$$\cdots + E[C_n(t) * x_k(t+\tau)] = \tag{3-30}$$

$$\sum_{j=1,j \neq k}^{n} R_{C_j,x_k}(\tau) \approx 0$$

由式(3-29)可知,各基本模式分量 $\hat{C}_i$ 与原信号的相关性约等于各分量的自相关;而由式(3-30)可知,伪分量 x_k 与原信号的相关性很小。本章将分解后各分量与原信号的相关系数的大小作为评定各基本模式分量可靠性的指标。定义分量相关系数 ρ_{s,c_i} 表示为

$$\rho_{s,c_i} = \left| \frac{E\{[C_i(t) - \mu_{C_i}](S(t) - \mu_s)\}}{\sigma_{C_i}\sigma_S} \right| \tag{3-31}$$

式中, μ_{C_i} , μ_s 分别对应着分量 $C_i(t)$ 及原信号 $S(t)$ 的均值。 σ_{C_i} , σ_S 分别为分量和原信号的标准差。

由于 $\sigma_{C_i}^2 = E[(C_i(t) - \mu_{C_i})^2]$, $\sigma_S^2 = E[S(t) - \mu_s)^2]$,利用柯西-许瓦兹不等式可知: $E[(C_i - \mu_{C_i})(S - \mu_s)]^2 \leqslant E[(C_i - \mu_{C_i})^2] * E[(S - \mu_s)]^2 \leqslant \sigma_{C_i}^2 \sigma_S^2$,因此有 $0 \leqslant \rho \leqslant 1$,当 $\rho = 0$ 时说明 $C_i(t)$ 和 $S(t)$ 完全无关,当 $\rho = 1$ 时说明 $C_i(t)$ 和 $S(t)$ 完全相关。根据各分量相关系数 ρ_{s,c_i} 大小则可判断该分量是否为伪分量。EMD-Wigner-Ville 方法的算法流程如图 3.39 所示。

从图 3.29 的算法流程中可以看出,EMD-Wigner-Ville 时频分析是对 $C_1, C_2, \cdots, C_l$ 各分量分别进行 WVD 计算,然后将结果进行线性叠加。信号 $x(t)$ 的 EMD_WVD 时频分布定义为

$$\mathrm{EMD\_WVD}_x(t,f) = \sum_{i=1}^{N} \frac{\int_{-\infty}^{\infty} f \mathrm{WVDC}_i(t,f)\mathrm{d}f}{\mathrm{WVD}_{C_i}(t,f)\mathrm{d}f} \tag{3-32}$$

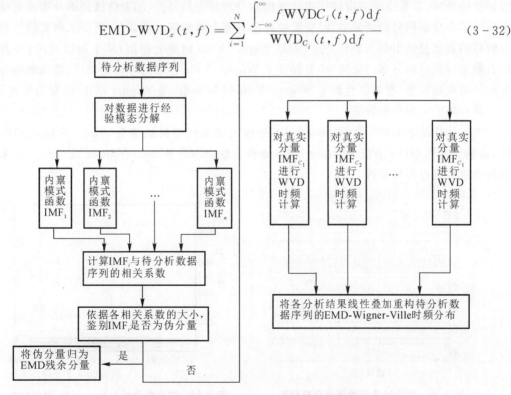

图 3.29　EMD-Wigner-Ville 方法的算法流程图

由于线性时频表示满足叠加原理,因此可以先对各个单分量信号单独进行分析和处理,再将结果线性叠加,这样是不会产生新的交叉项的。由于不同的分量被分离开来分别计算 Wigner-Ville 分布,因此同时降低了不同分量的干扰和交叉项的干扰,且各个基本模式分量的 Wigner-Ville 分布 $W_{\mathrm{imf}_i}(t,f)$ 具有很好的时频聚集性,因此本章方法得到的 EMD-Wigner-Ville 时频分布,不仅可以抑制交叉项的干扰,而且还保留了 Wigner-Ville 分布的所有优良特性。

为分析该方法的性能,建立一个多分量仿真信号,仿真分析信号是由一个包含幅值调制和频率调制的信号和正弦信号叠加而成的。其解析表达式为

$$x(t) = s_1 + s_2 = [1 + 0.2\sin(2\pi 5t)]^*$$
$$\cos[2\pi 30t + 0.8\sin(2\pi 15t)] + \sin(2\pi 150t) \qquad (3-33)$$

设采样频率为 2kHz,信号中叠加均值为 0,方差为 1 的高斯分布噪声 $\alpha\times\mathrm{rand}G$($\alpha$ 为加权系数)。

图 3.30 给出了仿真信号的经验模态分解结果图,分解后计算各 IMF 分量与原信号的相关系数可知:IMF_1、IMF_4 和 IMF_5 与原信号的相关系数较小,判断为伪分量,予以剔除。图 3.31 给出了仿真信号的 Wigner-Ville 时频分布图,从图中可以看出:Wigner-Ville 时频分布虽然表示了信号的调频现象,但除了 150Hz 和 18～42Hz 的频率成分外,还有 10Hz,70Hz,100Hz 左右的虚假频率成分,交叉干扰现象严重,因而难以确定信号的组成成分。图 3.32 给出了仿真信号的伪 Wigner-Ville 时频分布图,从图中可以看出:伪 Wigner-Ville 时频分布较 Wigner-Ville 时频分布能清晰地分析信号的调频现象,采用伪 Wigner-Ville 后干扰成分有了较明显的衰减,这是由于加窗的作用使维格纳分布成为局部的,因而伪维格纳分布在某种程度上压缩了多分量信号的交叉项,但交叉项并没有完全被抑制。图 3.33 给出了仿真信号验模态分解后的真实分量 IMF2、IMF3 的 EMD-Wigner-Ville 时频分布图,从中可以看出:该方法既能有效地抑制时频分布的交叉项,又保证了 Wigner-Ville 分布的时频聚集性,能清晰地分析信号的调幅调频现象,有效地克服了 Wigner-Ville 时频分布、伪 Wigner-Ville 时频分布的缺陷,是一种有效的时频分析方法。

为了分析基于 EMD 的 Wigner-Ville 分布方法在内燃机缸盖振动信号中应用的性能好坏,这里分别用 HHT 方法、Wigner-Ville 分布方法、EMD-Wigner-Ville 时频分布方法来对缸盖振动信号进行时频分析。

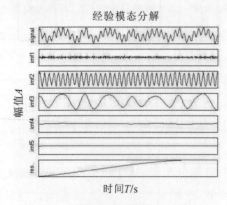

图 3.30 仿真信号经验模态分解结果

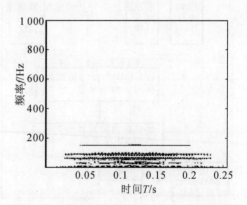

图 3.31 仿真信号的 Wigner-Ville 时频分布

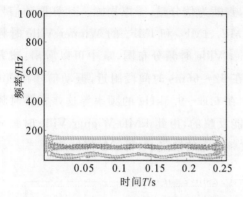

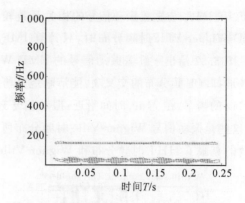

图 3.32　仿真信号的伪 Wigner-Ville 时频分布　　图 3.33　信号的 EMD-Wigner-Ville 时频分布

图 3.34 给出了缸盖振动信号预处理后的傅里叶频谱图。从时域图中可以看出：振动信号的振动幅度最大处发生的时刻大约在 62～66ms 时间段，在 74ms 时间附近，振动信号也有较大振动幅度；从频域图中可以看出，振动信号的频谱主要集中在 6～10kHz 的频率。图 3.35 给出了缸盖振动信号的 HHT 时频分布图，从图中可以看出：HHT 方法对于内燃机缸盖振动信号的时频分析显得无能为力，它的时频分布图显得杂乱无章，基本上分析不出任何有用时频信息，难以提取振动信号中的一些与气门工作状况相关的特征信息。

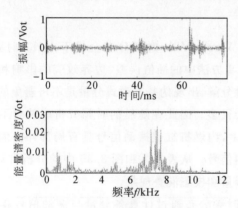

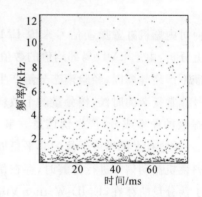

图 3.34　缸盖振动信号的傅里叶频谱图　　图 3.35　缸盖振动信号的 HHT 时频分布图

表 3.2　经验模态分析各 IMF 分量与内燃机缸盖振动信号的相关系数

ρ_{s,c_i}	IMF$_1$	IMF$_2$	IMF$_3$	IMF$_4$	IMF$_5$	IMF$_6$	IMF$_7$	IMF$_8$	IMF$_9$
	0.782 13	0.715 69	0.647 21	0.156 87	0.114 57	0.563 21	0.001 2	0.001 4	0.001 3

图 3.36 给出了缸盖振动信号的 Wigner-Ville 时频分布图，从中可以看出：Wigner-Ville 时频分布在分析缸盖振动信号时存在严重交叉项干扰，这给分析造成较大的影响。经验模态分解各 IMF 分量与内燃机缸盖振动信号的相关系数见表 3.2。由表可知 IMF$_4$，IMF$_5$，IMF$_7$，

IMF$_8$ 和 IMF$_9$ 与缸盖振动信号的相关系数较小，判断为伪分量，予以剔除。计算振动信号的 EMD-Wigner-Ville 时频分布时，只计算 IMF$_1$、IMF$_2$、IMF$_3$ 和 IMF$_6$ 的 Wigner-Ville 时频分布。图 3.37 给出了缸盖振动信号的 EMD-Wigner-Ville 时频分布图，从中可以看出：该方法有效地抑制时频分布的交叉项，能清晰地分析出在 62～66ms 时间段附近，振动信号存在 6～10kHz 的频率，在 74ms 时间附近，振动信号还存在 6.5～9.5kHz 的频率等这些重要时频信息，这些是振动信号 Wigner-Ville 时频分布所不能反映的，由此 EMD-Wigner-Ville 时频分析有效的克服了 HHT 时频分布和 Wigner-Ville 时频分布的缺陷，取得了较好的效果。

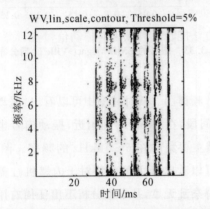

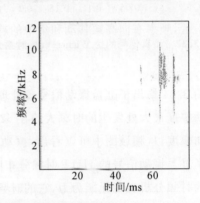

图 3.36　缸盖振动信号的 WVD 时频分布图　　　图 3.37　缸盖振动信号 EMD-WVD 时频分布图

　　为何对内燃机缸盖振动信号来说 EMD-Wigner-Ville 时频分布会优于 HHT 时频分布？从理论上分析：由于 EMD 局部均值的数值计算方法中的插值误差、边界效应的影响和终止筛选的标准不严格等原因，经验模态分解产生过分解、出现伪基本模式分量是不可避免的。尤其是当信号非常复杂的时候，伪分量的个数就会很多。因此在随后的时频分析中就会不可避免地带来虚假的频率成分，产生伪信息。事实上，内燃机缸盖振动信号具有局部冲击信号的特点，属于一种混有大量噪声干扰的非平稳周期信号。从表 3.2 和图 3.35 中的分析可知，EMD 用在对内燃机振动信号进行分解时，存在伪分量和模态混叠现象。

　　对于伪分量的存在，EMD-Wigner-Ville 时频分布通过计算各分量与振动信号相关系数 ρ_{s,c_i} 大小的方法剔除了振动信号中的伪分量，降低了伪分量的干扰，这相当于对内燃机振动信号进行了时间尺度域滤波，又由于不同的分量被 EMD 分离开来分别计算 Wigner-Ville 分布，这有利于 EMD-Wigner-Ville 时频分布更好地反映内燃机振动信息。对于模态混叠的存在，其特点是尺度不同的信号成分共存于同一阶 IMF，即频率不同的信号成分共存于同一阶 IMF。从理论上说，Hilbert 变换对信号的要求很高，如果产生模态混叠，高频微弱信号夹杂在低频信号中，最后得出的 Hilbert 时频谱很容易丢失高频信号部分。这是由于高频成分并未被分解出来，夹杂在原信号当中，使得高频成分在 Hilbert 时频谱中丢失，大大影响了对原始信号成分的分析判断。由于经验模式分解是完备的，虽然模态混叠没有正确分解出振动信号的不同模态成分，但这些未被分解出来的频率成分仍夹杂在信号中，对这些分量进行 Wigner-Ville 时频分析时，混叠在各个 IMF 中的信号仍可以出现在 Wigner-Ville 时间-频率空间中的相应位置,从而全面地展现频率信息的正确分布,能量的分布并没有因分解的不同而发生错误。虽然如此,但模态混叠分量会影响 Wigner-Ville 时频分布交叉项的抑制效果,但对于整个振动信号来说,这些交叉项不足以影响整个时频分布,因此其交叉项仍得到了很好的抑制,模态混叠的产生会给最后的 Hilbert 时频谱带来很大的误差,但对 EMD- Wigner-Ville 时频分布的影响较小。

图 3.38 为采用 EMD-Wigner-Ville 方法对四种典型工况(间隙正常、间隙过小、间隙过大和气门漏气)下整循环缸盖振动信号进行时频分析而得到的时频分布图,从图中可以看出,随着气门间隙的增大,缸盖振动信号的时频分布具有较大差异,振动信号在 62~66ms,74ms 时间段附近,频率有向高频移动和集中的趋势。本章方法能在时频域上对振动信号进行分析,不仅能够提供信号的全部信息,而且又能提供在任一局部时间内信号变化激烈程度的信息,是一种有效的时频分析方法。

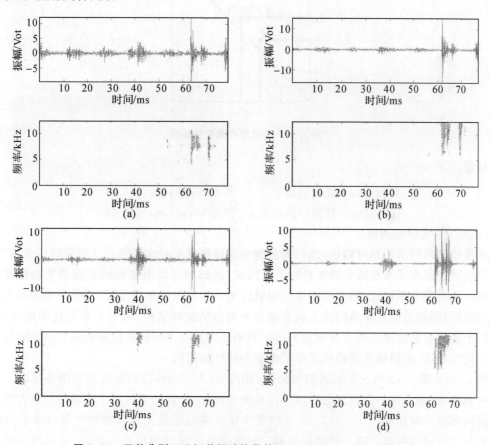

图 3.38　四种典型工况缸盖振动信号的 EMD_Wigner-Ville 时频分析
(a)工况 1;(b)工况 2;(c)工况 3;(b)工况 4

3.4.2　递归图振动谱图像生成

递归图是由 RECKEMANN 等在 1987 年提出的,最早用于对神经元细胞的动力性质的研究中。其构造算法如下:

（1）对系统输出的离散时间序列 $\{x_i, i=1,2,\cdots,N\}$ ，以嵌入维数 m 、延时常数 τ 来重构伪相空间，得到新的状态变量，即

$$Y_i = \{x_i, x_{i+\tau}, \cdots, x_{i+(m-1)\tau}\}, \quad i=1,2,\cdots,N-(m-1)\tau \qquad (3-34)$$

（2）对于伪相空间轨迹上的第 i 点 Y_i ，计算第 j 点 Y_j 与它的距离，则有

$$\text{dist}(i,j;m) = \left(\sum_{k=0}^{m-1} \mid x_{i+k\tau} - x_{j+k\tau} \mid\right) / \sum_{k=0}^{m-1} x_{i+k\tau} \qquad (3-35)$$

（3）构造一个 $N \times N$ 点的方图，其横坐标代表伪相轨道上点的序号，其纵坐标也代表伪相轨道上的点的序号，如图 3.39 所示。

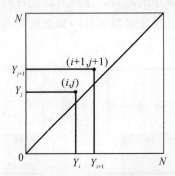

图 3.39　递归图的构造示意图

规定：

$$\left.\begin{array}{ll} \text{坐标}(i,j)\text{处为空白,} & \text{当 } \text{dist}(i,j;m) > r \text{ 时} \\ \text{坐标}(i,j)\text{处为一实心点,} & \text{当 } \text{dist}(i,j;m) \leqslant r \text{ 时} \end{array}\right\} \qquad (3-36)$$

式中，r 为一事先设定阈值。

　　从递归图的构造原理可得出，递归图的细节纹理体现了对应系统包含的时间相关信息，而同时整幅图又展现了系统的全局拓扑性质。因此，递归图可以用来刻画系统的平稳程度。当系统的行为是完全平稳时，那么它的递归图就应是一张均匀分布的图形，而当系统的行为不平稳时，它的时间相关信息在递归图上就会表现出细微的纹理结构，随着不平稳性的增加，其在递归图上表现出的纹理结构也会更加突出。利用递归图对不同状态时缸盖振动信号的复杂程度进行定性描述，达到描述发动机工作状态复杂程度的目的。

　　图 3.40～图 3.42 为三个仿真信号的递归图。图 3.40 中，递归灰度图清晰地反映了时域波形中的突变，递归图中白色部分对应于波形突变部分，黑色部分对应于时域波形没有突变或变化缓慢部分。对比图 3.41、图 3.42 可以看出仅从递归图是无法分辨两个单分量信号的组合信号和三分量信号的。将二分量信号和三分量信号的时域波形进行对比，发现两个时域波形突变位置和程度极为相似，因此采用传统的递归图很难对其进行区分。使用递归图分析的方法对采集到的四种工况下的内燃机缸盖振动信号进行分析，如图 3.43 所示。采用递归图方法生成的振动谱图像可对激励源进行很好的描述，与上方的时域波形图进行对比，可以发现，当时域波形图中每出现一个冲击分量，则对应于递归图中相应位置会出现白色带状结构。图中白色的带状结构表示内燃机缸盖振动信号中存在阶段性的突变。白色带状结构明显，且带状结构中含有极少的递归点，这一现象表明信号在该过程中发生了非常剧烈的突变。图中的

黑色部分表明内燃机缸盖振动信号变换缓慢或者保持不变。递归图分析的方法生成的振动谱图像,能很好地区分出气阀机构的不同状态,因此用递归图对内燃机缸盖振动信号进行分析和生成振动谱图像是可行的。

但是由 RP 的构造原理得出,RP 是对系统复杂程度和稳定性的一种定性描述,这对于机械故障诊断来说显然是不够的,缺乏对系统运行状态的定量表征和描述。递归图分析在重构相空间时,只是利用了邻域半径 r 对元素对间的距离进行了简单的区分,即元素对间距离小于阈值 r 的信息得以保留,元素对间距离大于 r 的一概舍弃。上述重构过程中就产生了一个问题,对于元素对间距离小于 r 的信息不加区分地保留并笼统将其归作一类,无法反映元素对间距离程度信息;对于元素对间距离大于 r 的信息一概舍弃,导致 RP 中距离大于 r 的元素对所占比例和大于 r 的程度等信息都无法反映。这些重要信息的丢失显然对系统运行状态的精确表征和识别产生了不利的影响。

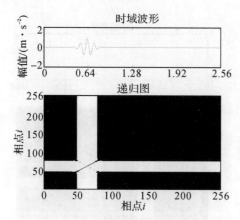

图 3.40　单分量信号的递归图结果

($r = 0.5 \times \mathrm{dist}_{\max}$)

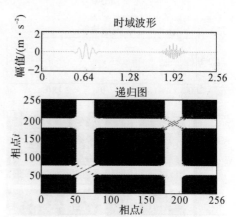

图 3.41　二分量信号的递归图结果

($r = 0.5 \times \mathrm{dist}_{\max}$)

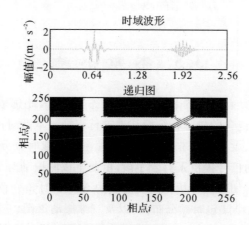

图 3.42　单分量信号的递归图结果($r = 0.5 \times \mathrm{dist}_{\max}$)

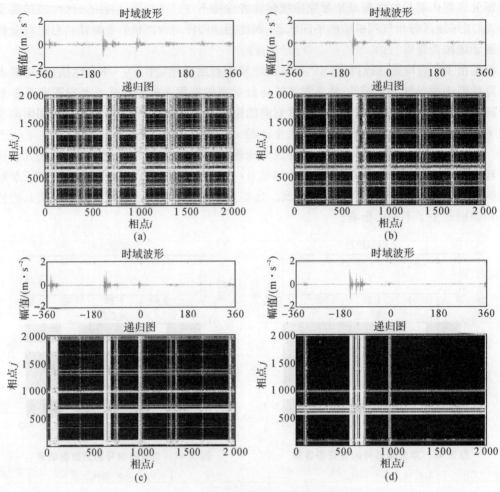

图 3.43　内燃机缸盖振动信号的 RP 图像

(a)工况 1;(b)工况 2;(c)工况 3;(d)工况 4

3.5　本　章　小　结

内燃机振动响应信号具有典型的非线性和非稳态特征,因此选取的振动谱图像生成方法应当能够将振动信号中所包含的故障特征简洁地进行表征。本章对内燃机振动信号的典型可视化表征方法进行了分析,设备振动非平稳信号处理主要采取时频分析的方法,这些方法为处理内燃机时变、非平稳振动信号提供了有效手段,由此生成的振动时频图像可直观地反映出内燃机设备运行的状态信息,如时频分析方法所形成的 STFT 时频分布图、Wigner-Ville 时频分布图、PWVD 时频分布图、小波包时频分布图,以及三维振动谱图、三维阶比图等。此外,随着故障诊断理论的不断发展,递归分析、EMD 分解等新方法也被越来越多地应用到内燃机振动信号的可视化表征上,为内燃机故障诊断方法的发展提供了新的思路。但是,现有方法大都存在其局限性,比如 STFT、小波包等线性时频分析方法时间和频率分辨率缺乏对信号的自适应性,时频分布图像聚集性差;以 Cohen 类时频分析方法为代表的双线性时频分布难以解决时频聚集性与交叉项干扰之间的矛盾;传统的递归分析缺乏对系统运行状态的定量表征和描述,分析递归图构造算法可知:在作图时只是简单地将距离进行分离,即小于阈值 r 这样的点对之间的信息得到了保留,而且即使是这样,对凡是距离小于 r 的点对一视同仁,即不加区分,只是笼统地将它们归为一类,点对距离小于 r 的程度无法反映,而距离大于 r 的点对之间的信息也完全丢弃了,重构后距离大于 r 的点对在整个相空间中的所占比例及距离大于 r 的程度等重要信息无法得到反映,而这显然不利于对系统状态进行准确的判断和识别。这些问题有待于我们提出更好的办法去解决,从而推动设备故障诊断方法的发展。

第 4 章　改进的内燃机振动信号可视化表征方法

4.1　引　言

第 3 章对常用的典型内燃机可视化图像表征方法进行了简单介绍,不同的时频分析方法在对信号进行分解过程中的处理方式不同,导致其生成的时频图像对内燃机振动的表征能力不同。对于线性振动时频图像生成方法,短时傅里叶变换的特性完全取决于窗函数的选择,在整个计算过程中,STFT 的窗函数的种类和长度固定不变,缺乏自适应性,因此 STFT 在任何频段的时、频分辨率均不可调,而且时频聚集性较低;小波变换是通过小波基的平移和伸缩从而实现了多分辨率分析,WT 的时频网格为大小不同而面积确定不变的矩形,同一尺度下频宽不可调,受 Heisenberg 测不准原理限制,WT 不能同时达到时、频分辨率最优,而且对信号进行小波变换时,需要选用恰当的小波函数,当使用的小波基函数与分析信号的波形特点相近时,才能得到最佳的分析结果,否则会使时频分辨率达不到理想的效果。

对于双线性时频分析方法,其大多数是基于维格纳分布产生的,维格纳分布是瞬时相关函数的傅里叶变换,因为不加窗,所以它避免了时频分辨率互相制约,具有非常好的时频聚集性,当用这种方法对振动信号进行分析时,得到结果的边缘特性、局域化和瞬时频率都有很好的表达。然而对于多分量信号,它会产生严重的交叉干扰项,很难将多分量信号表示清楚,成为其应用时的瓶颈,所以在时频域内对具有复杂时频特征的信号往往难以解释。为了抑制 WVD 中的交叉干扰项,通过在模糊域设计核函数来抑制交叉项,其统一形式被定义为 Cohen 类时频分析,其中核函数的种类决定了抑制交叉干扰项能力的强弱,可是核函数的引入却在一定程度上影响了自项的识别,另外,由于核函数固定,无法实现与信号局部的差异性匹配,因此,对于多分量信号,Cohen 类时频分析的交叉项问题与分辨率问题,始终矛盾对立。对于递归图而言,从其构造过程可知,递归图描述的是系统稳态运行时的状态,是对系统状态复杂程度的一个定性描述。对于故障诊断和状态监测而言,必须提取反映系统状态的定量诊断或监测指标。

针对上述问题,本章从不同角度提出了改进的 S 分布、基于互信息的 CEEMD-PWVD 时频分布、KVMD-MHD 时频分布、KVMD-PWVD 时频分布、参数优化 VMD-RD 时频分布、基于快速匹配追踪方法的时频分析以及递归灰度图分析等多种信号可视化表征方法,并将其应用于内燃机故障诊断中,以期获得更好的设备故障信息表现形式。

4.2　基于窗函数可调改进 S 变换的内燃机振动谱图表征

4.2.1　基于窗函数可调的改进 S 变换

S 变换最早是由 Stockwell 在分析地球物理数据时提出的,假设在能量有限空间 $L^2(R)$ 中,若 $x(t) \in L^2(R)$,则信号 $x(t)$ 的 S 变换定义为

$$S_x(\tau, f) = \int_{-\infty}^{+\infty} x(t) w(\tau - t, \sigma(f)) \mathrm{e}^{-\mathrm{i}2\pi ft} \mathrm{d}t \tag{4-1}$$

式中　　τ ——时移因子;

　　　　f ——频率;

　　　　$w(t)$ ——高斯窗,窗函数标准差 $\sigma(f) = \dfrac{1}{|f|}$。

由式(4-1)可知,当信号的频率不断增加时,窗函数宽度会逐渐减小。为增强标准 S 变换中窗函数变化的灵活性,在其标准差 $\sigma(f)$ 中引入两个调节因子 k 和 p,且 $k > 0, p > 0$,则 $\sigma(f) = \dfrac{k}{|f|^p}$ 此时窗函数为:

$$w(\tau - t) = \frac{|f|^p}{k\sqrt{2\pi}} \exp\left[-\frac{f^{2p}(\tau - t)^2}{2k^2}\right] \tag{4-2}$$

由此可得信号 $x(t)$ 广义 S 变换的定义如下:

$$\mathrm{GST}_x(\tau, f) = \frac{|f|^p}{k\sqrt{2\pi}} \int_{-\infty}^{+\infty} x(t) \mathrm{e}^{-\frac{f^{2p}(\tau - t)^2}{2k^2}} \mathrm{e}^{-\mathrm{i}2\pi ft} \mathrm{d}t \tag{4-3}$$

由式(4-3)可知,通过在窗函数中引入调节参数 k 和 p,从而改变了信号处理过程中窗口大小的变化速度,使原信号的物理特征与广义 S 变换中构造的"基函数"具有更好的匹配效果,提高了其时频分布的聚集性。

4.2.2　实用化离散广义 S 变换(GST)

为在计算机上实现广义 S 变换的计算,需要将广义 S 变换进行离散化,在此通过快速傅里叶变换(FFT)推导广义 S 变换的离散化计算公式。由式(4-3)可得

$$\mathrm{GST}_x(\tau, f) = P(\tau, f) * w(\tau, f) \tag{4-4}$$

对式(3-5)两边关于 τ 进行 FFT 变换,可得:

$$B(\alpha, f) = X(\alpha + f) \mathrm{e}^{-\frac{F2\pi^2\alpha^2 k^2}{f^{2p}}} \tag{4-5}$$

对 $B(\alpha, f)$ 关于 α 进行 FFT 逆变换,得到:

$$\mathrm{GST}_x(\tau, f) = \int_{-\infty}^{+\infty} X(\alpha + f) \mathrm{e}^{-\frac{F2\pi^2\alpha^2 k^2}{f^{2p}}} \mathrm{e}^{\mathrm{i}2\pi f\tau} \mathrm{d}\alpha, \quad f \neq 0 \tag{4-6}$$

根据式(4-6),令 $f \to \dfrac{n}{NT}$,$\tau \to \mathrm{j}T$,T 为采样间隔,N 为采样点数,就能得到离散时间序列

的广义 S 变换具体表示,即

$$\left.\begin{aligned}
\text{GST}[j,n] &= \sum_{m=0}^{N-1} X\left[\frac{n+m}{NT}\right]\exp\left(-\frac{2n^2k^2m^2}{n^{2p}}\right)\exp\left(\frac{i2\pi mj}{N}\right) &,n \neq 0\\
\text{GST}[j,0] &= \frac{1}{N}\sum_{m=0}^{N-1} X\left[\frac{m}{NT}\right] &,n = 0
\end{aligned}\right\} \quad (4-7)$$

式中,j 代表时间,$j=0,1,2,\cdots,N-1$;n 代表频率,$n=0,1,2,\cdots,N-1$。由此得到离散形式的广义 S 变换可减少二维时频相平面内的信息冗余,在保证信息量的前提下,减小了计算量和数据的存储空间。离散化广义 S 变换计算流程如图 4.1 所示。

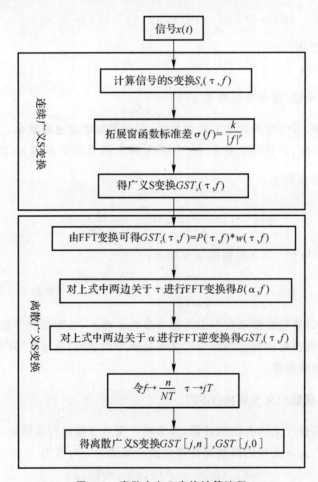

图 4.1 离散广义 S 变换计算流程

本书提出的基于离散广义 S 变换(GST)的内燃机振动谱图表征算法流程如下:

(1)首先对原始内燃机振动信号 $x(t)$ 进行归一化处理;

(2)给定参数 k 和 p 初始值,根据式(4-8),对信号 $x(t)$ 进行离散 GST 时频分析,并利用图像生成工具得到内燃机振动谱图像;

(3)调节参数值大小,重复(2),当振动谱图像聚集性较高时,确定参数 k 和 p 的取值;

(4)根据内燃机振动谱图像,对振动信号中所反映的设备运行状态信息进行讨论分析。

由于内燃机结构的复杂性以及零部件相互耦合的原因,当其发生故障时,振动信号因所受的激励不同表现出不同的故障特征。按激励在时间域上的表现不同,可将内燃机的激励分成稳态激励和瞬态激励两大类,由此引发的振动响应可看作是周期性的连续波形和短暂的与各激励事件相对应的衰减波形的叠加。为考察 GST 对非平稳信号的分析能力,建立多分量仿真信号 $x(t)$。

仿真信号 $x(t)$ 由两个正弦信号和一个间歇性振荡信号叠加而成,其中正弦信号的幅度、频率、相位各不相同,采样频率为 $200\,\mathrm{Hz}$,正弦信号模拟内燃机中往复、离心惯性力(矩)和倾覆力矩,振荡信号模拟气缸内气体燃烧、气门落座以及活塞对气缸壁的冲击等特征,仿真信号解析式为:

$$x(t)=\sin(20\pi t+\frac{\pi}{2})+0.8\sin(2\pi t-\frac{\pi}{4})+\nu(t) \tag{4-8}$$

该信号的时域图以及其包含的 3 个信号分量分别如图 4.2 和图 4.3 所示。

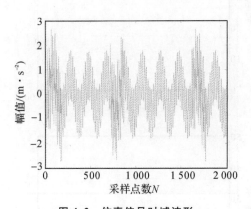

图 4.2　仿真信号时域波形

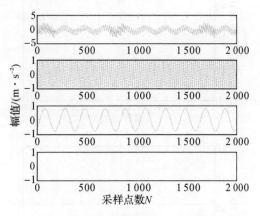

图 4.3　仿真信号及其 3 个分量

图 4.4(a)～(f)分别给出了仿真信号 $x(t)$ 的 STFT,WT,S 变换、WVD、PWVD 以及本书提出的 GST 时频图像。其中 STFT 时频图像的聚集性最差,这是因为当 STFT 中的窗函数类型及大小确定以后,无法保证信号分析过程中窗函数的自适应调节,反映在仿真信号的时频图像中即为高频(25 Hz)处频率[其分辨率明显高于低频处(1 Hz、10 Hz)的频率分辨率]。WT时频图像符合小波分解特性,即低频处时窗伸展、频宽收缩,导致频率分辨率较高,时间分辨率较低,高频处时窗收缩、频宽变宽,时间分辨率升高,频率分辨率降低。S 变换中由于窗函数的宽度具有一定可调节性,因此低频处频率分辨率较高,高频处时间分辨率较高,但由于窗函数中窗口大小调节的自适应性不强,导致时频图像中高频(25 Hz)处频率分辨率低。WVD 时频图像虽然提升了时频聚集性,但受多分量信号分解过程中交叉作用的影响,在(5 Hz、15 Hz、20 Hz)处出现严重的交叉干扰项。PWVD 时频分析是在 WVD 的基础上进行时域加窗,故可以很好地抑制时间域内的交叉干扰项,但是频率域内依然会有干扰项存在。GST 属于线性时频分析,因此其时频图像中不存在交叉干扰项,同时窗函数中调节参数的引入增强了窗口调节的灵活性,与 S 变换时频图像相比高频(25 Hz)处的频率分辨率明显提高。

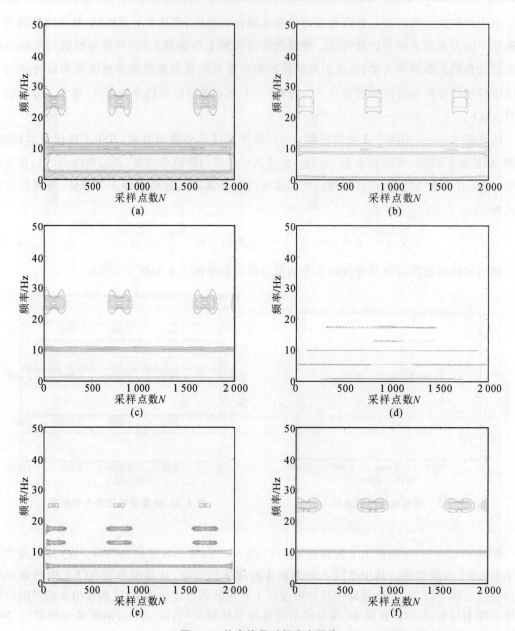

图 4.4　仿真信号时频分布图像
(a)STFT 时频图像；(b)WT 时频图像；(c)ST 时频图像；(d)WVD 时频图像；
(e)PWVD 时频图像；(f)GST 时频图像

利用离散 GST 时频表征方法对内燃机 8 种典型工况下振动信号进行时频分析,结果如图 4.5 所示。结合内燃机振动信号的频域特性,通过多次取值实验分析,本书离散 GST 参数 k 和 p 具体取值见表 4.1,通常来讲,$1 < k \leqslant 6, 0.8 < p \leqslant 0.95$。

表 4.1　不同工况下参数 k 与 p 的取值

状态序号	1	2	3	4	5	6	7	8
k	2	3	6	2.5	2.3	4.5	2.5	2
p	0.85	0.9	0.95	0.95	0.92	0.88	0.95	0.9

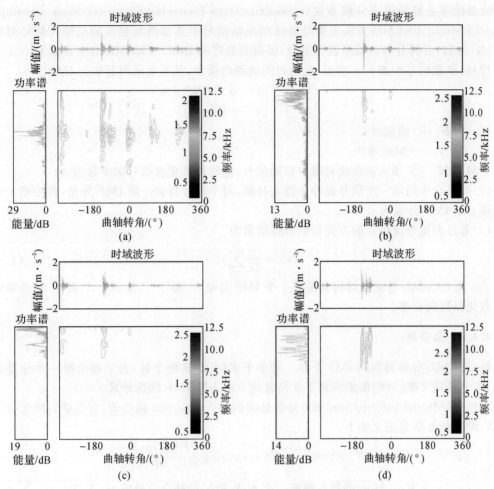

图 4.5 不同工况振动信号广义 S 变换时频表征
(a)工况 1;(b)工况 2;(c)工况 3;(d)工况 4

4.3 基于互信息的 CEEMD-PWVD 时频图像生成方法

4.3.1 集总经验模态分解

经验模态分解(Empirical Mode Decomposition ,EMD)是由 N. E. Huang 等于 1998 年提出的一种非线性、非平稳信号的分析处理方法。虽然 EMD 方法具有很多优点,但其分解较不稳定,有模态混叠现象的存在,导致某一个本征模态函数(Intrinsic Mode Function,IMF)分量中包含不同尺度的信号,或者相似的尺度信号存在于不同的 IMF 分量中。针对这一问题,文献[135]提出了集总经验模态分解(Empirical Mode Decomposition,EEMD)方法,该方法首先向原信号添加白噪声,然后对经验模态分解后得到的各 IMF 分量进行集总平均。EEMD 方法在一定程度上抑制了 EMD 的模态混叠问题,提高了 EMD 算法的稳定性,但是它不能保证所得到的每个 IMF 分量都满足 IMF 分量的条件,对信号加上的白噪声也会在每一个 IMF 中得到残留,而且 EEMD 的集总平均的次数一般要在几百次以上,非常耗时。文献[136]提出了一种互补的集总经验模态分解方法（Complementary Ensemble Empirical Mode Decomposition，CEEMD）。CEEMD 方法主要是通过向原始信号中添加两对相反的白噪声信号分别进行 EMD 分解，并将分解的结果进行组合，即得到最终的 IMF。CEEMD 的步骤如下：

（1）向原始信号中加入 n 组正、负成对的辅助白噪声，从而生成两套集合 IMF：

$$\begin{bmatrix} M_1 \\ M_2 \end{bmatrix} = \begin{bmatrix} 1 & 1 \\ 1 & -1 \end{bmatrix} \begin{bmatrix} S \\ N \end{bmatrix} \tag{4-9}$$

式中　　　S ——原信号；

　　　　　N ——辅助噪声；

　　　M_1，M_2 ——加入正负成对噪声后的信号，这样得到集合信号的个数为 $2n$。

（2）对集合中的每一个信号做经典模态分解，每个信号得到一组 IMF 分量，其中第 i 个信号的第 j 个 IMF 分量表示为 c_{ij}。

（3）通过多组分量组合的方式得到分解结果为

$$c_j = \frac{1}{2n} \sum_{i=1}^{2n} c_{ij} \tag{4-10}$$

式中，c_j 为 CEEMD 分解最终得到的第 j 个 IMF 分量，一般 $j = \log_2 N - 1$，其中 N 是原始信号离散化以后的长度。

4.3.2　互信息

经 CEEMD 分解得到的 IMF 个数一般多于实际 IMF 的个数，为了确定哪一个分量是伪分量，本书采用文献[138]提出的基于互信息的方法去除 IMF 的伪分量。

互信息（Mutual Information，MI）是信息论创始人 Shannon 提出的，它由熵的概念引申而来。X 和 Y 的互信息定义如下：

$$I(X|Y) = -\sum_{i,j} P(x_i, y_j) \log \frac{P(x_i, y_j)}{P(x_i)P(y_i)} \tag{4-11}$$

式中，$P(x_i, y_j)$ 为 x_i 与 y_i 的联合概率。引入 X 和 Y 的联合信息熵 $H(X,Y) = -\sum_{i,j} p(x_i, y_j) \log p(x_i, y_j)$，这样互信息 $I(X|Y) = H(X) + H(Y) - H(X,Y)$，$I(X|Y)$ 表示已 Y 的取值后提供的有关 X 信息。

假设原信号 S 是由 n 个本征模态分量组成的，即 $S = \sum_{i=1}^{n} C_i$，经过 CEEMD 分解后，理论上会分解出 n 个本征模态分量 C_i，分别对应原信号中 n 个本征模态分量。由于分解过程中存在误差，以及 CEEMD 算法本身的特点，会分解出 n 个本征模态分量 $\hat{C}_i$ 和 m 个虚假分量 x_k，而且 $\hat{C}_i$ 和 C_i 并不完全相同，m 个伪分量 x_k 就是两者的差值形成的，即

$$S = \sum_{i=1}^{n} \hat{C}_i + \sum_{k=1}^{m} x_k \tag{4-12}$$

计算 CEEMD 分解后的本征模态分量 C_i 与原信号 S 的互信息 MI_i，归一化处理 MI_i，令

$$\lambda_i = \frac{\mathrm{MI}_i}{\max(\mathrm{MI}_i)} \tag{4-13}$$

式中，λ_i 为归一化的互信息值，$0 \leqslant \lambda_i \leqslant 1$。

由互信息定义可知，虚假分量 x_k 与原信号 S 的互信息一定远小于真实分量 $\hat{C}_i$ 与原信号 S 的互信息，利用以上特点，将原信号与分解后各分量的互信息值 λ_i 大小作为评定各本征模

态分量可靠性的指标。当 λ_i 很小时,即可认定该分量为虚假分量。设置虚假分量判断阈值 δ,如果 IMF 分量与原信号的互信息值 $\lambda_i > \delta$,则认为该分量为真实分量,如果 $\lambda_i < \delta$ 为虚假分量予以剔除。定义虚假分量判断阈值 δ 为:

$$\delta = 0.5 * \text{mean}(\text{MI}_1, \text{MI}_2, \cdots, \text{MI}_n) \tag{4-14}$$

4.3.3　MICEEMD-PWVD 算法

基于互信息的 CEEMD-PWVD 时频分析(MICEEMD-PWVD)算法的基本原理如图 4.6 所示,其计算步骤如下:

(1)利用 CEEMD 分解方法对信号 $s(t)$ 进行分解,得到有限个 IMF,则有

$$s(t) = \sum_{i=1}^{n} c_i + r_n \tag{4-15}$$

(2)计算各本征模态分量 $\hat{C}_i$ 与原信号 $s(t)$ 的归一化互信息量 λ_i 和虚假分量判断阈值 δ,依据 λ_i 与 δ 的大小关系,鉴别并剔除 $\lambda_i \leqslant \delta$ 的伪分量。

(3)对真实本征模态分量 $\hat{C}_i$ 分别进行 Hlibert 变换后计算各分量的 PWVD,并将结果进行线性叠加,即为信号 $s(t)$ 的 MICEEMD-PWVD 分布。信号 $s(t)$ 的 MICEEMD-PWVD 时频分布定义为

$$\text{MICEEMD-PWVD}_{s(t)}(t,f) = \sum_{i=1}^{N} \frac{\int_{-\infty}^{\infty} f \text{PWVD}_{\hat{C}_i}(t,f) \, df}{\text{PWVD}_{\hat{C}_i}(t,f) \, df} \tag{4-16}$$

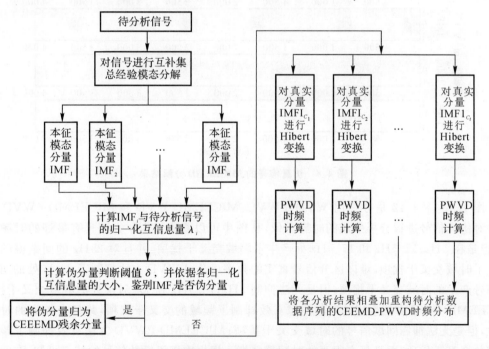

图 4.6　MICEEMD-PWVD 时频分析流程图

对信号 $x(t)$ 做经典模态分解,用互信息方法去除伪分量后的结果如图 4.7 所示,由图可以看出,由于间歇振荡信号 $v(t)$ 的存在,本来应该是第一个正弦分量的 IMF_1 发生了畸变,即

其很多部分被 $v(t)$ 中的振荡部分所取代,而被取代的正弦分量被移到了 IMF_2 分量中,在对应的位置,本应是 IMF_2 的成分被移到了 IMF_3,从而在这三个 IMF 分量中都出现了模式混叠,上述结果说明了 EMD 对间歇振荡信号处理的不足。

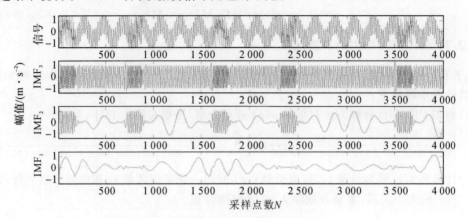

图 4.7　仿真信号经典模态分解结果

对信号 $x(t)$ 做 MICEEMD,所得的结果如图 4.8 所示,该结果清楚地表明,MICEEMD 确实解决了 EMD 中的模态混叠问题,较好地分解出 $x(t)$ 的三个成分。

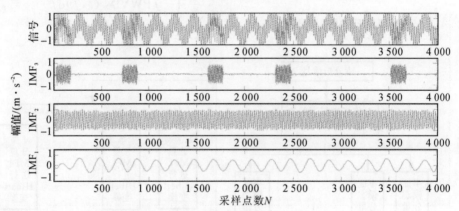

图 4.8　仿真信号的 MICEEMD 分解结果

图 4.9～图 4.12 是分别用 WVD、PWVD、MICEEMD-WVD 和 MICEEMD-PWVD 四种方法对仿真信号进行分析生成的时频图像,从图中可以看出 WVD 方法具有最好的时频聚集性,但是在 5Hz、12.5Hz 和 17.5Hz 处产生了频域交叉干扰项,并且对 25Hz 的间歇振动信号产生了时域交叉干扰项,难以区分信号真实的频率成分;PWVD 方法抑制了 25Hz 处的间歇振动信号产生的时域交叉干扰项,但是无法抑制 5Hz,12.5Hz 和 17.5Hz 处的频域交叉干扰项;MICEEMD-WVD 方法生成的时频图像有效抑制了频域的交叉干扰项,并且有较高的时频聚集性,但是无法抑制间歇信号的时域交叉干扰项;MICEEMD-PWVD 方法有效抑制了频域和时域的交叉干扰项,而且具有很高的时频聚集性。根据内燃机振动信号的特点可知,有间歇振动信号的影响,而经验模态分解方法对相同频率的间歇振动信号认为是同一分量信号,用 WVD 方法进行分析时,不能消除时间域的交叉干扰项,因此,本书引入 PWVD 方法与经验模态分解方法和变分模态分解方法相结合的方法,既有效抑制了交叉干扰项的影响,又保持了较

高的时频聚集性。

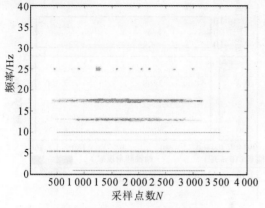

图 4.9　仿真信号 WVD 时频图

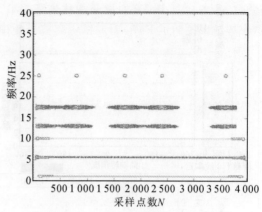

图 4.10　仿真信号 PWVD 时频图

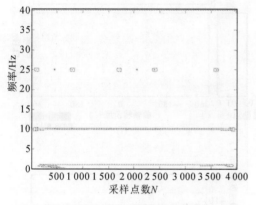

图 4.11　仿真信号 MICEEMD-WVD 时频图

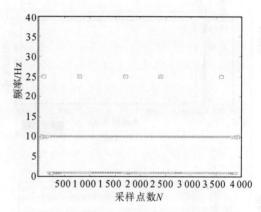

图 4.12　仿真信号 MICEEMD-PWVD 时频

用 MICEEMD-PWVD 对内燃机的 8 种工作状态进行分析得到的时频图像如图 4.13 所示,其中的图 4.13(a)～(g)为 8 种气门状态下比较典型的内燃机振动信号时频分析结果。每幅图的左侧是信号的功率谱图,右上为时域图,时域图下方是等高线时频图像,右下角是等高线的颜色标尺,不同颜色代表不同的幅值。

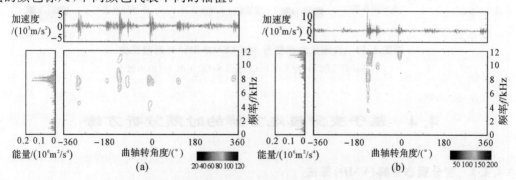

图 4.13　内燃机缸盖信号 MICEEMD-PWVD 时频图像
(a)工况 1;(b)工况 2;

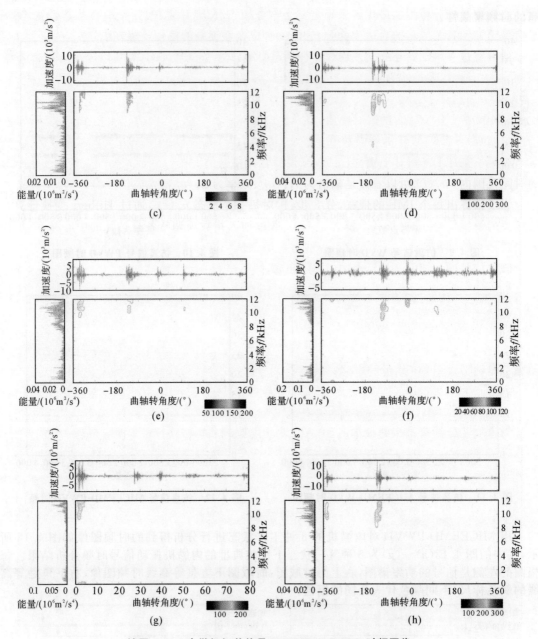

续图 4.13　内燃机缸盖信号 MICEEMD-PWVD 时频图像

(c)工况 3;(d)工况 4;(e)工况 5;(f)工况 6;(g)工况 7;(h)工况 8

4.4　基于变分模态分解的时频分析方法

4.4.1　变分模态分解(VMD)算法

变分模态分解(Variational-Mode Decomposition,VMD)是由 Dragomiretskiy 等于 2014 年提出的一种新的自适应信号处理方法,是一种全新的自适应信号处理方法。VMD 方法是通过迭代搜寻变分模型的最优解来确定每个本征模态分量(IMF)的频率中心及其带宽,实现了信号频域和各个分量的自适应剖分,它是一种完全非递归的信号分解方法。

信号经过 VMD 被分解成一系列本征模态分量(IMF),每个 IMF 都可以表示为一个调幅-调频 $u_k(t)$ 信号,表达式为

$$u_k(t) = A_k(t)\cos[\varphi_k(t)] \tag{4-17}$$

式中　$A_k(t)$ —— $u_k(t)$ 的瞬时幅值,且 $A_k(t) \geqslant 0$;

　　$\omega_k(t)$ —— $u_k(t)$ 的瞬时频率;$\omega_k(t) = \varphi'_k(t)$;$\omega_k(t) \geqslant 0$。

$A_k(t)$ 和 $\omega_k(t)$ 相对于相位 $\varphi_k(t)$ 来说变化是缓慢的。在 $[t-\delta, t+\delta][\delta \approx 2\pi/\varphi'_k(t)]$ 的时间范围内,$u_k(t)$ 可以看做是幅值为 $A_k(t)$、频率为 $\omega_k(t)$ 的谐波信号。

为了估算出每个 IMF 的带宽,分 3 步:①对每一个模态 $u_k(t)$,通过 Hilbert 变换计算与之相关的解析信号;②对每一个模态 $u_k(t)$,通过加入指数项调整各自估计的中心频率,把模态的频谱变换到基带上;③带宽就可以通过对解调信号进行 H_1 的高斯平滑估计。

假设信号经 VMD 分解为 K 个 IMF 分量,则可得到变分约束模型为

$$\begin{cases} \min\limits_{\{u_k\},\{\omega_k\}} \left\{ \sum\limits_k \| \partial_t \left[\left(\delta(t) + \dfrac{j}{\pi t} \right) * u_k(t) \right] e^{-jw_k t} \|_2^2 \right\} \\ s.t. \sum\limits_k u_k = f \end{cases} \tag{4-18}$$

式中　$\delta(t)$ ——Dirac 分布,$*$ 表示卷积;

　　$\{u_k\}$ ——信号经 VMD 分解后得到的 K 个 IMF 分量,$\{u_k\} = \{u_1, \ldots, u_k\}$;

　　$\{\omega_k\}$ ——各个 IMF 分量的频率中心,$\{\omega_k\} = \{\omega_1, \ldots, \omega_k\}$。

为求取变分约束模型的最优解,引入二次罚函数项和拉格朗日乘子便可得到

$$L(\{u_k\},\{\omega_k\},\lambda) = \alpha \sum\limits_k \| \partial_t \left[\left(\delta(t) + \dfrac{j}{\pi t} \right) * u_k(t) \right] e^{-jw_k t} \|_2^2 +$$
$$\| f(t) - \sum\limits_k u_k(t) \|_2^2 + \langle \lambda(t), f(t) - \sum\limits_k u_k(t) \rangle \tag{4-19}$$

式中　α ——惩罚参数;

　　λ ——Lagrange 乘子。

VMD 方法中采用乘法算子交替的方法来求取上述变分约束模型,得到最优解将信号分解成为 k 个窄带 IMF 分量。其实现流程如下:

(1)初始化 $\{u_k^1\}$、$\{\omega_k^1\}$、λ^1 和 n 值为 0;

(2)$n = n+1$,执行整个循环;

(3)$k=0$,$k=k+1$,当 $k < K$ 时执行内层第 1 个循环,根据下式更新 u_k,则有

$$u_k^{n+1} = \underset{u_k}{\arg\min} L(\{u_{i<k}^{n+1}\}, \{u_{i\geqslant k}^n\}, \{\omega_i^n\}, \lambda^n) \tag{4-20}$$

(4)$k=0$,$k=k+1$,当 $k < K$ 时执行内层第 2 个循环,根据下式更新 ω_k,则

$$\omega_k^{n+1} = \underset{\omega_k}{\arg\min} L(\{u_i^{n+1}\}, \{\omega_{i<k}^{n+1}\}, \{\omega_{i\geqslant k}^n\}, \lambda^n) \tag{4-21}$$

(5)根据下式更新 λ;则有

$$\lambda^{n+1} = \lambda^n + \tau(f - \sum\limits_k u_k^{n+1}) \tag{4-22}$$

(6)重复步骤(1)~(5),直至满足迭代停止条件 $\sum_k \| u_k^{n+1} - u_k^n \|_2^2 / \| u_k^n \|_2^2 < \varepsilon$,结束循

环,输出得到的 K 个 IMF 分量。

WVD 出现频率混叠和干扰现象的主要原因是被分析的信号序列不是单分量的,而是由几个或多个单分量的信号叠加而成的多分量信号。VMD-PWVD 时频分布是利用了线性时频表示满足叠加原理的思想。为消除交叉干扰项,可以将待分析的信号经 VMD 进行频域剖分,分解成一组单分量信号;先对各个单分量信号单独进行伪维格纳分析和处理,在时域上通过窗函数消除干扰;再将结果线性叠加,这样在时域和频域都会对交叉干扰项起到很好的抑制作用,使 VMD-PWVD 时频分布既有效地消除了 WVD 的交叉干扰项,又保留了原来 WVD 时频分布的优良特性。

信号 $x(t)$ 的 VMD-PWVD 时频分布定义为

$$\text{VMD-PWVD}_x(x;t,f) = \sum_{i=1}^{K} \frac{\int_{-\infty}^{\infty} f\text{PWVD}_{\text{IMF}_i}(x;t,f)\,\mathrm{d}f}{\text{PWVD}_{\text{IMF}_i}(x;t,f)\,\mathrm{d}f} \qquad (4-23)$$

VMD-Wigner 时频分布算法的主要步骤为:

(1)首先对待分析信号进行 VMD 分解,生成一组本征模态分量 $\text{IMF}_1, \text{IMF}_2, \cdots, \text{IMF}_K$。

(2)对各个本征模态分量 IMF 首先进行希尔伯特变换,将各个本征模态分量 IMF 转变为解析信号然后进行 WVD 分析。

(3)将分析结果进行线性叠加得到 VMD-PWVD 时频分布结果。

VMD-PWVD 时频分布流程图如图 4.14 所示。

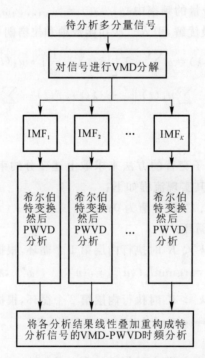

图 4.14 VMD-PWVD 时频的分布流程图

对三分量原子仿真信号进行变分模态分解,分别作三分量仿真信号的 VMD-WVD 时频相平面图和 VMD-PWVD 时频相平面图,结果如图 4.15 和图 4.16 所示。

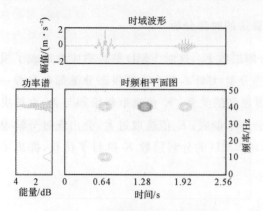

图 4.15　三分量信号的 VMD-WVD
　　　　　分析结果

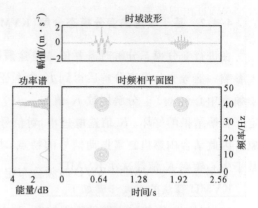

图 4.16　三分量信号的 VMD-PWVD
　　　　　分析结果(Hanning,125)

图 4.15 所示为三分量信号的 VMD-WVD 分析结果,从结果来看,信号频域内的交叉项得到很好的去除,但是时域平面内的交叉项依然存在,这是由于经过 VMD 分解得到的单分量频率信号在进行 WVD 分析时,在时域产生的交叉项并未得到去除,经线性叠加依然存在。图 4.16 所示为三分量信号的 VMD-PWVD 分析结果,相比于图 4.15,不仅去除了时域内的交叉相,频域内的交叉项也被去除,时频聚集性和分辨率都比较好。

在采用 VMD-PWVD 对信号进行分析的过程中,窗函数的选择往往需要依靠经验来进行判断,若窗函数选择得不合适,就无法对交叉项进行很好的去除。而 MHD 与 WVD 交叉项的位置不同,MHD 的交叉项位于以两个自项连线为对角线的矩形的另一对顶角上,若两个自项分布位于同一频率或同一时间时,则自项和交叉项重叠。因此可以使用 VMD 分解方法对待分析的信号经进行频域剖分,得到一组单频率分量信号;先对各个单频率分量信号单独进行 MHD 分析,这样在频域上就不会产生交叉干扰项,而位于同一频率的时域交叉项会与自项相互叠加,对自项有增强作用,对信号的分析有积极的作用;再将结果线性叠加,这样在时域和频域都会对交叉项起到很好的抑制作用。

信号 $x(t)$ 的 VMD-PMHD 时频分布定义为

$$\text{VMD-MHD}(t,f) = \sum_{i=1}^{K} \frac{\int_{-\infty}^{\infty} f\text{MHD}_{\text{IMF}_i}(t,f)\,\mathrm{d}f}{\text{MHD}_{\text{IMF}_i}(t,f)\,\mathrm{d}f}$$

$$(4-24)$$

使用 VMD-MHD 方法对三分量信号进行分析,其结果如图 4.17 所示。从图中来看,三分量信号的 VMD-MHD 分析结果中很好地利用了交叉项与自项的叠加,对自项有加强作用;易对分解产生干扰的交叉项得到了很好的去除。VMD-MHD 分析具有很好的时频分辨率和视频聚集性,相比于 VMD-PWVD 分析,VMD-MHD 避免了窗函数的

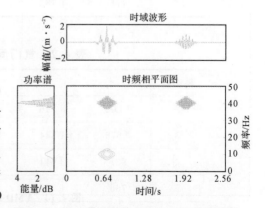

图 4.17　三分量信号的 VMD-MHD 分析结果

选择,自适应性更强。

4.4.2 基于改进的变分模态分解(KVMD)算法的时频分析

在进行变分模态分解时需要依靠经验预设分解层数 K ,这对 VMD 的自适应性造成了很大影响。信号变分模态分解后得到 K 个本征模态分量(IMF),每个本征模态分量都存在着一个频率中心 $\omega_k(t)$ 。分解层数 K 值与 $\omega_k(t)$ 有着密切的关系, K 值选取得恰当与否,直接决定了分解结果的好坏。 K 值选取过小,对信号的分解不彻底, K 值选取过大,会出现过分解现象。因此结合内燃机缸盖振动信号的特点,本书对 VMD 的分解层数 K 进行了优化,提出了基于中心频率 K 值筛选法 KVMD。

KVMD 算法的主要步骤如下:

(1)初始化 K 值,(内燃机频带较宽,取 $K=3$)。

(2)对信号进行变分模态分解,得到 K 个 IMF 分量和每个 IMF 分量的频率中心 $\omega_k(t)$ 。

(3)用前一个 IMF_{K-1} 分量的中心频率 $\omega_{k-1}(t)$ 比上后一个 IMF_K 分量的中心频率 $\omega_k(t)$,得到一组频率比值 $\lambda_1,\lambda_2,\cdots,\lambda_{K-1}(\lambda_k=w_{k-1}/w_k)$ 。

(4)设定阈值 θ 。当 $\lambda_k<\theta$ 时,认为变分模态分解不彻底,令 $K=K+1$,重复(2)和(3)。

(5)当 $\lambda_k\geqslant\theta$ 时可判定为 IMF_{K-1} 和 IMF_K 频率混叠,VMD 出现了过分解,因此得出结果 $K=K-1$,并输出其分解结果。

阈值 θ 是经过大量实验研究来确定的:

对四种工况信号进行 VMD 分解,不同 K 值下的中心频率见表 4.1~表 4.4。

表 4.1 气门正常各模态中心频率

模态数	中心频率/Hz				
2	1 456	7 678	—	—	—	—
3	1 304	4 477	7 685	—	—	—
4	1 284	4 466	7 464	8 117	—	—
5	776	1 783	4 473	7 464	8 117	—

表 4.2 气门间隙小各模态中心频率

模态数	中心频率/Hz				
2	1 002	8 516	—	—	—	—
3	9 678	4 544	8 531	—	—	—
4	937	3 641	8 426	11 636	—	—
5	766	1 912	4 572	8 434	11 638	—
6	765	1 909	4 563	8 364	10 787	11 825

表 4.3　气门间隙大各模态中心频率

模态数	中心频率/Hz				
2	1 339	10 550	—	—	—	—
3	1 320	10 428	12 114	—	—	—
4	1 300	6 337	10 432	12 115	—	—
5	1 188	3 526	6 423	10 433	12115	—
6	770	1 841	6 263	9 739	10562	12115

表 4.4　气门开口各模态中心频率

模态数	中心频率/Hz				
2	2 197	10 233	—	—	—	—
3	2 101	5 262	10 236	—	—	—
4	2 075	5 163	9 948	11 100	—	—
5	2 024	4 761	6 813	9 956	11 101	—
6	2 007	4 691	6 686	9 355	10 151	11 101

对于正常工况,当 K 值为 4 和 5 时,中心频率出现了比较相近的 7 464 和 8 117,因这两个中心频率相近,认为出现了过分解象,而且 8 117/7 464＝1.08,K 应取值为 3。对于气门间隙过小工况,当 K 值为 6 时,中心频率出现了比较相近的 10 787 和 11 825,因这两个中心频率相近认为出现了过分解象,而且 11 825/10 787＝1.09,即 K 应取值为 5。对于气门间隙过大工况,当 K 值为 6 时,中心频率出现了比较相近的 10 562 和 9 739,因这两个中心频率相近,认为出现了过分解象,而且 10 562/9 739＝1.08,即 K 应取值为 5。对于气门开口工况,当 K 值为 6 时,中心频率出现了比较相近的 10 151 和 11 101,这两个中心频率相近,认为出现了过分解现象,而且 11 101/10 562＝1.05,即 K 应取值为 5。通过以上分析,采用相邻两次分解中心频率之比来代表分解是否适当,经大量实验选取阈值为 $\theta = 1.1$(见图 4.18)。

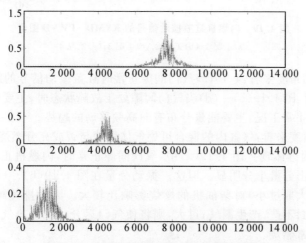

图 4.18　正常工况 KVMD 各模态功率谱图

用 KVMD 对采集到的内燃机缸盖振动信号进行频域剖分分解,分解成一组单分量信号;

先对各个单分量信号单独进行伪维格纳分析和处理,在时域上通过窗函数消除干扰项,再将结果线性叠加,这样就得到了内燃机缸盖振动信号的 KVMD-PWVD 时频分布。KVMD-PWVD 时频分布既有效地消除了 WVD 的交叉干扰项,又保留了原来 WVD 时频分布的优良特性。内燃机振动信号的振动谱图像生成结果如图 4.19 所示。

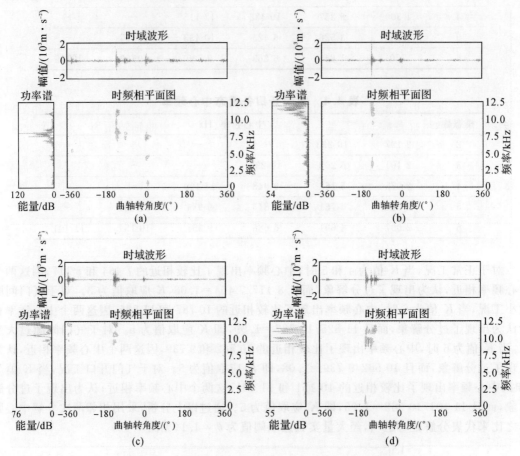

图 4.19　内燃机缸盖振动信号的 KVMD - PWVD 图像

(a)工况 1;(b)工况 2;(c)工况 3;(d)工况 4

　　从能量的分布的角度来看:4.19(a)气门间隙正常时缸盖振动信号的能量主要集中在 7~8.5 kHz 之间的频带,图 4.19(b)~(d)当气门间隙处于故障状态时,主要能量会集中在 9~12 kHz 高频区,相比于正常工况,主要能量分布有向高频移动的趋势。

　　从燃烧做功的角度来看:气缸内的混合可燃气体做功与否或充分燃烧与否,其特征信息必然会在曲轴转角 0°附近体现。图 4.19(a)中,气阀间隙正常时,内燃机正常工作,缸内气体燃烧正常,其对应的冲击分量十分明显。但这一振动分量在图 4.19(b)~(d)中很不明显,这说明气门间隙异常(过大或过小)对柴油机的燃烧影响比较大。因为排气阀气门间隙过小或漏气,就会引起气门密封不严,产生漏气;过大,则将使气门迟开、早关,排气时间缩短,影响混合气体的更新,影响正常燃烧。

　　从振动分量分布的角度来看:四种工况的进气阀都正常,所以进气阀落座产生的冲击分量在四幅图中曲轴转角－132°附近位置均得以体现。图 4.19(a)中排气阀处于正常状态,所以其位置对应于在曲轴转角－340°附近和频率为 7.8kHz 附近;图 4.19(b)和图 4.19(d)中,排气阀气门间隙过小和气阀漏气,所引起的冲击分量较小,因此在图中表现的不是很明显;图 4.19 (c)中排气阀处于气门间隙过大,因此频率区别于正常工况的 7~8.5kHz,迁移至高频部分 9~12 kHz。曲轴转角为 132°和 340°附近时,排气阀和进气阀先后开启,由于气阀开启时引起的冲击相比于气阀关闭或是燃烧引起的冲击要小得多,因此在时频分布图中体现得并不是很明显。

用 KVMD 对采集到的内燃机缸盖振动信号进行频域剖分分解,分解成一组单分量信号;先对各个单分量信号单独进行 MHD 分析和处理;再将结果线性叠加,这样就得到了内燃机缸盖振动信号的 KVMD-MHD 时频分布。KVMD-MHD 振动谱图像生成结果如图 4.20 所示。

从图中可以看出,KVMD-MHD 生成的时频相平面图时频分辨精度很高,对 MHD 分析中存在的交叉项的干扰起到了很好的抑制作用,相比于图 3.22,KVMD-MHD 时频相平面图更能表征出内燃机缸盖振动信号的一些细节信息,如:工况 1 中曲轴转角为 −340°附近时,由于排气阀关闭所引起的冲击分量,曲轴转角为 132°和 340°附近时,排气阀和进气阀先后开启所引起的冲击分量;工况 2 和工况 3 中由于缸内气体燃烧做功不充分,其振动响应频率向高频段移动的现象(和正常状态相比);工况 4 中由于排气阀漏气,进气阀在关闭过程中除了排气阀与气门座之间的冲击分量还有缸内气体泄漏所产生的高频冲击。

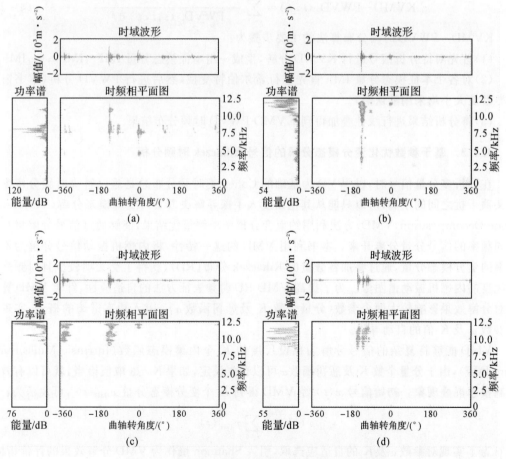

图 4.20　内燃机缸盖振动信号的 KVMD-MHD 图像
(a)工况 1;(b)工况 2;(c)工况 3;(d)工况 4

从理论上分析对内燃机缸盖振动信号来说 VMD-PWVD 和 VMD-MHD 时频分布的能有效抑制时频分布中交叉干扰项的原因：事实上，内燃机缸盖振动信号是一种混有大量噪声干扰的非平稳周期信号，具有局部冲击信号的特点，是多分量混合信号。直接计算 WVD 或 MHD 分布，不可避免地会在时频平面内产生耦合作用进而产生很多交叉项。由于 VMD 分解的计算方法中是在频域对信号进行剖分，信号在频域上被分解成单分量信号，即同一阶 IMF 中的信号频率相近。这样对单分量信号进行 PWVD 分析或 MHD 分析再将结果线性叠加，就极大抑制了 WVD 分布在频域层面内的交叉干扰项。因此从理论上来说，无论变分模态分解出现了过分解或分解不彻底现象（即 K 值过大或过小），或是窗函数参数选取的得当与不得当，那些未被分解出来的频率成分仍夹杂在信号中，对其进行 PWVD 和 MHD 分析，依然会出现在时间-频率空间中的相应位置，能量的分布并不会因分解层数的不同或窗函数的选取而发生错误。但分解层数和窗函数的选取会影响交叉干扰项的抑制效果，但相对于整个时频分布来说影响不大，因此交叉项仍是得到了很好的抑制。

信号 $x(t)$ 的 KVMD-PWVD 时频分布定义为：

$$KVMD\text{-}PWVD_x(t,f) = \sum_{i=1}^{n} \frac{\int_{-\infty}^{\infty} f PWVD_{c_i}(s;t,f)\,df}{PWVD_{c_i}(s;t,f)\,df} \quad (4-25)$$

KVMD-PWVD 时频分布算法的主要步骤为：

(1)首先对待分析信号进行 KVMD 分解，生成一组本征模态分量 $IMF_1, IMF_2, \cdots, IMF_K$。

(2)对各个本征模态分量 IMF 首先进行希尔伯特变换，然后进行 PWVD 分析（本书窗函数类型及大小均采用默认值）。

(3)将分析结果进行线性叠加得到 KVMD-PWVD 时频分布结果。

4.4.3 基于参数优化变分模态分解的信号 Rihaczek 时频分析

在分析多分量信号时，以 WVD 为基础的 Cohen 类时频分布总是难以解决时频分辨率与交叉项干扰之间的矛盾，所以只能从其他角度入手探寻解决方案。变分模态分解（Variational Mode Decomposition, VMD）方法利用约束变分模型求解最优结果，能够通过信号分解将具有不同频率的信号分量分离开来。本书利用 VMD 的这一特性，将内燃机振动信号分解为不同频率的变分模态分量，通过叠加各分量的 Rihaczek 分布（RD），获得了交叉项较少且时频聚集性优良的内燃机振动谱图像。为了提高 VMD-RD 时频表征方法的自适应性，针对 VMD 算法中对分解效果影响较大两个参数（分量个数 K 及惩罚函数 α），引入功率谱熵的概念，实现了对参数 α 及 K 值的自动寻优。

VMD 能够将复杂的信号分解为预设尺度的 K 个内禀模态函数（Intrinsic Mode Function, IMF），由于分量个数 K 及惩罚函数 α 可以预先设定，如果 K 与 α 取值恰当，就可以有效地抑制模态混叠现象。初始信号 $x(t)$ 经 VMD 得到 K 个变分模态分量 $x_{IMF}(t)$，可表示为：

$$x(t) \overset{VMD}{\approx} \sum_{i=1}^{K} x_{IMF}(t)_i \quad (4-26)$$

为了实现对参数 α 及 K 的自适应选取，引入 Shannon 熵作为 VMD 分解效果的评价指标。对于每一个 IMF 分量信号 $x_{IMF}(t)$，其功率谱为

$$S_{IMF}(\omega) = \frac{1}{2\pi} |X_{IMF}(\omega)| \quad (4-27)$$

由于信号在时、频域变换的过程中能量是守恒的,因此,可以将长度为 N 的 IMF 分量信号,$S_{\text{IMF}} = \{S_1, S_2, \cdots, S_N\}$ 看作对信号的一种划分方式,对应的即功率谱熵为

$$H_f = -\sum_{i=1}^{N} q_i \lg q_i \tag{4-28}$$

式中,q_i 为第 i 个功率谱值在整个谱中所占的百分比。由于变分模态分解后所得分量信号中干扰成分的多少与分量信号的稀疏性息息相关,而信号的稀疏性又直接影响功率谱熵值的大小,所以可以通过对分量信号功率谱熵值的测定来对模型参数进行寻优。分量信号的功率谱熵值越大,分量信号中的频率成分越多,VMD 越不彻底,所以在设定范围内,分量信号的功率谱熵值最小处对应着 VMD 参量选择最优解结果。鉴于以上思路,选用网格参数寻优策略搜寻到全局最优结果,VMD 算法的参数 $[K, \alpha]$ 的优化步骤如下:

(1)根据初始信号设置待确定参数的搜索范围和搜索步长;

(2)根据搜索范围和步长划分网格,在每一个网格点上取相应的 $[K, \alpha]$,对信号进行 VMD 分解,并计算所有 IMF 分量的功率谱熵;

(3)对比功率谱熵值大小,并更新 $[K, \alpha]$ 参数组合,进行下一个网格点的计算;

(4)遍历所有网格点后,得到所有 IMF 分量的功率谱熵最小值对应的网格点的 $[K, \alpha]$ 参数组合,即为优选出的参数。

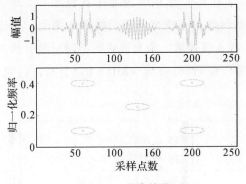

图 4.21　仿真信号

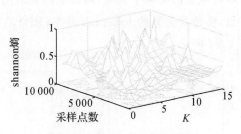

图 4.22　VMD 网格参数寻优图

为了验证参数优化策略的有效性,建立一个多分量仿真信号 $x(t)$,信号长度为 256,由 5 个 Gaussian 原子复合而成,5 个原子分别对应归一化频率 0.1、0.25 和 0.4 的 3 个频率成分,在时域上原子分量中心分别位于采样点数 60、130 和 200 位置上,信号的时域波形与时频域分布对应如图 4.21 所示。

运用本书方法对仿真信号进行 VMD 分解,图 4.22 显示了利用参数优化策略进行 VMD 网格参数寻优的结果。搜索范围及步长为:K 为 $[1,15]$,步长为 1;α 为 $[500,10000]$,步长为 500。

图 4.22 中,最优分量个数 K 取 3,惩罚函数 α 取 2 000 时,信号的 IMF 分量功率谱熵值存在最小值。仿真信号包含 3 个频率分量,分别为 10 Hz、25 Hz、40 Hz,目标函数在 $K=3$ 处取得最小值,$K<3$ 时 VMD 不完全,IMF 分量中信号频率成分不够单一;$K>3$ 时,随着 K 值增加,目标函数值增加,VMD 出现了过分解现象。参数优选结果与仿真信号的实际情况吻合,证明了参数优化方法的有效性。VMD 所得 IMF 分量的时域、频域波形如图 4.23 所示,由

于仿真原子信号幅值已进行归一化处理,各分图中纵坐标数值表示信号在时域或频域的相对幅值。

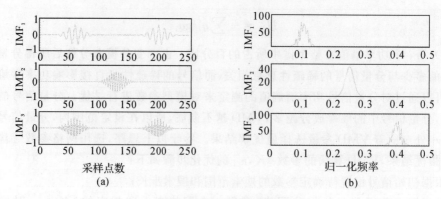

图 4.23 VMD 分解结果

(a)时域 IMF 分量信号;(b)频域 IMF 分量信号

进一步,VMD 方法可将信号中不同频率成分的信号分离开来,但是 VMD 方法无法将具有相同频率成分的不同时间上的信号分量分离开来处理。仍以该 Gaussian 原子仿真信号为例,VMD 分解后得到的 3 个 IMF 分量,频率为 0.1 和 0.4 的 IMF 分量中各包含 2 个原子分量,若将 3 个 IMF 分量的 WVD 进行叠加,得到的时频分布中交叉项仍然无法消除。要进一步去除时域上的交叉干扰项,需要借助合适的 Cohen 核函数。为直观说明不同时频分析方法的特点,将仿真信号的 Rihaczek 分布(RD),VMD - WVD 分布与 VMD - RD 分布进行对比,如图 4.24 所示。

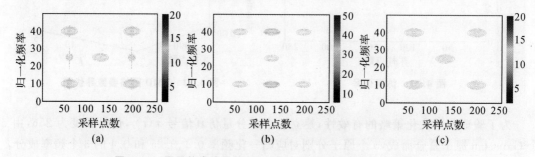

图 4.24 原子仿真信号的 RD、VMD-WVD、VMD-RD 分布情况

(a)RD;(b)VMD-WVD;(c)VMD-RD

经过分析,Rihaczek 分布中的指数核函数能够有效消除 WVD 时域上的交叉项干扰,时频分布中可以保持较高的时域分辨率,但是频域聚集性很差。VMD-WVD 分布使不同频率的原子分量更加清晰,这归功于 VMD 优良的信号分解效果,但是时域上的原子分量交叉干扰项依然存在。VMD 与 Rihaczek 分布的结合恰好起到了取长补短的效果,既能够消除时、频域上的交叉项,又能够保持较高的时频聚集性,所以本书提出了 VMD-RD 分布形式。利用参数优化的 VMD 方法对内燃机振动信号进行时频表征,得到 8 种气门工况的内燃机振动时频分布如图 4.25 所示。利用参数优化策略进行 VMD 网格参数寻优,搜索范围及步长为:K 为[1,5],

步长 1；α 为 $[100,3000]$，步长为 100。参数 K、α 寻优结果见表 4.5。

表 4.5 八种工况振动信号 VMD 分解参数寻优结果

工况编号	1	2	3	4	5	6	7	8
K	3	3	3	2	3	4	2	4
α	1 500	1 700	1 500	1 300	1 300	1 200	1 500	1 200

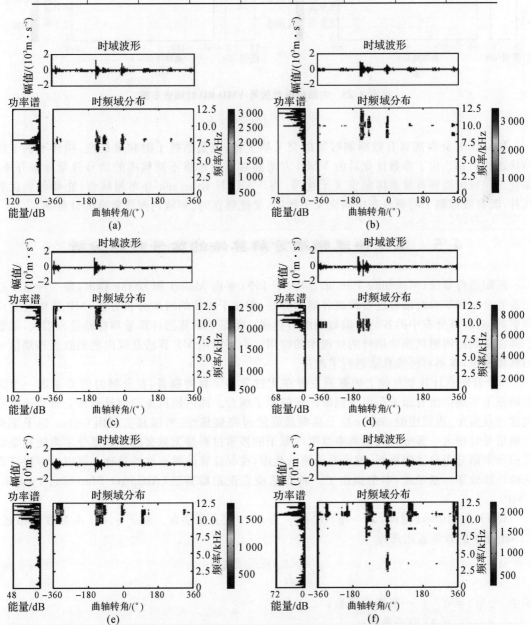

图 4.25 内燃机振动信号 VMD-RD 时频分布图

(a)工况 1；(b)工况 2；(c)工况 3；(d)工况 4；(e)工况 5；(f)工况 6；

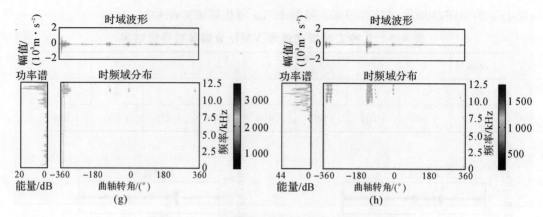

续图 4.25　内燃机振动信号 VMD-RD 时频分布图

(g)工况 7;(h)工况 8

　　Rihaczek 分布能够有效抑制时域的交叉项干扰,但是牺牲了时频聚集性,同样不利于故障状态的识别。由于参数优化后的 VMD 方法能够有效地将不同频率的信号分量分解开来,保证了在频域能够有效地抑制交叉干扰项,将 VMD 与 Rihaczek 分布相结合,能够做到优势互补,既有效抑制了时频分布中的交叉干扰项,又能够在时、频域均保持较高的分辨率。

4.5　基于快速稀疏分解算法的信号时频分析

　　匹配追踪算法(Matching Pursuit,MP)于 1993 年由 Mallat 和 Zhang 提出,是一种基于过完备冗余时频字典对信号进行稀疏分解的方法,相比于传统的时频分析方法,MP 算法自适应性更好,对时频分布中的各分量的刻画能力更强。但是 MP 算法计算量和存储量相当大,限制了其在复杂的内燃机振动信号的处理中的应用。为了利用 MP 算法获得内燃机缸盖振动信号的稀疏表示,本书对传统算法进行了改进。

　　MP 算法在计算和存储上的瓶颈主要在于过完备字典的制备,在分解时需要遍历一个庞大的原子字典中所有原子后再找到最匹配的原子组合。而内燃机振动信号通常会聚集于有限宽度的频带中,所使用的 Gabor 原子具有最好的时频聚集性,所以其实利用 Gabor 原子字典分解信号时很大一部分对其他频率范围内原子的搜索过程是无意义的。如果令字典随残余信号的功率谱分布自适应更新,缩小原子搜索范围,在保证算法稀疏性的基础上可以大幅提高算法的计算效率。基于此,本书提出了一种自适应匹配追踪算法(Adaptive Matching Pursuit,AMP)。

　　设 H 为 Hilbert 空间,$D = \{g_\gamma(t)\}_{\gamma \in \Gamma}$ 为 H 中过完备字典。原子 $g_\gamma(t)$ 由参数 γ 描述。Gabor 原子的数学表达式为

$$g_\gamma = \frac{1}{\sqrt{s}}g\left(\frac{t-u}{s}\right)e^{i\xi t} \tag{4-29}$$

式中　$g(t) = e^{-\pi t^2}$——高斯窗函数;

$\quad\quad \gamma = (s,u,\xi)$ 原子参数;

$\quad\quad s$ ——尺度因子;

$\quad\quad u$ ——位移因子;

$\quad\quad \xi$ ——频率因子。

原子经归一化处理后 $\parallel g_\gamma(t)\parallel =1$。

设 f 为待分解信号，$f\in H$，有

$$f=\sum_{n=0}^{m-1}\langle R_f^n,g_{\gamma_n}\rangle g_{\gamma_n}+R_f^m \tag{4-30}$$

$$\parallel f\parallel^2=\sum_{n=0}^{m-1}|\langle R_f^n,g_{\gamma_n}\rangle|^2+\parallel R_f^m\parallel^2 \tag{4-31}$$

式中　R_f^m ——第 m 次迭代残留信号；

　　　g_{γ_n} ——第 n 次迭代中的匹配原子。

为使 R_f^m 最小，应满足：

$$|\langle R_f^n,g_{\gamma_n}\rangle|\geqslant \alpha\sup_{\gamma\in\Gamma}|\langle R_f^n,g_{\gamma_n}\rangle|,0\leqslant\alpha\leqslant1 \tag{4-32}$$

为减小字典存储量，利用残留信号自适应地更新原子字典。令 F_R 为残余信号的 Fourier 变换，定义信号频率域峰值 $\max F_R$ 对应频率为 ξ_0，新字典 $D_n(D=\{g_\gamma(t)\}_{\gamma\in\Gamma_n})$，其中 $\gamma=(s,u,\xi_0)$。将残留信号 R_f^n 在 D_n 中寻找最匹配的原子，更新的残留信号 R_f^{n+1} 为

$$R_f^{n+1}=f-\sum_{i=1}^n<R_f^i,g_{\gamma_i}>g_{\gamma_i} \tag{4-33}$$

Gabor 原子在频域的能量主要集中在以调制频率为中心的频率区域内，自适应的子字典 D_n 中所有的原子主要能量均聚集于中心频率 ξ_0 附近。定义自适应新字典为 $D_n(D=\{g_\gamma(t)\}_{\gamma\in\Gamma_n})$。集合 $\Gamma_n\in\mathbf{R}^+\times\mathbf{R}$ 包含所有的原子 $\gamma=(a^j,pa^j\Delta u,ka^j\Delta\xi)$，$a=2$，$\Delta u=1/2$，$\Delta\xi=\pi$，$0<j<\log_2 N$，$0\leqslant p<2^{-j+1}$，$0\leqslant k<2^{j+1}$。

AMP 算法流程如下：

(1)定义 $s=2^j$，其中 $j\in(0,\log_2 N)$，$u=s$。计算原子 g_γ 的包络 $g[(t-u)/s]$，并保存为包络库。由于 Gabor 原子在时域的能量主要集中在区域 $[0,2s]$ 内，为了减少计算量，每个包络可以只计算区域 $[0,2s]$ 内的数值点。

(2)对残余信号作 N 点的 Fourier 变换，找出幅值最大处对应的频率 ξ_0，并保存 Fourier 变换的结果 $FFT(R_f^m)$。

(3)从包络库中取出对应的包络，用 ξ_0 进行频率调制并归一化处理得到 Gabor 原子 $g(2^j,2^j,\xi^m)$，和残余信号互相关得到 $FFT(R_f^m)\cdot\overline{FFT[g(2^j,2^j,\xi^m)]}$。

(4)找到上步运算中的互相关系数最大值，确定相应的匹配到的原子参数；

(5)判断停机条件，如果 $R_f^m/f\leqslant\xi$ 或限定迭代次数，满足时停止迭代，否则转到(2)。

为分析改进匹配追踪算法的性能，仍利用 2.3.1 仿真信号进行分析。仿真信号由 5 个原子分量复合而成，所以无论 MP 算法还是 AMP 算法，都应在 5 次迭代后匹配出所有原子分量。表 4.6 表示了 6 次迭代过程中，MP 与 AMP 两种算法对应的原子匹配时间和残余信号能量百分比。

表 4.6　6 次迭代残余信号能量及耗时

迭代次数	MP 耗时/ms	AMP 耗时/ms	MP 残余能量/%	AMP 残余能量/%
1	504.043	4.649	82.64	79.07
2	394.473	2.436	64.62	58.17
3	382.044	2.132	44.04	37.27
4	397.459	2.002	23.31	19.17
5	418.764	2.501	2.95	1.07
6	481.936	2.109	2.15	0.82

从表 4.6 结果看出，MP 与 AMP 算法在第 5 次迭代后都能匹配出信号的全部原子分量，两种算法能够可以实现信号的稀疏分解，并有效抑制信号中的白噪声。由于本书 AMP 算法根据残余信号功率谱分布情况将搜索字典限定在固定频带中，其搜索到的原子对于分解信号的匹配性更好，所以每次迭代中 AMP 算法的残余能量都低于 MP 算法。同时，所以 AMP 算法中自适应匹配的原子字典较 MP 算法中的过完备冗余字典维度有较大幅的压缩，使得 AMP 算法较 MP 算法的计算效率提高了 150～200 倍，从而能够利用 AMP 算法对高维度、强耦合的信号进行原子分解。为了获得信号的时频分布，利用 AMP 算法将仿真信号分解为 5 个原子分量，通过二次叠加每个原子的 Wigner-Ville 分布（WVD）得到原信号的时频分布。仿真信号的 WVD 分布与 AMP 稀疏分解得到的时频分布如图 4.26 所示。

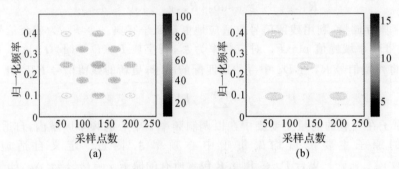

图 4.26　仿真信号时频分布

(a)WVD 时频分布图；(b)匹配追踪时频分布图

由图 4.26 明显看出，直接对仿真信号进行 WVD 分析，每两个原子之间都会产生一个交干扰交叉项，严重影响对于原信号分量的分析。而利用 AMP 算法得到的信号稀疏分解时频分布中交叉项的问题得到了很好的解决，所有原子分量能量分布均衡，且保持了优良的时频聚集性。所以利用 AMP 算法对内燃机振动信号进行稀疏分解，能够使各时频分量物理意义更加明确，更有利于对内燃机故障的判别。

利用 AMP 算法将信号进行分解和重构，迭代 100 次后，残余信号能量为原信号的 4.55%，如图 4.27 所示。

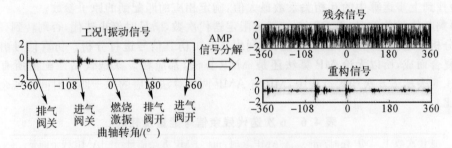

图 4.27　振动信号 AMP 分解、重构示意图

图 4.27 中可以看出，经 AMP 算法分解后，原信号的残余信号成分主要是白噪声，Mallat 也证明了匹配追踪算法能够有效滤出信号中的白噪声成分。重构信号保留了原信号中所有的冲击分量，能够清楚、全面地表征原信号的时域特征，所以 AMP 算法用于内燃机振动信号的分解和重构是有效的。将 AMP 分解信号过程中的全部匹配原子分量的 WVD 分布进行叠加，得到原信号的时频分布。内燃机振动信号 8 种工况振动信号的匹配追踪时频分布图如图

4.28 所示。

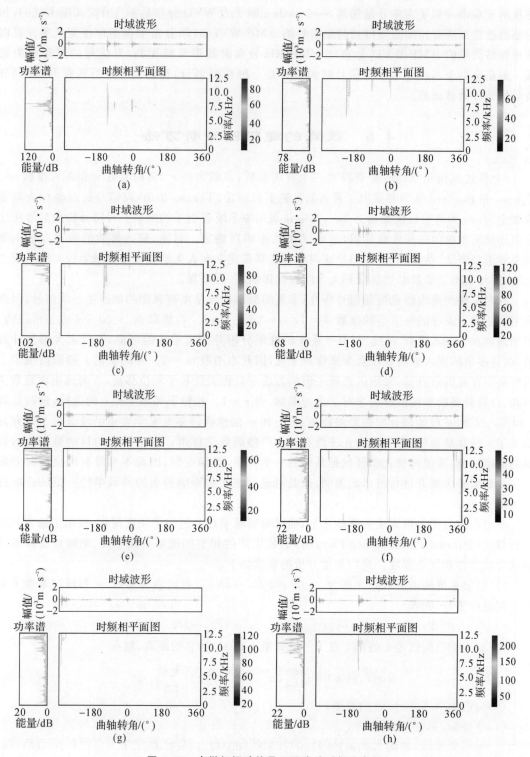

图 4.28　内燃机振动信号匹配追踪时频分布图

(a)工况 1;(b)工况 2;(c)工况 3;(d)工况 4;(e)工况 5;(f)工况 6;(g)工况 7;(h)工况 8

从图 4.28 中可以看到,内燃机振动信号的 AMP-WVD 时频分布具有较高的时频分辨率,并且由于 Gabor 原子为单分量信号,一个 Gabor 原子的 WVD 分布是不含有交叉项干扰的,相应地通过叠加所有匹配原子得到的原信号的 AMP-WVD 时频分布中也不存在交叉项。可以发现振动信号的 AMP-WVD 分布比 VMD-RD 分布时频聚集性更高,对信号的刻画能力更强。但是也由于 Gabor 原子对信号时频信息是一种格型划分,在对信号进行匹配时,有部分微弱信号分量被滤除。

4.6 改进的递归图分析方法

RP 算法重构相空间时需要涉及三个算法参数:邻域半径 r,延时常数 τ 和嵌入维数 m。Takens 和 Packard 等学者提出了著名的延迟坐标理论,Takens 指出:以信号延迟坐标为基重构相空间,m 的取值应满足 $m > 2d$,其中 d 表示原系统吸引子的维数。对待分析的信号往往会由于缺乏系统的一些先验知识,造成 d 的大小难以确定。目前,嵌入维数的确定方法主要有奇异值分解法、伪近邻法等,但是这两种方法都是建立在人为经验设定邻域半径 r 的基础之上的,因此所得结果其必然会受到人为因素的影响,并不可靠。

针对采集到的内燃机振动信号特性,采集的振动信号是垂直振动的加速度一维信号,因此本书取原动力系统的吸引子的维数 $d = 1$,$m = 2d + 1 = 3$。当然取 $m > 2d + 1$ 也是可以的,但是问题在于嵌入维数 m 过大,对于系统的性质分析并无实质性的帮助,不仅大大增加计算量,而且多余的嵌入维数往往会带来噪声干扰,因此本书取 $m = 3$。时间延迟 τ 的取值决定了相空间中存在的信息量,常用的选择 τ 值的方法有自相关法和平均位移法,本书选用物理意义明确、计算简便的平均位移法来对 τ 进行求解,得 $\tau = 1$。相较于邻域半径 r 的选择,延时常数 τ 和嵌入维数 m 对递归分析的影响较小,且 τ 和 m 的选择许多专家学者也已经进行了研究并给出了一些算法说明,但目前为止还没有一个严格的数学标准。本书研究的目的是实现内燃机的故障诊断,图像可视化表征只是其中的一个环节,篇幅有限,因此本书没有围绕延时常数 τ 嵌入维数 m 去展开进行过多的说明,而是对递归图生成影响较大的邻域半径 r 值的选取进行了研究。

本书在递归图分析算法的基础之上,通过对邻域半径 r 进行了灰度量化,提出了递归灰度分析算法(Improved Recurrence Plot,IRP),使生产的相空间能够更加全面、细致地反映系统的运行稳定性和复杂程度。递归灰度分析的算法如下:

(1)假定系统的离散时间序列为 $\{x_i, i = 1, 2, \cdots, N\}$,通过嵌入维数 m 和延时常数 τ 对相空间进行重构,则有

$$Y_i = \{x_i, x_{i+\tau}, \cdots, x_{i+(m-1)\tau}\}, \quad i = 1, 2, \cdots, N - (m-1)\tau \qquad (4-34)$$

(2)对于相空间轨迹上的第 i 点 Y_i,计算第 j 点 Y_j 与它的距离,则有

$$\mathrm{dist}(i, j; m) = (\sum_{k=0}^{m-1} |x_{i+k\tau} - x_{j+k\tau}|) / \sum_{k=0}^{m-1} x_{i+k\tau} \qquad (4-35)$$

(3)构造一个 $N \times N$ 点的方图;

(4)令坐标 (i, j) 处的值为

$$\mathrm{dist}(i, j; m) = \mathrm{floor}\{255 \times [\mathrm{dist}(i, j; m) / d_{\max}]\} \qquad (4-36)$$

式中,floor 表示向下取整,$d_{\max} = \max\{\mathrm{dist}(i, j; m)\}$,$i, j = 1, 2, \cdots, N - (m-1)\tau$。

将 $N \times N$ 方图中对应的位置用归一化的灰度值表示元素,将分析所得到结果称为"递归

灰度图"。由递归灰度分析方法的原理可知:将元素对间的距离信息进行了量化[255 级,式(4
-36)],避免了盲目粗劣的区分。元素对间距离小于 r 的信息得到利用,元素对间距离大于 r
的信息也被充分保留,且图像中灰度值直接描述了元素对的距离分布状态。因此重构相空间
的过程中,递归灰度分析更为全面地反映了系统的运行状态,生成的递归灰度图更有利于机械
设备的状态监测和故障识别。

仿真信号采用标准差为 1 的随机噪声信号、三分量信号以及三分量信号与噪声的叠加信
号分别进行 RP 和 IRP 分析,结果如图 4.29～图 4.33 所示。

图 4.29 和图 4.30 中,白噪声是完全平稳的,所以其 RP 是均布的;当含噪声的仿真信号
中存在局部阶段性的突变时,其 RP 基本不受噪声影响,大致与不含噪声信号类似。这是因为
由于白噪声的均布性,信号中存在突变时,其 RP 仍能在相应的纹理上发生变化,因此 RP 具
有很好的噪声鲁棒性,如图 4.31 和图 4.32 所示。同样上述图中,当 r 值不同时,对于同一信
号 RP 分布相应位置的纹理多少并不完全相同,因此 RP 分析方法有很强的主观因素。除此
之外,当系统位于不同工况下,在重构相空间时 d_{max} 和 d_{min} 的大小并不相同,从而导致对于邻
域半径 r 的选择缺乏了一个通用的标准,这也是 RP 分析不适用于定量诊断的重要原因。

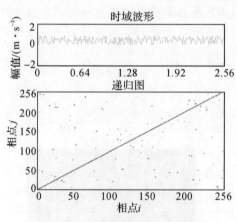

图 4.29　白噪声的 RP 分析结果
($r = 0.2 \times \mathrm{dist_{max}}$)

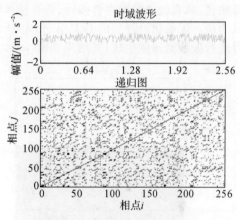

图 4.30　白噪声的 RP 分析结果
($r = 0.8 \times \mathrm{dist_{max}}$)

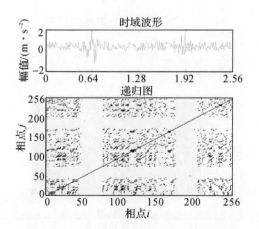

图 4.31　含噪三分量信号的 RP 分析结果
($r = 0.4 \times \mathrm{dist_{max}}$)

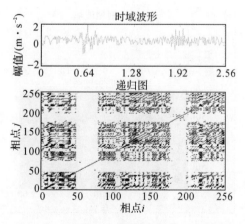

图 4.32　含噪三分量信号的 RP 分析结果
($r = 0.8 \times \mathrm{dist_{max}}$)

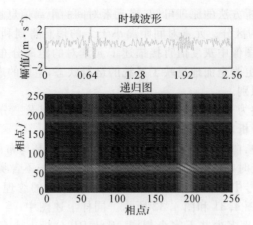

图 4.33　含噪三分量信号的 IRP 分析结果

IRP 较 RP 更充分地展现了元素对间的距离信息,更好地描述了系统的运行状态,且无需选择阈值,具有较强的噪声鲁棒性,自适应性好。从 RP 及 IRP 的相空间重构可以看出,RP 是邻域半径 r 二值化处理后的 IRP 分析,是 IRP 的一个特例。使用 IRP 对采集到的内燃机缸盖信号进行振动谱图像生成,其结果如图 4.34 所示。

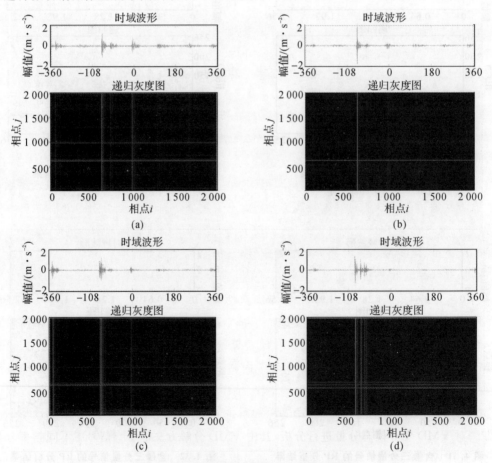

图 4.34　内燃机缸盖振动信号的 IRP 图像
(a)工况 1;(b)工况 2;(c)工况 3;(d)工况 4

图中 IRP 很好地刻画了缸盖振动信号的非平稳特征,当气门间隙处于不同状态时 IRP 分布图也呈现出了显著的区别。在曲轴转角－340°附近对应的冲击分量为排气阀关闭引起的冲击,在图 4.34(a)(c)中相点 56 的位置存在白色带状突变,工况 2 所示排气阀间隙过小,工况 4 所示排气阀漏气,因此在图 4.34(b)、(d)中相应相点 56 的位置并没有出现明显的突变白色带状结构;曲轴转角为－132°附近均存在有一明显冲击分量,对应于进气阀落座引起的冲击,由于实验过程中四种工况的进气阀均工作正常,因此对应于四幅图中相点 633 的位置均有白色带状突变结构,而不同的是由于工况 4 中气阀处于漏气状态,除了进气阀关闭所引起的冲击,相点 633 的位置右侧(上方)还有高压气体泄漏所引起的冲击;曲轴转角 0°附近对应于柴油机爆燃激励分量,对应图 4.34(a)中相点 1000 的位置有白色带状突变结构,若排气阀气门间隙过小或漏气,造成缸内混合可燃气体压力不足,无法正常燃烧,对应图 4.34(b)(d)中相点 1000 的位置并没有白色突变;气门间隙过大,气阀会迟开早关,以致排气时间缩短,影响混合气体的更新和正常燃烧,对应于图 4.34(c)中有白色突变带状结构但并不明显。说明气门间隙异常(过大、过小或漏气)对燃烧做功的影响比较大。曲轴转角为 132°和 340°附近时即对应于递归灰度图相点 1 367 和相点 1 944 位置,排气阀和进气阀先后开启,由于气阀开启时引起的冲击相比于气阀关闭或是燃烧引起的冲击要小得多,因此在递归灰度图中对于气阀开启所引起的冲击体现得不是很明显。

4.7　本　章　小　结

本章针对如何利用可视化图像有效表征内燃机非平稳振动信号的问题,分析了传统时频表征的不足,为了解决内燃机振动时频分布中时、频分辨率问题和交叉项干扰等问题,提出了多种改进的振动时频表征方法,具体工作如下:

(1)从非线性时频分析的角度,提出了基于窗函数可调改进 S 变换的内燃机振动谱图表征方法,该方法通过引入 S 变换窗函数调节参数 k 和 p 形成广义 S 变换,利用快速傅里叶变换计算了改进广义 S 变换的线性离散化表达,实现了内燃机振动非平稳信号的改进广义 S 变换"基函数"匹配表征,既提高了其时频分布的聚集性,又抑制了交叉干扰项。

(2)从非线性时频分析的角度,提出了基于互信息集成经验模态分解(CEEMD)和基于自适应变模态分解(KVMD)的内燃机振动数据伪维格纳(PWVD)时频图像生成方法。在 CEEMD-PWVD 时频图像生成方法中,提出了基于互补集总经验模态分解的内燃机振动数据模态分解方法,并将互信息(MI)理论引入模态分解过程中,去除了模态伪分量问题,通过对 CEEMD 本征模态分量的 PWVD 分析实现了内燃机非平稳振动特征的信息有效表征;提出了基于变分模态分解(VMD)的内燃机振动谱图表征方法。为了实现 VMD 信号分解过程中分量个数及惩罚函数的自适应取值,提出了两种解决方案,并分别利用 PWVD、MHD 与 Rihaczek 方法对 VMD 变分模态分量进行分析,其中 VMD 分解方法能够将信号中不同频率分量进行区分,而 PWVD、MHD 与 Rihaczek 分布通过指数核函数的引入,能够保持时频分布中良好的时域分辨率,并抑制交叉项的干扰,得到了内燃机非平稳振动信号的有效时频表征。

（3）从内燃机系统振动复杂度和稳定性角度，提出了一种递归灰度分析算法（IRP）的内燃机振动谱图像表征方法，通过对传统递归分析（RP）邻域半径进行灰度级量化处理改进，实现了内燃机振动信号相空间的精确表征，有效反映了内燃机振动的稳态运行程度。仿真和实验结果表明，上述三种方法均可有效表征内燃机的振动状态。

（4）从参数化时频分析的角度，提出了基于改进匹配追踪算法（AMP）和维格纳-威尔分布（WVD）的内燃机振动 AMP - WVD 时频表征方法。改进了传统匹配追踪算法（MP）中原子字典的生成方式，制定了新的原子搜索策略，提高了算法的计算效率，减少了运算的存储量。在此基础上，通过叠加分解中匹配原子的 WVD 分布，得到了时频聚集性较高的内燃机振动信号时频表征图像。

第5章 内燃机振动谱图视觉特征提取方法

5.1 引 言

视觉特征提取在计算机视觉信息处理领域的应用广泛,对于不同的实际应用,视觉特征的有效选择至关重要。根据分类依据的不同,图像的视觉特征有不同的分类方法。如按照特征在图像中所占的比例可将图像的视觉特征分为全局特征、局部特征和点特征三类;按照获取方式的不同可将图像的视觉特征分为光谱特征、几何特征、直方图、边缘信息和频谱信息等。随着计算机技术和各类信息数据处理技术的发展,基于图像视觉特征提取的图像分析方法得到越来越多的应用。参照目前的文献来看,此类方法已被较多地应用于人脸识别、文字识别、视频及动画处理、遥感遥测等领域,但鲜有应用于机械设备故障诊断中。在进行大量实验的基础上,本章对于基于视觉特征提取的内燃机故障诊断方法进行了许多有益的探索,以期为该领域的方法研究提供理论支撑和借鉴。

5.2 图像的预处理

在实验过程中,生成的振动谱图像数据维数一般较大,直接对原始图像进行特征提取,运算量过于庞大,往往计算效率低下,耗时较长,难以满足故障诊断实时性的要求,因此需要在保留原有振动谱图像特征的基础上对其进行预处理,减少运算量。

双线性内插值(Bilinear Interpolation)是缩放之后的图像像素坐标映射回原来坐标空间时,做2次线性的插值计算出新的坐标的像素值,示意图如图5.1所示。设已知图像上单位正方形的 A,B,C,D 四个顶点值分别为 $f(0,0),f(1,0),f(1,1),f(0,1)$,通过双线性插值的方式得到正方形内任意点 P 的值 $f(x,y)$。

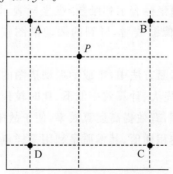

图 5.1 双线性内插值简图

(1)对上端的两个点进行线性插值：

$$f(x,0) = f(0,0) + x[f(1,0) - f(0,0)] \tag{5-1}$$

(2)对下端的两个顶点进行线性插值：

$$f(x,1) = f(0,1) + x[f(1,1) - f(0,1)] \tag{5-2}$$

(3)对垂直方向进行线性插值可得

$$f(x,y) = f(x,0) + y[f(x,1) - f(x,0)] \tag{5-3}$$

(4)综合以上三式得最终的插值公式为

$$f(x,y) = x[f(1,0) - f(0,0)] + y[f(0,1) - f(0,0)] + $$
$$xy[f(1,1) + f(0,0) - f(1,0)] + f(0,0) \tag{5-4}$$

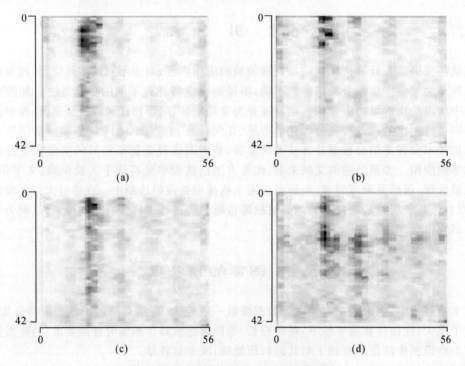

图 5.2 数据降维后的小波包振动谱图像

(a)状态 1；(b)状态 2；(c)状态 3；(d)状态 4

小波包振动谱图像经双线性内插值降维运算后维数为 42×56，大大减小了计算量，缩放后的图像如图 5.2 所示。图中横坐标表示列维数，纵坐标表示行维数，均为无量纲量，可以看出，使用双线性内插值算法对图像缩放后，得到的振动谱图较好地保留了原始图像的敏感特征，有利于进一步特征提取。

在基于图像的内燃机故障诊断方法中，生成的振动谱图的维数一般较高，如果直接对振动图像进行特征提取，运算量过于庞大、计算效率低下、耗时较长，因此需要在保留原有振动谱图特征的基础上对其进行降维处理，有效提高运算效率，便于故障信息的实时处理。

三次卷积插值又称为立方卷积插值，其本质是利用采样点的周围 16 个点的灰度值作三次内插运算，如图 5.3 所示。

由连续信号采样定理可知，若对采样值用插值函数 $\mathrm{sinc}(w) = \sin(w)/(w)$ 插值，则可以准确地恢复原函数,得到采样点间任意点的值。三次卷积插值法实质上就是利用一个三次多项式来近似理论上最佳插值函数 $S(w)$,见下式:

$$S(w)=\begin{cases} 1-2\,|\,w\,|^2+|\,w\,|^3, & |\,w\,|<1 \\ 4-8\,|\,w\,|+5\,|\,w\,|^2-|\,w\,|^3, & 1\leqslant|\,w\,|\leqslant2 \\ 0, & |\,w\,|>2 \end{cases} \qquad (5-4)$$

目标值 $f(i+u,j+v)$ 可由如下插值公式得到:

$$f(i+u,j+v)=\boldsymbol{A}\cdot\boldsymbol{B}\cdot\boldsymbol{C} \qquad (5-5)$$

其中矩阵 $\boldsymbol{A},\boldsymbol{B},\boldsymbol{C}$ 分别为

$$\boldsymbol{A}=[S(u+1)\quad S(u)\quad S(u-1)\quad S(u-2)] \qquad (5-6)$$

$$\boldsymbol{B}=\begin{bmatrix} f(i-1,j-1) & f(i-1,j) & f(i-1,j+1) & f(i-1,j+2) \\ f(i,j-1) & f(i,j) & f(i,j+1) & f(i,j+2) \\ f(i+1,j-1) & f(i+1,j) & f(i+1,j+1) & f(i+1,j+2) \\ f(i+2,j-1) & f(i+2,j) & f(i+2,j+1) & f(i+2,j+2) \end{bmatrix} \qquad (5-7)$$

$$\boldsymbol{C}=[S(v+1)\quad S(v)\quad S(v-1)\quad S(v-2)]^{\mathrm{T}} \qquad (5-8)$$

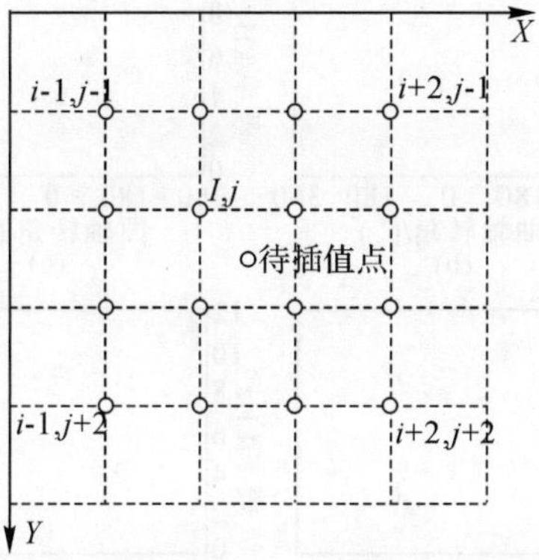

图 5.3　待插值点与 16 个邻近点排布

三次卷积插值法带有边缘增强的效果,能够较好地刻画时频图像特征体的边缘信息,所以利用三次卷积插值算法,能够对高维的振动时频图像进行有效的降维,同时具有较高的执行效率,使算法的泛化性能得到进一步增强。

为验证三次卷积插值法降维后的效果,对 5 幅原子 $MICEEMD-PWVD$ 时频图像用三次卷积插值法进行降维,将时频图像的维数从原来的 560×420 降为 56×42,降维后的原子时频图像如图 5.4 所示。从图中可以看出,降维后原子时频图像的频率分量的分布信息与原图像保持一致,较好地保留了原时频图像的特征信息。

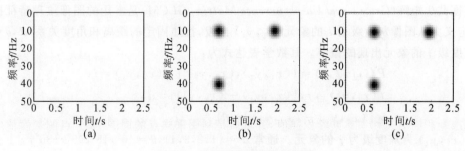

图 5.4　降维后的原子时频图像

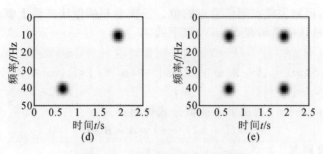

续图 5.4　降维后的原子时频图像

用三次卷积插值方法,将 8 种内燃机气门工况的 *MICEEMD-PWVD* 时频图像降到 56×42 维后的图像如图 5.5 所示,由图可以看出,56×42 维的时频图像较好地保留了原图像的特征信息。

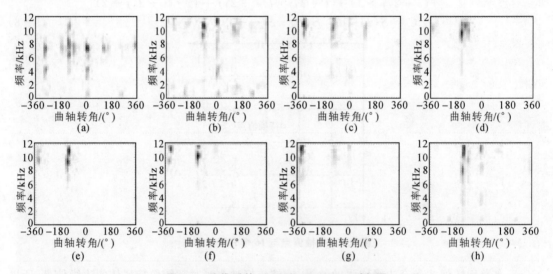

图 5.5　降维后的 MICEEMD-PWVD 时频图

(a)工况 1;(b)工况 2;(c) 工况 3;(d) 工况 4;
(e)工况 5;(f) 工况 6;(g)工况 7;(h) 工况 8

5.3　基于灰度共生矩阵分析的内燃机振动谱图特征提取

灰度共生矩阵(*Gray Level Co-occurrence Matrix*,*GLCM*)是常用的图像纹理特征提取方法,其定义为从图像灰度级为 i 的象元(x_1,y_1)出发,按照固定的距离和角度关系(d,θ),统计达到灰度级 j 的象元出现的概率。其数学表达式为:

$$P(i,j,d,\theta)=\{(x_1,y_1),(x_2,y_2) \mid f(x_1,y_1)=i,$$
$$f(x_2,y_2)=j, \mid(x_1,y_1)-(x_2,y_2)\mid=d, \qquad (5-9)$$
$$\angle[(x_1,y_1)-(x_2,y_2)]=\theta\}$$

式中,(x_2,y_2)为灰度级为 j 的象元。通常 $d=\{1,2,3,4\}$,$\theta=\{0°,45°,90°,135°\}$。

5.3.1　特征量

本书采用灰度共生矩阵的 11 个具有显著物理意义的特征参量用于纹理分析,进行特征提取:

(1)二阶角矩:又称为能量,是图像灰度分布均匀程度和纹理粗细的一个度量。当图像较细致、均匀时,二阶角矩值较大,最大时为 1,表明区域内图像灰度分布完全均匀;反之,当图像灰度分布很不均匀、表面呈现出粗糙特性时,二阶角矩值较小。其数学表达式为

$$f_1 = \sum_{i=1}^{N_g} \sum_{j=1}^{N_g} P^2(i,j,d,\theta) \tag{5-10}$$

(2)对比度:反映邻近象素的反差,是纹理定域变化的度量,可以理解为图像的清晰度、纹理的强弱。对比度值越大,表示纹理基元对比越强烈、纹理效果越明显;对比度值较小,表示纹理效果越不明显;当对比度值为 0,表明图像完全均一、无纹理,则有

$$f_2 = \sum_{n=0}^{N_g-1} n^2 \Big[\sum_{i=1}^{N_g} \sum_{j=1}^{N_g} P^2(i,j,d,\theta) \Big] \tag{5-11}$$

(3)相关度:衡量共生矩阵在行或列方向上的相似程度,是灰度线性关系的度量。不同图像的相关值之间并无太大差异,而同一幅图像自身四个方向的相关值之间却往往存在较大的差异,一般表现为在纹理方向上的相关值明显高于其它方向的相关值。因此,相关可用来指明纹理的方向性,则有

$$f_3 = \sum_{i=1}^{N_g} \sum_{j=1}^{N_g} \big[(i \times j) \times P(i,j,d,\theta) - \mu_x \times \mu_y \big] / (\sigma_x \times \sigma_y) \tag{5-12}$$

式中　μ_x, μ_y——分别为 $p_x(i), p_y(j)$ 的均值;

σ_x, σ_y——分别为 $P_x(i), P_y(j)$ 的标准差。

$$P_x(i) = \sum_{j=1}^{N_g} P(i,j,d,\theta), \quad P_y(i) = \sum_{i=1}^{N_g} P(i,j,d,\theta) \tag{5-13}$$

熵、和熵、差熵:代表图像的信息量,是图像内容随机性的量度,指示纹理的复杂程度。当图像复杂程度高时,此时熵值最大,分形值也相对较高;当图像复杂程度低时,熵值较小或为 0。

和熵:

$$f_4 = -\sum_{k=2}^{2N_g} P_{x+y}(k) \log \big[P_{x+y}(k) \big] \tag{5-14}$$

熵为

$$f_5 = -\sum_{i=1}^{N_g} \sum_{j=1}^{N_g} P^2(i,j,d,\theta) \log \big[P(i,j,d,\theta) \big] \tag{5-15}$$

差熵为

$$f_6 = -\sum_{k=0}^{N_g-1} P_{x-y}(k) \log \big[P_{x-y}(k) \big] \tag{5-16}$$

均值和:图像区域内像素点平均灰度值的度量,反映图像整体色调的明暗深浅,则有

$$f_7 = \sum_{k=2}^{2N_g} k \times P_{x+y}(k) \tag{5-17}$$

方差、方差和:反映纹理变化快慢、周期性大小的物理量。值越大,表明纹理周期越大。方差、方差和的值均随图像纹理的不同有较大的变异,可作为区分纹理的一个重要指标。方差为

$$f_8 = \sum_{i=1}^{N_g} \sum_{j=1}^{N_g} (1-u)^2 P(i,j,d,\theta) \tag{5-18}$$

式中,μ 为 $P(i,j,d,\theta)$ 的均值。

方差和为

$$f_9 = \sum_{k=2}^{2N_g} (k-f_7)^2 P_{x+y}(k) \tag{5-19}$$

差的方差:表明邻近像素对灰度值差异的方差,对比越强烈,值越大;反之,值越小。

$$f_{10} = \sum_{k=0}^{N_g-1} \left[k - \sum_{k=0}^{N_g-1} k \times P_{x-y}(k) \right] \times P_{x-y}(k) \tag{5-20}$$

逆差矩:反映纹理的规则程度。纹理杂乱无章、难于描述的,逆差矩值较小;规律较强、易于描述的,逆差矩值较大。

$$f_{11} = \sum_{i=1}^{N_g} \sum_{j=1}^{N_g} P(i,j,d,\theta) / [1+(i-j)^2] \tag{5-21}$$

由以上 11 个特征量,可以作为振动谱图像的纹理特征向量:

$$t = [f_1 \quad f_2 \quad f_3 \quad f_4 \quad f_5 \quad f_6 \quad f_7 \quad f_8 \quad f_9 \quad f_{10} \quad f_{11}] \tag{5-22}$$

5.3.2 灰度共生矩阵特征提取

对预处理后得到的小波包振动谱图像进行灰度共生矩阵的 11 个特征量提取,在灰度共生矩阵的提取中,灰度级 $j=50$,距离 $d=2$,角度 $\theta=45°$。由于篇幅有限,每种工况的特征参量展示 5 个,见表 5.1。从表中可看出,同种工况间的数据大小比较接近,不同工况间的数据差别较大,说明该方法提取的特征参量有较好的分类特性。在利用灰度共生矩阵对振动谱图像进行特征参数提取中,所消耗的时间与灰度级 j、距离 d、角度 θ 值的设定有很大关系。因此采用不同的灰度级 j、距离 d,角度 θ 对生成的振动谱图像进行特征参数的提取,灰度共生矩阵特征提取的计算效率如图 5.6 所示。

表 5.1 采用灰度共生矩阵提取的特征参量

工况	序号	f_1	f_2	f_3	f_4	f_5	f_6	f_7	f_8	f_9	f_{10}	f_{11}
工况 1	1	0.27	238.39	0.000 25	2.35	2.16	1.51	86.10	1 059.79	1 460.28	33.66	0.63
	2	0.24	244.46	0.000 19	2.42	2.25	1.56	87.17	1 045.06	1 645.70	35.74	0.61
	3	0.27	210.90	0.000 33	2.27	2.11	1.48	86.97	1 068.10	1 449.64	43.01	0.64
	4	0.28	259.34	0.000 31	2.22	2.08	1.48	84.96	1 046.86	1 467.71	41.48	0.62
	5	0.29	200.87	0.000 25	2.22	2.07	1.42	86.66	1 081.37	1 332.98	33.25	0.66
工况 2	1	0.36	312.50	0.000 22	1.70	1.65	1.15	75.60	1 000.62	900.00	55.69	0.64
	2	0.42	192.81	0.000 48	1.75	1.60	1.14	80.72	1 093.60	888.08	50.90	0.72
	3	0.44	212.75	0.000 35	1.77	1.58	1.15	78.80	1 082.91	849.71	61.33	0.72
	4	0.36	258.95	0.000 29	1.93	1.79	1.26	79.18	1 042.87	899.90	56.98	0.67
	5	0.39	222.74	0.000 45	1.91	1.70	1.24	80.85	1 079.93	988.02	45.16	0.70

工况	序号	f₁	f₂	f₃	f₄	f₅	f₆	f₇	f₈	f₉	f₁₀	f₁₁
工况3	1	0.39	312.15	0.000 25	1.63	1.56	1.10	73.31	998.62	985.99	138.41	0.66
	2	0.34	354.40	0.000 22	1.58	1.62	1.09	72.19	953.11	1 115.29	277.97	0.62
	3	0.36	336.97	0.000 19	1.59	1.62	1.08	73.22	976.95	1 068.02	240.10	0.64
	4	0.37	345.51	0.000 27	1.56	1.57	1.08	73.17	982.31	1 055.35	192.67	0.64
	5	0.35	349.54	0.000 18	1.62	1.63	1.12	73.11	971.64	1 090.63	147.45	0.63
工况4	1	0.21	436.42	0.000 81	1.73	1.89	1.09	58.83	680.27	1246.33	136.62	0.56
	2	0.22	441.77	0.000 82	1.66	1.83	1.09	52.62	581.60	1 148.70	253.44	0.57
	3	0.20	447.17	0.000 79	1.77	1.94	1.16	58.70	665.90	1 267.38	158.11	0.55
	4	0.21	429.79	0.000 79	1.79	1.94	1.16	63.13	743.54	1 315.66	148.66	0.56
	5	0.21	432.66	0.000 84	1.76	1.92	1.14	59.32	687.79	1 254.60	204.13	0.56

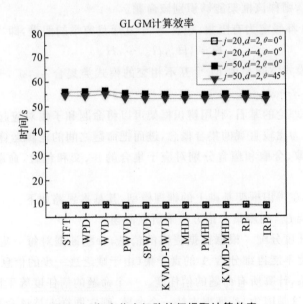

图 5.6　灰度共生矩阵持征提取计算效率

　　从图中可以看出,同样的灰度级 $j=50$,距离 $d=2$,采用角度 $\theta=0°$ 和 $\theta=45°$ 对不同类型的振动谱图像进行特征参数提取所消耗的时间大致相同;同样的灰度级 $j=20$,角度 $\theta=0°$,采用距离 $d=2$ 和 $d=4$ 对不同类型的振动谱图像进行特征参数提取所消耗的时间也大致相同。这说明距离 d 和角度 θ 不是影响灰度共生矩阵特征提取的计算效率的主要因素。从图中可以发现,同样的角度 $\theta=0$,距离 $d=2$,而采用不同的灰度级 $j=50$ 和 $j=20$ 对不同类型的振动谱图像进行特征参数提取所消耗的时间差别很大,灰度级越大,消耗的时间就越大,反之亦然。这表明,灰度级的选择是影响灰度共生矩阵特征提取计算效率的主要因素。

5.4 基于 D-S 证据理论特征融合的内燃机振动谱图特征提取

证据理论是一种有效的不确定性推理方法,比传统的概率论方法能更好地把握问题的未知性与不确定性。此外,证据理论提供了证据的合成方法,能够融合多个证据源提供的证据。因此,证据理论被成功地应用于信息融合领域。

证据理论($Evidence\ Theory$)最初由 $Dempster$ 于 1967 年提出,用多值映射得出概率的上下界,后来由 $Shafer$ 在 1976 年推广形成证据理论,因此,又称为 D-S 证据理论。类似于贝叶斯推理,D-S 证据理论用先验概率赋值函数来表示后验的证据区间,量化了命题的可信程度和似然率。

5.4.1 辨识框架

辨识框架($Frame\ of\ Discernment$)Θ 表示人们对于某一判决问题所能认识到的所有可能的结果(假设)的集合,人们所关心的任一命题都对应于 Θ 的一个子集。若一个命题对应于辨识框架的一个子集,则称该框架能够识别该命题。

本书所讨论的 Θ 都假定为有限集,包含 N 个互斥且穷举的假设,即

$$\Theta = \{H_1, H_2, \cdots, H_N\} \tag{5-23}$$

在模式识别中,模式空间是由 M 个互不相交的模式类集合 $\omega_1, \omega_2, \cdots, \omega_M$ 组成,此时,辨识框架为 $\Theta = \{\omega_1, \omega_2, \cdots, \omega_M\}$。

辨识框架是证据理论的基石,利用辨识框架可以将命题和子集对应起来,从而可以把比较抽象的逻辑概念转化为比较直观的集合概念,进而把命题之间的逻辑运算转化为集合论运算。例如,两个命题的析取、合取和蕴含分别对应于集合的并、交和包含,命题的否定对应集合的补集。

证据理论是建立在辨识框架基础上的推理模型,其基本思路如下:

(1)建立辨识框架 Θ,利用集合论方法来研究命题。

(2)建立初始信任度分配。根据证据提供的信息,分配证据对每一集合(命题)A 本身的支持程度,该支持程度不能再细分给 A 的真子集(由于缺乏进一步的信息)。

(3)根据因果关系,计算所有命题的信任度。一个命题的信任度等于证据对它的所有前提的初始信任度之和。这是因为,若证据支持一个命题,则它同样支持该命题的推论。

(4)证据合成。利用证据理论合成公式融合多个证据提供的信息,得到各命题融合后的信任度。

(5)根据融合后的信任度进行决策。一般选择信任度最大的命题。

5.4.2 基本概率赋值函数、信任函数、似真函数与共性函数

在证据理论中,用基本概率赋值函数($Basic\ Probability\ Assignment$,BPA)来表示初始信任度分配,用信任函数($Belief\ Function$)来表示每个命题的信任度。基本概率赋值函数也称为基本信任分配($Basic\ Belief\ Assignment$,BBA)函数。

对于辨识框架 Θ,问题域中任意命题 A 都应属于幂集 2^Θ,即 A 是 Θ 的子集。

定义 1　幂集 2^Θ 上的基本概率赋值函数 m 定义为 $m:2^\Theta \to [0,1]$，满足

$$m(\Phi) = 0 \tag{5-24}$$

$$\sum_{A \subseteq \Theta} m(A) = 1 \tag{5-25}$$

式中，$m(A)$ 表示证据支持命题 A 发生的程度。$m(A)$ 表示证据对 A 本身的信任度大小，不能再细分给 A 的真子集（由于缺乏进一步的信息）。条件式(5-24)表示证据对于空集 Φ（空命题）不产生任何信任度，条件式(5-25)表示所有命题的信任度值之和等于 1，即总信任度为 1。

定义 2　若 $m(A) > 0 (A \subseteq \Theta)$，则称 A 为证据的焦元(*Focus Element*)，所有焦元的集合称为核。

定义 3　幂集 2^Θ 上的信任函数 bel(*Belief Function*)与似真函数 pl(*Plausibility Function*)定义为

$$\mathrm{bel}(A) = \sum_{B \subseteq A} m(B) \quad (\forall A \subseteq \Theta) \tag{5-26}$$

$$\mathrm{pl}(A) = \sum_{B \cap A \neq \Phi} m(B) = 1 - \mathrm{bel}(\bar{A}) \quad (\forall A \subseteq \Theta) \tag{5-27}$$

式中　$\bar{A}$——A 的补集。

由式(5-42)可知

$$\mathrm{bel}(A) \leqslant \mathrm{pl}(A) \tag{5-28}$$

信任函数 $\mathrm{bel}(A)$ 表示证据完全支持 A 的程度；似真函数 $\mathrm{pl}(A)$ 表示证据不反对命题 A 的程度；区间 $[\mathrm{bel}(A), \mathrm{pl}(A)]$ 构成证据不确定区间，表示命题的不确定程度，如图 5.7 所示。

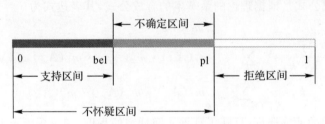

图 5.7　命题的不确定性表示

信任函数 bel 满足如下 3 个条件，即

$$\mathrm{bel}(\Phi) = 0 \tag{5-29}$$

$$\mathrm{bel}(\Theta) = 1 \tag{5-30}$$

$$\mathrm{bel}(A_1 \cup A_2 \cup \cdots \cup A_n) \geqslant \sum_{\substack{I \subseteq \{1,2,\cdots,n\} \\ I \neq \Phi}} (-1)^{|I|+1} \mathrm{bel}\left(\bigcap_{i \in I} A_i\right) \tag{5-31}$$

式中　n——任意正整数；

$A_1, A_2, \cdots, A_n$——Θ 的任意 n 个子集；

$|I|$——表示集合 I 中的元素的个数。

特别地，取 $n=2, A_2 = \bar{A}_1$，可得

$$\mathrm{bel}(A) + \mathrm{bel}(\bar{A}) \leqslant 1 \quad (\forall A \subseteq \Theta) \tag{5-32}$$

定义 4　幂集 2^Θ 上的共性函数(*Commonality Function*)定义为

$$Q(A) = \sum_{A \subseteq B} m(B) \quad (\forall A \subseteq \Theta) \tag{5-33}$$

式中，$Q(A)$ 是所有以命题 A 为前提的命题的基本概率赋值函数之和，也就是说，在证据出现后，命题 A 作为前提的支持程度。

基本概率赋值函数、信任函数、似真函数与共性函数包含的信息量是一样的，它们之间可以相互推导出来。事实上，还有如下 3 个结果成立，即

$$m(A) = \sum_{B \subseteq A} (-1)^{|A \backslash B|} \text{bel}(B) \quad (\forall A \subseteq \Theta) \tag{5-34}$$

$$\text{bel}(A) = \sum_{B \subseteq A} (-1)^{|B|} Q(B) \quad (\forall A \subseteq \Theta) \tag{5-35}$$

$$Q(A) = \sum_{B \subseteq A} (-1)^{|B|} \text{bel}(\bar{B}) \quad (\forall A \subseteq \Theta) \tag{5-36}$$

5.4.3　Dempster 合成公式

证据理论和合成公式，是证据推理的基础，使人们能合成多个证据源提供的证据。假设 $\text{bel}_1, \text{bel}_2, \cdots, \text{bel}_n$ 是辨识框架 Θ 上 n 个不同证据对应的信任函数，若这些证据相互独立，且不完全冲突，则可以利用证据理论的合成公式计算出一个新的信任函数 $\text{bel}_{\oplus} = \text{bel}_1 \oplus \text{bel}_2 \oplus \cdots \oplus \text{bel}_n$。$\text{bel}_{\oplus}$ 称为 $\text{bel}_1, \text{bel}_2, \cdots, \text{bel}_n$ 的直和，是 n 个不同证据合成产生的信任函数。一般对 n 个不同证据对应的基本概率赋值函数 $m_1, m_2, \cdots, m_n$ 进行合成，得到新的基本概率赋值函数为 $m_{\oplus} = m_1 \oplus m_2 \oplus \cdots \oplus m_n$，进而根据计算得到新的信任函数 $\text{bel}_{\oplus}$，似真函数 $\text{pl}_{\oplus}$ 和共性函数 $Q_{\oplus}$。

$Dempster$ 合成公式是证据理论的最基本的合成公式，其表达式为

$$m_{\oplus}(\Phi) = 0 \tag{5-37}$$

$$m_{\oplus}(A) = \frac{1}{1-k} \sum_{A_{i1} \cap A_{i2} \cap \cdots A_{in} = A} m_1(A_{i1}) \cdot m_2(A_{i2}) \cdots m_n(A_{in}) \quad (\forall A \subseteq \Theta) \tag{5-38}$$

$$k = \sum_{A_{i1} \cap A_{i2} \cap \cdots A_{in} = \Phi} m_1(A_{i1}) \cdot m_2(A_{i2}) \cdots m_n(A_{in}) \tag{5-39}$$

式中，k 为证据之间的冲突概率，反映了证据之间冲突的程度；归一化因子 $1/(1-k)$ 的作用就是避免在合成时将非 0 的概率赋给空集 Φ。

$Dempster$ 合成公式满足交换律和结合律，即

$$m_1 \oplus m_2 = m_2 \oplus m_1 \tag{5-40}$$

$$(m_1 \oplus m_2) \oplus m_3 = m_1 \oplus (m_2 \oplus m_3) \tag{5-41}$$

此外，由 $Dempster$ 合成公式得到的共性函数 $Q_{\oplus}$ 满足

$$Q_{\oplus}(A) = \frac{1}{1-k} \prod_{i=1}^{n} Q_i(A) \quad (\forall A \subseteq \Theta) \tag{5-42}$$

式中，Q_i 是对应于基本概率赋值函数 m_i 的共性函数，$i = 1, 2, \cdots, n$。

当 $k = 1$ 时，证据之间矛盾，$Dempster$ 合成公式无法使用。此外，若 $k \to 1$ 时，证据高度冲突，将会产生有悖常理的结果。

（1）$Dempster$ 合成公式不能有效地解决冲突证据合成，$Dempster$ 合成公式可能把 100% 的确定性赋予少数意见。

（2）$Dempster$ 合成公式不能平衡多个证据，即在多个证据合成中，由于证据冲突，可能会

失去占主导地位的多数意见。例如,绝大多数证据支持假设 H_1(支持程度接近 1),只要有一个证据彻底不支持 H_1(支持程度为 0),那么合成的结果可能彻底反对 H_1。

(3)只要有一个证据彻底不支持未知领域 Θ ,即 $m(\Theta)=0$,那么合成的结果对 Θ 的支持永远为 0。

(4)元素较多的命题得到的信任分配可能很少,与单个元素的命题相比,所占比例非常少。这是因为,当某个命题的元素越多时,各证据能够为该命题提供支持的焦元数量就可能越少,从而合成后获得的信任分配可能很少。

为了解决冲突证据合成问题,许多学者进行研究,提出了一些改进的合成公式,$Lefevre$ 和 Li 给出了这些改进公式的一般性框架。冲突证据的合成方法可分为两类,即可靠信息源的合成与不可靠信息源的合成。

5.4.4　冲突证据的合成

证据冲突产生的原因主要有:

(1)不正常的传感器测量能够引起合成中出现冲突概率。证据获取中传感器的缺陷,或者学习过程中传感器的校准偏差较大,或者辨识框架不完备(如出现新的类别)等都可能引起异常的传感器测量。

(2)不精确的信任函数模型可能引起冲突。在大多数的模型中,基本概率赋值函数是从邻域信息(依赖于距离的选择)或似然函数中导出来的。不合适的距离度量或估计不精确的似然函数使信任函数产生偏差,从而引起证据冲突。

(3)证据自身的不确定性可能引起冲突。即使所有证据的信任函数都一样,它们之间可能产生冲突。例如,J 个信息源都具有如下相同的概率赋值函数:

$m_j(H_1)=0.8,m_j(H_2)=0.15,m_j(\Theta)=0.05$,其中证据的大多数信任赋予假设 H_1。当 $J=2$ 时,冲突概率近似 25%;当 $J=10$ 时,冲突概率接近 80%。

与 $Dempster$ 一样,$Smets$ 假设所有信息源是可靠的,$Smets$ 认为,引起冲突的原因是辨识框架不完备,因此,$Smets$ 保留冲突概率 $m(\Phi)$,不做归一化处理。Φ 用来表示在原始辨识框架中没有考虑的一个或几个假设。$Smets$ 合成公式为

$$m_S(\Phi)=m_\cap(\Phi) \tag{5-43}$$

$$m_S(A)=m_\cap(A) \quad (\forall A \subseteq \Theta) \tag{5-44}$$

式中,$m_\cap(A)$ 为证据的交运算,则

$$m_\cap(A)=\sum_{A_{i1}\cap A_{i2}\cap\cdots\cap A_{in}=A} m_1(A_{i1}) \cdot m_2(A_{i2})\cdots m_n(A_{in}) \tag{5-45}$$

式中,$m_\cap(\Phi)$ 为证据之间的冲突概率。

假设辨识框架是完备的,证据冲突是由不可靠的信息源引起的。$Yager$ 把支持证据冲突的那部分概率全部赋给了未知领域 Θ 。$Yager$ 合成公式为

$$m_Y(\Phi)=0 \tag{5-46}$$

$$m_A(\Phi)=m_\cap(A) \quad (\forall A \neq \Phi,\Theta) \tag{5-47}$$

$$m_Y(\Theta)=m_\cap(\Theta)+m_\cap(\Phi) \tag{5-48}$$

$Yager$ 公式用于两个证据源时效果较好,但是,当证据源多于两个时,合成结果可能不理想。

$Dubois$ 提出了另一种合成公式。以两个信息源合成为例,假设信息源 S_1 支持命题 B 的基本概率为 $m_1(B)$,信息源支持命题 C 的基本概率为 $m_2(C)$,当 B 和 C 相交为空时,即 $B \bigcap C = \Phi$,把对应的部分冲突概率 $m_1(B) \cdot m_2(C)$ 分配给 $B \bigcap C$。$Dubois$ 合成公式为

$$m_D(\Phi) = 0 \tag{5-49}$$

$$m_D(A) = m_{\bigcap}(A) + \sum_{\substack{B \bigcup C = A \\ B \bigcap C = \Phi}} m_1(B) \cdot m_2(C) \quad (\forall A \subseteq \Theta) \tag{5-50}$$

在冲突概率的分配上,$Dubois$ 合成公式比 $Yager$ 公式具有更好的适应性和针对性。

折扣系数法($Discounting\ Coefficient$)也是一种有效的合成不可靠信息源的方法。设 m_j 为信息源 S_j 提供的基本概率赋值函数 $\alpha_j (0 \leqslant \alpha_j \leqslant 1)$ 为 S_j 的信任度程度,$(j = 1, 2, \cdots, n)$。$\alpha_j = 0$ 表示彻底怀疑信息源 S_j 的可靠性;$\alpha_j = 1$ 表示完全信任 S_j。折扣系数法首先用 α_j 对 m_j 分别做折扣处理,得到新的基本概率赋值函数 $m_{aj,j}$,再利用 $Dempster$ 合成公式合成 $m_{aj,j}$,$j = 1, 2, \cdots, n$。$m_{aj,j}$ 定义为

$$m_{aj,j}(A) = \alpha_j m_j(A) \quad (\forall A \neq \Theta) \tag{5-51}$$

$$m_{aj,j}(\Theta) = 1 - \alpha_j + \alpha_j m_j(\Theta) \quad (\forall A \neq \Theta) \tag{5-52}$$

折扣系数法的主要问题就是折扣系数难以有效确定。

$Murphy$ 认为对各证据做平均处理是解决归一化问题的最好选择,但是,平均处理不能收敛到确定性。因此,对于 n 个证据 $m_1, m_2, \cdots, m_n$ 的合成,$Murphy$ 平均法先对 n 个证据做平均处理,得到均值证据为

$$m_a = \frac{m_1 + m_2 + \cdots + m_n}{n} \tag{5-53}$$

再利用 $Dempster$ 合成公式对 m_a 做 $n-1$ 次合成,即

$$m_{\oplus} = \underbrace{m_a \oplus m_a \oplus \cdots \oplus m_a}_{n-1 \text{次}} \tag{5-54}$$

$Murphy$ 平均法中对各证据的权重相同。$Deng$ 加权平均法认为不同的证据对最终决策的影响不一样,应采用不同的权重,把平均处理改为加权平均,即

$$m_{wa} = \sum_{j=1}^{n} \alpha_j m_j \tag{5-55}$$

式中,$\alpha_j (0 \leqslant \alpha_j \leqslant 1)$ 为证据 m_j 的权重,且满足

$$\sum_{j=1}^{n} \alpha_j = 1 \tag{5-56}$$

α_j 是根据证据之间的距离来确定的。类似于 $Murphy$ 平均法,利用 $Dempster$ 合成公式对 m_{wa} 做 $n-1$ 次合成。

$Lefevre$ 给出了冲突证据合成的一般性框架,即把证据之间的冲突概率 $m_{\bigcap}(\Phi)$ 分配给各个命题。n 个证据 $m_1, m_2, \cdots, m_n$ 的合成一般性的框架为

$$m(\Phi) = 0 \text{ 或 } m(\Phi) = f(\Phi) \tag{5-57}$$

$$m(A) = m_{\bigcap}(A) + f(A) \quad (\forall A \neq \Phi) \tag{5-58}$$

式中,$f(A)$ 为证据冲突概率的分配函数,满足

$$f(A) \geqslant 0 \quad (\forall A \in 2^{\Theta}) \tag{5-59}$$

$$\sum_{A \subseteq \Theta} f(A) = m_{\bigcap}(\Phi) \tag{5-60}$$

根据证据合成的一般性框架,选择合理的证据冲突概率的分配函数 $f(A)$,可以得到不同的合成公式。$Dempster$ 合成公式、$Yager$ 合成公式、$Smets$ 合成公式、$Dubois$ 合成公式和折扣系数法都符合一般性框架。

在实际应用中,采用哪种方法来处理冲突证据的合成,$Lefevre$ 给出了以下建议:如果信息源完全可靠,在辨识框架完备的情况下用 $Dempster$ 合成公式,如果辨识框架不完备,则采用 $Smets$ 合成公式;如果信息源不可靠,则优先选用折扣系数法,其次采用其他不可靠信息源合成公式的一种。本书在使用 D-S 证据理论时,选用折扣系数法来解决 $Dempster$ 合成公式冲突证据合成问题。

5.5　内燃机振动谱图局部特征和全局特征融合与提取

基于振动谱图像局部特征和全局特征融合的内燃机故障诊断方法可分为三个主要步骤:振动谱图像特征参数提取、BP 神经网络预测和局部与全局特征融合决策诊断。其故障诊断方法的整体流程如图 5.8 所示。

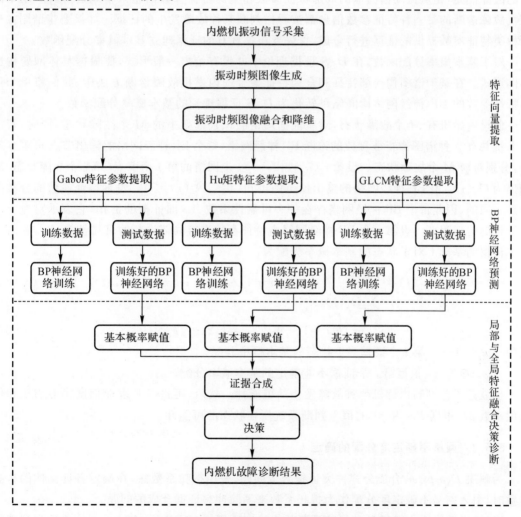

图 5.8　基于谱图像局部特征和全局特征融合诊断流程

（1）振动谱图像特征参数提取：首先对内燃机采集振动信号；其次对振动信号进行时频分析，生成振动谱图像；再次对生成的振动谱图像进行融合和降维预处理；最后对每幅谱图像分别提取 $Gabor$，Hu 矩和 $GLCM$ 三种特征参数。

（2）BP 神经网络预测：首先对 BP 神经网络进行训练，设置 BP 神经网络的参数、学习率和隐含层神经元个数等，将特征参数进行归一化处理训练 BP 神经网络；然后将测试特征参数进行归一化，输入到训练好的 BP 神经网络中进行预测。

（3）局部与全局特征融合决策诊断：首先用 BP 神经网络的预测结果计算网络不确定度分配和基本概率赋值；然后对各证据体的基本概率赋值进行证据合成；最后根据决策规则判断内燃机的故障类型，完成对内燃机的故障诊断。

5.5.1 基本概率分配函数的构造

在对内燃机进行故障诊断时，需要根据内燃机振动信号表现出的故障征兆，判断内燃机是否发生故障以及是何种故障类型，基于谱图像局部特征和全局特征融合的内燃机故障诊断方法的故障征兆，是从振动谱图像的局部特征参数和全局特征参数信息中得到的，因此，用于内燃机故障诊断的每一种特征参数信息都被看作判断某种故障发生的证据。如果要将谱图像不同种类特征参数提供的证据进行合成，首先要根据现有的证据建立基本概率分配函数。

对于基本概率分配函数，在 D-S 证据理论中并没有给出一般形式，要根据具体问题构造具体形式。在基于谱图像局部特征和全局特征融合的内燃机故障诊断方法中，我们将单个种类特征参数的 BP 神经网络诊断结果转化为 D-S 证据理论的基本概率分配函数。

假设内燃机有 M 个故障状态，对应证据理论的识别框架中的 M 个故障状态，同时，若诊断系统共有 p 种谱图像特征参数的诊断 BP 神经网络，每个 BP 神经网络的输出节点同样为 M 个，分别对应 M 个故障状态。设第 i（$i=1,2,\cdots p$）个网络的第 j 个节点（第 j 个故障状态）的输出为 $O_i(j)$，由 BP 神经网络的输出值范围可知：$0 \leqslant O_i(j) \leqslant 1$。每种特征参数的分类能力是不同的，因此每个 BP 神经网络存在一个可靠性系数 A ，即证据的折扣，它表示对专家判定结果的信任程度。设第 i 个 BP 神经网络由特征参数进行局部诊断的可靠性为 A_i ，它对应在本证据的基础上对 j 状态的基本概率分配为：

$$m_i(j) = \frac{O_i(j)}{\sum\limits_{j=1}^{M} O_i(j)} \cdot A_i \quad (i=1,2,\cdots,p \ ; j=1,2,\cdots,M) \qquad (5-61)$$

$$m_i(\Theta) = 1 - A_i \quad (i=1,2,\cdots,p) \qquad (5-62)$$

式中　$m_i(j)$—— 第 i 个证据对 j 状态的基本概率分配；

$m_i(\Theta)$—— 根据第 i 个证据不能确定的基本概率分配。

也就是不能判断内燃机哪种故障发生的可能性。然后，可进一步求取信度函数 Bel 和似真度函数 pl，根据 Bel 和 pl 的值来判断系统所在状态的可能性。

5.5.2 网络不确定度分配的确定

为解决 $Dempster$ 合成公式冲突证据合成问题，采用折扣系数法，在确定各证据体的折扣系数时，引入网络不确定度分配作为折扣系数来消除冲突证据合成的问题。

BP 神经网络对内燃机各种故障诊断的不确定度用 $m(\Theta)$ 表示，其大多是由专家给出或根据经验确定的,对于具体的诊断情况,$m(\Theta)$ 参数的适应性和针对性有时并不能反映 BP 神经网络的实际情况,本书结合内燃机故障诊断的特点,采用如下方法来求取网络的不确定度分配函数。

1. 距离和贴近度

设 BP 神经网络的输出有 M 个节点,即对应 M 种状态(正常与故障情况),$\{Y_j\}$ 为 BP 神经网络 M 种状态对应的理想输出 $Y_j = \{y_{j1}, y_{j2}, \cdots, y_{jM}\}$, $(j = 1, 2, \cdots, M)$, $\{X_i\}$ 为 BP 神经网络对已知的 M 种状态验证样本经 BP 神经网络计算的实际输出 $X_i = \{x_{i1}, x_{i2}, \cdots, x_{iM}\}$, $(i = 1, 2, \cdots, M)$, 二者存在一一对应关系。

取 $\{X_i\}$ 中一个实际输出 $X_k(k = 1, 2, \cdots, M)$。则实际输出与标准理想输出的 *Manhattan* 距离为:

$$d_{kj}(X_k, Y_j) = \sum_{l=1}^{M} |x_{kl} - y_{jl}| \tag{5-63}$$

由式(5-63)可以看出,距离表示了实际输出与理想输出的贴近程度。距离越小,则贴近程度越高;相反,距离越大,则贴近程度越低。

2. 相关性度量

根据式(5-27)中距离的意义,定义理想输出与实际输出的相关系数为:

$$C_{kj}(F_j) = (1/d_{kj}) / \sum_{j=1}^{M} 1/d_{kj} \tag{5-64}$$

3. 基本概率分配

根据相关性的定义,X_k 的基本概率分配 $m_k(F_j)$ 以及不确定描述 $m_k(\Theta)$ 可以分别由式(5-29)和式(5-30)求得,即

$$m_k(F_j) = \frac{C_{kj}(F_j)}{\sum_{j=1}^{M} C_{kj}(F_j) + R_k} \tag{5-65}$$

$$m_k(\Theta) = \frac{R_k}{\sum_{j=1}^{M} C_{kj}(F_j) + R_k} \tag{5-66}$$

式中,$R_k = 1 - a_k \cdot (1 - \beta_k)$,为诊断过程的总体不确定性,则有

$$a_k = C_{km}(F_m) - \max_{j \neq m}\{C_{kj}(F_j)\} \tag{5-67}$$

$$C_{km}(F_m) = \max_{j}\{C_{kj}(F_j)\} \tag{5-68}$$

式中,a_k 为实际输出 X_k 与理想输出集中最大相关系数与次大相关系数的相关性差值,该值反映了与 X_k 输出具有最大相关系数的理想输出在理想输出集中的突出程度。a_k 的大小在融合过程中从输出向量的相关性突出程度方面反映了诊断的可靠性。

定义:

$$\mu_k = \frac{1}{M-1} \sum_{M} C_{kj}(F_j) \tag{5-69}$$

式中,μ_k 为除 X_k 与理想输出的最大相关系数外,X_k 输出与其他理想输出的相关系数的均值,则有

$$\beta_k = \sqrt{\frac{1}{M-1}\sum_M \left[C_{kj}(F_j) - \mu_k\right]^2} \tag{5-70}$$

式中 β_k 为除去 X_k 与理想输出集中的最大相关系数外,其余相关系数的方差。β_k 反映了在决策过程中,除去具有最大相关系数的理想输出外,X_k 与其余理想输出相关系数的密集程度,β_k 的大小反映了决策结论的可靠性。μ_k、β_i 值越小,说明分类效果越好,可靠性越高。

按上面的步骤,依次求出 M 种状态实际输出的不确定分配,$m_k(\Theta)$ 表示了网络对第 k 种状态验证样本输出的不确定描述。有 M 种输出的网络的总体不确定度分配为

$$m(\Theta) = \frac{1}{M}\sum_{k=1}^{M} m_k(\Theta) \tag{5-71}$$

式中,$m(\Theta)$ 即为对网络诊断输出的总的不确定度分配。实际应用中,我们可以多取几组验证样本的输出,对各自的不确定度求平均来作为网络对此种状态的输出不确定度分配。

5.5.3　基于证据理论的决策

设 Θ 为识别框架,设 $\exists A_1, A_2 \subset \Theta$,满足

$$m(A_1) = \max(m(A_i), A_i \subset \Theta)$$
$$m(A_2) = \max[m(A_i), A_i \subset \Theta] \text{ 且 } A_i \neq A_1$$

若有
$$\begin{cases} m(A_1) - m(A_2) > \varepsilon_1 \\ m(\Theta) < \varepsilon_2 \\ m(A_1) > m(\Theta) \end{cases}$$

则 A_1 即为判决结果,其中 ε_1 和 ε_2 为预先设定的门限。

为验证基于谱图像局部特征和全局特征融合的内燃机故障诊断方法的有效性,对内燃机气门间隙故障进行诊断。采集 8 种工况的内燃机缸盖振动信号,每种工况 300 个,共 2 400 个振动信号。分别用 MICEEMD-PWVD 方法和 KVMD-PWVD 方法对振动信号进行分析生成灰度谱图像,用基于阈值的像素平均融合方法将每种工况相邻的 5 幅谱图像进行融合,融合后每种工况 60 幅,共 480 幅谱图像,随机抽取每种工况 30 幅谱图像作为训练集,其余 30 幅谱图像为测试集,然后用三次卷积插值法将谱图像降维到 56×42。

分别用 Gabor、Hu 矩和 GLCM 3 种方法提取内燃机振动谱图像的特征参数,其特征参数见表 5.2～表 5.4,用训练集的 3 种特征参数构造 3 个 BP 神经网络。用已知的测试样本对各特征参数 BP 神经网络性能进行测试,计算各 BP 神经网络的总体不确定度分配,得到三个 BP 神经网络的总体不确定度分配为:$m_1(\Theta)=0.117$,$m_2(\Theta)=0.128$,$m_3(\Theta)=0.178$,各 BP 神经网络的可靠性参数为:$A_1=0.883$,$A_2=0.872$,$A_3=0.822$。

表 5.2　不同工况谱图像的 Gabor 特征参数

	Gabor 特征参数					
	I	II	III	IV	V	VI
工况 1	1 493.63	302.47	367.39	312.63	12.48	47.56
工况 2	239.65	1 150.82	492.47	520.18	181.08	196.93
工况 3	405.22	1 192.41	487.28	228.74	71.48	224.88
工况 4	664.32	1 062.22	726.10	563.16	255.24	159.77
工况 5	157.77	496.39	125.30	139.39	11.96	215.18

续　表

	Gabor 特征参数					
	I	II	III	IV	V	VI
工况 6	455.65	62.0	1 284.78	223.49	2.42	250.07
工况 7	34.38	36.37	219.57	6.96	69.50	287.58
工况 8	585.76	1 192.18	667.23	70.17	410.21	199.28

表 5.3　不同工况谱图像的 Hu 矩特征参数

	Hu 矩特征参数						
	I	II	III	IV	V	VI	VII
工况 1	7.28	17.10	34.53	33.09	68.81	42.27	66.91
工况 2	7.34	17.11	34.64	33.33	68.83	42.41	67.34
工况 3	7.12	17.10	33.31	34.12	70.43	44.06	67.85
工况 4	7.31	17.10	32.85	33.73	68.92	44.09	67.04
工况 5	7.21	17.11	33.12	34.25	69.79	43.69	67.96
工况 6	7.35	17.11	33.28	34.21	70.41	43.80	67.96
工况 7	7.67	17.11	33.76	33.73	69.56	43.36	67.49
工况 8	7.29	17.10	33.16	33.31	71.23	42.87	66.55

表 5.4　不同工况谱图像的 GLCM 特征参数

工况	GLCM 特征参数										
	I	II	III	IV	V	VI	VII	VIII	IX	X	XI
1	0.79	0.52	0.59	251.95	0.93	0.57	34.49	11.16	0.70	0.19	0.47
2	0.83	0.43	0.77	252.59	0.94	0.47	33.97	7.40	0.58	0.15	0.39
3	0.87	0.33	1.16	253.12	0.95	0.37	33.43	4.48	0.47	0.12	0.31
4	0.87	0.46	0.86	252.82	0.95	0.38	33.36	4.87	0.48	0.13	0.43
5	0.85	0.31	1.18	252.92	0.95	0.41	33.68	5.55	0.51	0.13	0.29
6	0.86	0.29	1.24	253.07	0.95	0.39	33.58	4.92	0.48	0.12	0.27
7	0.85	0.34	1.07	252.92	0.95	0.41	33.63	5.45	0.50	0.13	0.33
8	0.84	0.33	1.26	252.62	0.94	0.45	33.73	6.04	0.55	0.13	0.31

　　以内燃机进气门间隙过小、排气门间隙过大工况为例，说明证据合成的计算方法与流程。把该工况下测取的样本作为 BP 神经网络的输入信号，各网络的诊断输出结果见表 5.5～表 5.7。

表 5.5　Gabor 特征参数证据体 1 与其网络输出

证据体 E_1	I	II	III	IV	V	VI	VI	
	34.45	35.41	220.14	6.85	70.01	286.54		
网络输出	1	2	3	4	5	6	7	8
	0.0628	0.0107	0.1053	0.0059	0.0207	0.0219	0.7405	0.0322

表 5.6　Hu 矩特征参数证据体 2 与其网络输出

证据体 E_2	I	II	III	IV	V	VI	VI	VII
	7.68	17.11	33.75	33.72	69.54	43.38		67.49
网络输出	1	2	3	4	5	6	7	8
	0.143 2	0.016 7	0.106 9	0.00 29	0.019 1	0.014 2	0.690 1	0.006 8

表 5.7　GLCM 特征参数证据体 3 与其网络输出

证据体 E_3	I	II	III	IV	V	VI	VI	VII	VIII	IX	X	XI
	0.85	0.34	1.05	252.91	0.95	0.41	33.65	5.47	0.50	0.13	0.32	
网络输出	1		2		3		4		5		6	
	0.090 1		0.020 0		0.071 7		0.001 7		0.004 3		0.087 30	

（表 5.7 网络输出续）

	7	8
	0.680 5	0.044 3

在前面计算出的 BP 网络的总体不确定度 $m_1(\Theta)=0.117$，$m_2(\Theta)=0.128$，$m_3(\Theta)=0.178$ 基础上，可得基本概率赋值，见表 5.8。

表 5.8　各证据体基本概率赋值

证据体	各种气门状态下的基本可信度分配								$m_i(\Theta)$
	1	2	3	4	5	6	7	8	
E_1	0.055 5	0.009 4	0.092 9	0.005 2	0.018 3	0.019 3	0.653 9	0.028 4	0.117 0
E_2	0.124 9	0.014 6	0.093 2	0.002 5	0.016 7	0.012 4	0.601 8	0.005 9	0.128 0
E_3	0.074 1	0.016 4	0.058 9	0.001 4	0.003 5	0.071 8	0.559 4	0.036 4	0.178 0

根据内燃机故障诊断实际情况，设定门限 $\varepsilon_1=0.4$，$\varepsilon_2=0.1$。证据合成诊断对比结果见表 5.9，通过 D-S 证据理论组合证据体，E_1 和 E_2 融合后工况 7 的可信度从 0.601 8 提高至 0.868 2，E_1 和 E_3 融合后工况 7 的可信度从 0.559 4 提高至 0.852 4，E_2 和 E_3 融合后工况 7 的可信度从 0.559 4 提高至 0.824 1，E_1、E_2 和 E_3 融合后工况 7 的可信度从 0.559 4 提高至 0.954 2。通过上述分析可知，D-S 证据理论能够发挥不同特征参数证据体的优势，从而提高了融合后的可信度，确保了内燃机故障诊断结果的准确性和可靠性。

表 5.9　证据合成诊断对比

证据体	证据体合成结果							
	1	2	3	4	5	6	7	8
	$m_i(\Theta)$							
E_1 & E_2	0.045 4	0.004 8	0.049 9	0.001 5	0.007 3	0.006 6	0.868 2	0.007 1
				0.009 1				
E_1 & E_3	0.035 3	0.005 8	0.045 0	0.001 7	0.005 8	0.020 6	0.852 4	0.016 1
				0.017 3				
E_2 & E_3	0.065 5	0.007 9	0.047 4	0.001 0	0.005 6	0.019 6	0.824 1	0.009 5
				0.019 5				
E_1 & E_2 & E_3	0.017 9	0.001 7	0.016 7	0.000 3	0.001 5	0.004 4	0.954 2	0.002 6
				0.000 9				

5.6　基于局部二值模式分析的内燃机振动谱图特征提取

为了有效利用内燃机振动谱图像中时频分量空间位置特征信息,实现无先验知识条件下的内燃机故障自动识别,采用纹理分析的方法对内燃机振动谱图像进行特征提取。由第二章分析可知,目前所常用的纹理分析方法中,灰度共生矩阵方法存在特征量选取不标准的问题,马尔可夫模型方法存在模型求解困难的问题,而局部二值模式方法计算复杂度小、自适应性强,被越来越多地应用于图像的纹理分析。

5.6.1　标准的 LBP 算子

局部二值模式(Local Binary Pattern,LBP)是一种局部纹理特征提取方法,它根据图像采样区域中的中心像素与邻域像素间灰度值差异进行二进制编码。LBP 算法能反映图像的像素灰度值变化和像素点空间相对位置分布特性,被广泛应用于人脸检测、图像纹理特征分析、大数据图像搜索等领域。

标准的 LBP 算子定义在 3×3 的矩形邻域上,对于任意图像,首先将彩色图像转化为灰度值为 $0\sim255$ 的灰度图像,以 3×3 的矩形区域像素点作为采样点,f_0 为采样窗口中心像素点的灰度值,$f_1,f_2,\cdots,f_8$ 为其周围 8 个像素点的灰度值。规定当 $f_i \geqslant f_0$ 时,对应位置编码为 1,当 $f_i < f_0$ 时,对应位置编码为 0。对区域内全部像素点编码后,将中心像素点周围 8 个像素点的编码值按照顺时针方向组成一个二进制数,进一步得到中心像素点的 LBP 编码。将 LBP 编码作为反映该窗口区域纹理信息的特征,整个提取过程如图 5.9 所示。

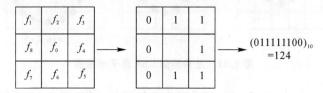

图 5.9　LBP 算子编码过程示意图

标准 LBP 算子的编码公式可描述如下:

$$\text{LBP}(C) = \sum_{i=1}^{8} S(f_i,f_0) \cdot 2^{i-1} \tag{5-72}$$

$$S(f_i,f_0) = \begin{cases} 1, & f_i - f_0 \geqslant 0 \\ 0, & f_i - f_0 < 0 \end{cases} \tag{5-73}$$

由标准 LBP 的编码规则可知,一个 LBP 算子最多可以有 $2^8 = 256$ 种不同的二进制编码,对图像所有像素点进行 LBP 编码后,得到相应的 LBP 图谱,通过统计 LBP 图谱中具有不同编码值的像素点数,用统计直方图的形式将原始图像的特征信息表示出来。图 5.10 表示了 Lena 图像的 LBP 图谱及相应的统计直方图。

从图 5.10 中可以看到,LBP 图谱由原来的 Lena 图像经 LBP 算子重新编码后得到,原图像中的纹理特征被凸显了出来,利用统计直方图方法提取出 LBP 图谱中的灰度值统计信息,原图片转化为 $0\sim255$ 的统计值信息,所以可将该统计值作为与原图像对应的特征参数,应用

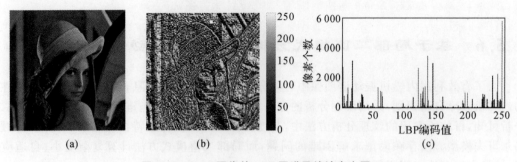

(a)　　　　　　　　(b)　　　　　　　　(c)

图 5.10　Lena 图像的 LBP 图谱及统计直方图

(a)Lena 图像；(b)LBP 图谱；(c)统计直方图

于图像类别的模式识别。

1. 圆域 LBP 算子

标准 LBP 算子只考虑了对 3×3 区域的像素点进行采样和编码，所以在描述不同尺寸的纹理信息时有其局限性。为突破这一限制，采集到更多不同尺寸的纹理信息，Ojala 等又将采样区域扩展到任意区域的圆形上，用 R 表示圆域的半径，用 P 表示域内点数，图 5.11 给出了 3 种具有不同点数与半径的圆域 LBP 算子示意图。

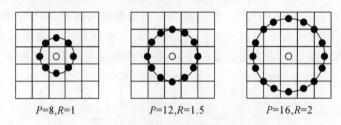

$P=8,R=1$　　　　　　$P=12,R=1.5$　　　　　　$P=16,R=2$

图 5.11　三种圆域 LBP 算子示意图

当 $[R,P]=[1,8]$ 时，圆域 LBP 算子退化为标准的 LBP 算子，在其他区域内计算时，如果采样处的点没有完全落在像素位置上，则采用双线性插值计算出此点对应的灰度值。采样点数的增大可以使 LBP 算子采集到更多的纹理信息，但是相应的计算复杂度也会增大。此外，如果采样点数不变，只增大圆域半径，往往会遗漏部分纹理信息，所以在实际应用中应当对圆域半径 R 和域内点数 P 两个参数进行合理的选取。

圆域 LBP 算子允许半径为 R 的区域上存在 P 个采样点，其编码公式可描述如下：

$$\text{LBP}(C) = \sum_{i=1}^{8} S(f_i, f_0) \cdot 2^{i-1} \tag{5-74}$$

$$S(f_i, f_0) = \begin{cases} 1, & f_i - f_0 \geqslant 0 \\ 0, & f_i - f_0 < 0 \end{cases} \tag{5-75}$$

利用圆域 LBP 算子对图像编码时，P 个采样点最多可以产生 2^P 种不同的二进制编码。当 $P=16$ 时，统计直方图中的 LBP 编码值高达 65 536 种，如此高维度的特征参数显然是不符合特征提取对于"降维"的要求的，所以在应用时将不同采样点对应的编码幅值归一化到 255，统一用 0～255 的二进制编码对应所有的圆域 LBP 编码。图 5.12 显示了 $[R,P]=[2,16]$ 及

$[R,P]=[4,32]$ 时对应 Lena 图像的圆域 LBP 统计直方图。

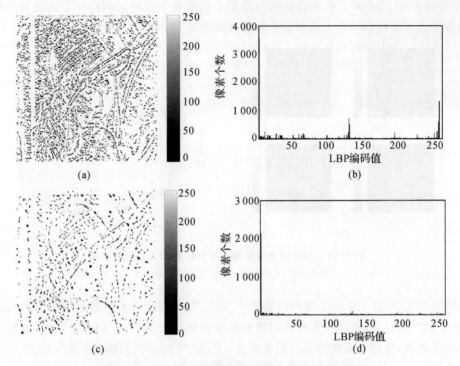

图 5.12　Lena 图像的圆域 LBP 图谱及统计直方图

(a)圆域 LBP 图谱($[R,P]=[2,16]$);(b)统计直方图($[R,P]=[2,16]$);

(c)圆域 LBP 图谱($[R,P]=[4,32]$);(d)统计直方图($[R,P]=[4,32]$)

由图 5.12 可以看到,对应于不同的采用域半径与采样点数,所得到的 LBP 图谱中纹理信息的精细程度是不一样的。以 Lena 图像为例,采样半径为 8 时 LBP 图谱的纹理特征明显较采样半径为 32 时 LBP 图谱中明显,相应地,随着采样半径的增大,LBP 图谱的灰度统计值稀疏性也越来越大。特征参数的稀疏性越好,理论上模式识别效果应该越好,但是特征参数过于稀疏反而会使模式识别过程变得困难。将图 5.12(b)与(c)相比较,前者的确使灰度值介于 $100\sim150$ 之间的特征更加明显,而图 5.12(d)中灰度值介于 $100\sim150$ 之间的特征反而被弱化。对于不同的图像,如何选择采样点数和采样半径更有利于模式识别目前还没有达到共识,需要根据不同的应用对象自主选择。

2.旋转不变 LBP 算子

LBP 算子描述的是一个区域间像素灰度值的相对关系,在一定范围内具有灰度平移不变性。但是如果图像发生旋转,采样区域像素点的相对顺序会发生改变,编码时的二进制数值顺序就会发生改变,相应得到的中心像素点 LBP 编码也会改变。为了消除图像旋转造成的影响,使 LBP 算子保持旋转不变性,Maenpaa 等对 LBP 算子进行了改良,并提出了旋转不变 LBP 算子,将每个采样区域中的众多编码中二进制值最小的模式做为该区域中心像素的 LBP 编码。

图 5.13 显示了 $[R,P]=[2,16]$ 时将 Lena 图像分别向右旋转 90°、180°、270°后得到的旋转不变 LBP 图谱及相应的统计直方图。从图中可以看到,同一幅图像进行旋转,所得到的

LBP 图谱也进行相应的旋转,但是不同角度的图像所得到的统计直方图是一样的。进一步分析,由于旋转不变 LBP 算子在编码规则中限定了只取每个采样区间内中心点的最小编码值,得到的统计直方图特征参数大都聚集于较低灰度值处。

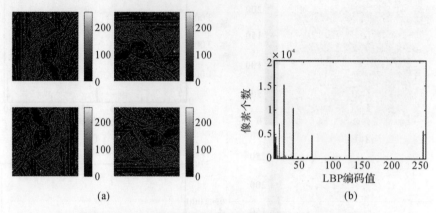

(a)   (b)

图 5.13　Lena 图像的旋转不变 LBP 图谱及统计直方图

(a)4 个方向 Lena 图像的 LBP 图谱;(b)统计直方图

　　旋转不变 LBP 算子保证了编码的旋转不变性,但是对于内燃机振动谱图像而言,图像中的横、纵坐标严格对应,不同位置处的时频分量分别具有不同的物理意义,这种"旋转不变性"则显得意义不大,而且会忽略掉部分特征信息。图 5.14 所示的两幅谱图像中的原子仿真信号具有的不同时频分量,旋转不变模式 LBP 算子就难以将其区分。所以用旋转不变 LBP 算子提取内燃机振动谱图像的故障特征,往往得不到较好的模式识别效果。

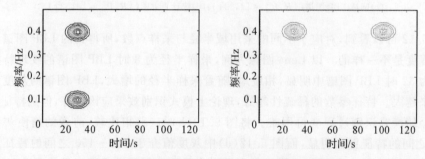

图 5.14　具有不同时频分量的原子仿真信号谱图像

3. "uniform"模式 LBP 算子

　　虽然旋转不变 LBP 算子具备良好的旋转不变性,但是在实际应用中却发现这种旋转不变的编码方法反而降低了它的分类能力。针对这一问题,Ojala 等又提出一种对二进制编码值进行优选的"uniform"LBP 算子,当 LBP 算子产生的二进制模式从 0 与 1 之间跳变的总次数不超过两次时,定义这种模式为"uniform"模式。拥有 P 个采样点的"uniform"模式 LBP 算子最多可以得到 $2^{P-1}+3$ 种编码值,当 $P=8$ 时,编码值由原来的 256 种降到 59 种。图 5.15 显示 $[R,P]=[1,8]$ 时 Lena 图像的"uniform"模式 LBP 图谱及相应的统计直方图。

　　从图 5.15(b)可以看到,经"uniform"模式 LBP 算子编码后,仅用 59 个灰度统计值就可以将图像特征描述出来,相较于以上的几种 LBP 算子,特征参数的维度得到了约简,这一点是有利于故障模式的识别的。但是"uniform"模式 LBP 算子对 LBP 编码信息进行了筛选,由图 5.15(a)也可以看到,Lena 图像对应的"uniform"模式 LBP 图谱中纹理的精细程度相对较低,所以该方法在降低特征参数维数的同时却是以牺牲部分图像差异化信息为代价的,这一点却又不利于内燃机故障模式的识别。

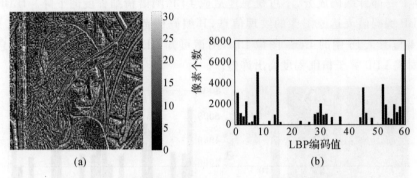

图 5.15　Lena 图像的"uniform"模式 LBP 图谱及统计直方图

(a)Lena 图像 LBP 图谱;(b)统计直方图

5.6.2　改进编码规则的 LBP 算子

在传统 LBP 算子编码过程中,图像局部区域的中心像素与邻域像素之间的灰度差异以编码的形式体现出来,但是编码时中心像素点被置零,虽然局部的结构信息被表征出来,但是图像整体像素的空间关系被忽略。

针对传统 LBP 方法存在的问题,为了放大采样区域中心像素点在编码中所占的比重,突出该采样区域与图像整体间的关系,本书提出了改进编码规则的 LBP(Improved LBP,ILBP)算法,将邻域像素按照对角位置相互比较,而中心像素与全部像素点的均值进行比较,从而能够兼顾到图像中的全局纹理信息和局部纹理信息,得到更好的特征提取效果。由于 ILBP 算子降低了采样区域对于采样点的比较次数,所以也降低了计算复杂度,提高了 LBP 编码稀疏度。将 ILBP 算子的编码规则定义如下:

$$\text{ILBP}_{P,R}(C) = \sum_{i=1}^{P/2} S(f_i, f_{i+P/2}) \cdot 2^{i-1} + 2^{P/2+1} s(f_0 - f_a) \tag{5-76}$$

$$f_a = \frac{1}{P} \sum_{i=1}^{P} f_i \tag{5-77}$$

$$S(a,b) = \begin{cases} 1, & a-b \geqslant 0 \\ 0, & a-b < 0 \end{cases} \tag{5-78}$$

由 ILBP 的编码规则可知,P 个采样点的 ILBP 算子最多可以得到 $2^{P/2+1}$ 种编码值。对于 8 个采样点的区域,最多只产生 32 种编码值,比"uniform"模式的 LBP 算子特征系数维度更低,而且不需要舍弃任何图片编码信息。对于采样点数多于 8 的编码,按照 0~31 的区间进行归一化处理,保证不同采样点数的 ILBP 算子得到的统计编码值维度相等。图 5.16 显示了 $[R,P]=[1,8]$ 时 Lena 图像的 ILBP 图谱及相应的统计直方图。比较图 5.10 与图 5.12 可知,对于 Lena 图像而言,选择 LBP 算子参数 $[R,P]=[1,8]$ 时对纹理信息刻画得较好,采样点数随采样区域半径成比例增大时,LBP 算子对 Lena 图像纹理信息的表达越来越稀疏,当

$[R,P]=[4,32]$时得到的 LBP 图谱中许多纹理信息都明显被遗漏。比较图 5.13 与图 5.14，旋转不变 LBP 算子得到的编码在 0~59 之间相对集中,这些编码代表了图像绝大多数的纹理统计信息,而在此区域外的 LBP 编码值较为稀疏,认为其是不利于图像分类识别的部分。所以"uniform"模式将 LBP 编码值进行了优选,得到的 LBP 编码保留了 0~59 之间的成分,但是由于舍弃了一部分编码成分,不可避免地造成 LBP 图谱精细程度的下降。ILBP 算子仅用 0~31 的 LBP 编码值表达原图像的纹理信息,其编码值范围小于"uniform"模式 LBP 算子。比较图 5.14 与图 5.16 中的 Lena 图像 LBP 图谱可知,ILBP 算子对图像纹理信息的刻画比"uniform"模式 LBP 算子精细程度高出许多。

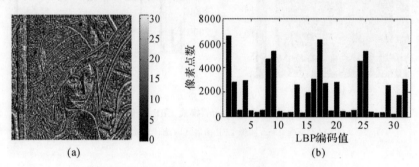

图 5.16 Lena 图像的 ILBP 图谱及统计直方图

(a)Lena 图像 ILBP 图谱;(b)统计直方图

本书在应用中发现具有不同分布特性的谱图像往往也会表现出较强的纹理特性,所以用 LBP 算子提取内燃机振动谱图像的纹理信息作为故障特征参数也是有效的。以内燃机匹配追踪时频分布图像为例,图 5.17 显示了分别用标准 LBP 算子、圆域 LBP 算子($[R,P]=[2,16]$),旋转不变 LBP 算子($[R,P]=[2,16]$),"uniform"模式 LBP 算子($[R,P]=[2,16]$)和 ILBP 算子($[R,P]=[2,16]$)对内燃机气门间隙正常工况匹配追踪谱图像重新编码后得到的 LBP 图谱。谱图像的维度为 420×560,处理后的 LBP 图谱的维度同样为 420×560。由于谱图像中的背景像素点占据了相当大的比例,在绘制统计直方图时,为了弱化背景像素点的作用,突出时频分量位置上的像素点,将背景像素点置零(LBP 图谱中编码最高值对应像素个数置零)。

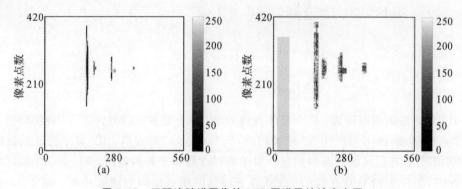

图 5.17 匹配追踪谱图像的 LBP 图谱及统计直方图

(a)谱图像原图;(b)标准 LBP;

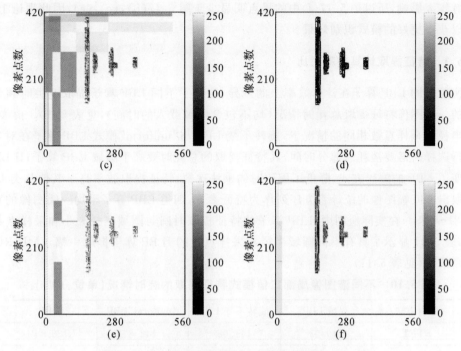

续图 5.17　匹配追踪谱图像的 LBP 图谱及统计直方图

(c)圆域 LBP；(d)旋转不变 LBP；(e)"uniform"模式 LBP；(f)ILBP

　　图 5.17(b)、(c)、(e)(f)中均存在不同程度的"马赛克形"噪点，图 5.17(c)中最为严重，而图 5.17(f)中最轻。经分析其主要是由于 LBP 算子编码采样区域中的"异常像素点"对编码的影响。以图 5.18 中的采样区域为例，原图像中为时频分量存在、表现为全白色的位置正常情况下

所有采样点对应灰度级为 255，但是若其中存在灰度级为 254 的点，该点的存在对时频分布来讲无任何意义，并且人眼无法分辨，称这样的点为"异常像素点"。在标准 LBP 算子编码时，采样区域中所有像素点的灰度级为 255 时编码值对应也为 255，而灰度级为 254 的像素点使编码变为 127，使用 LBP 算子对图像进行编码时，周围的 P 个像素点的编码值都受影响，故产生了大范围的"马赛克形"噪点；旋

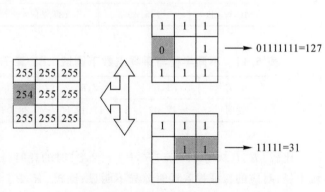

图 5.18　"异常像素点"存在时的 LBP、ILBP 编码对比

转不变 LBP 算子由于在编码过程中会对采样点二进制编码顺序进行调制，所以"异常像素点"对旋转不变 LBP 编码值的影响最小，但是由图 5.17(d)可以看出其编码值在 0～255 的范围内，但是绝大多数编码值落在了 0～100 之间，这样提取出来的特征系数存在着较多的冗余信息，并不利于对于类别模式的识别；而以 ILBP 算子进行编码时，采样区域中所有像素点的灰度级为 255 时编码值对应为 31，仅当灰度级为 254 的像素点位于图 5.18 中灰色区域时会对

编码值有较大影响,所以图 5.17(f)中的噪点明显少于图 5.17(b)、(c)、(e),因此理论上 ILBP 算法可以获得更好的模式识别效果。

5.6.3 特征提取计算效率对比

为比较不同 LBP 算子在计算效率上的差异,统计了不同 LBP 算子提取 8 类时频分析方法对应的一幅图像特征提取总耗时情况(均不包含图像载入的时间),见表 5.10。由表可见,在圆域半径与采样点数相同的情况下,旋转不变 LBP 与"uniform"模式 LBP 算子在对二进制编码进行选择时需要消耗一部分时间,其特征提取的总耗时要高于圆域 LBP 算子;ILBP 算子由于改变了 LBP 的编码方式,降低了编码时的乘法次数,特征提取效率高于其他几类 LBP 算子。提取出 480 幅图像的统计直方序列作为特征参数,四类 LBP 算子平均一幅图像的特征提取需要 21~37s。在实际应用中,LBP 算子的特征提取时间与圆域半径大小和采样点数的多少相关,表 5.11 显示了具有不同圆域半径与采样点数的 ILBP 算子提取一幅 VMD-RD 谱图像的耗时情况(见表 5.11)。

表 5.10 不同谱图像局部二值模式特征提取的耗时情况(单位:10^2s)

分析方法	圆域 LBP	旋转不变 LBP	"uniform"LBP	ILBP
STFT	140.03	141.68	142.8	130.44
小波包	113.93	115.79	117.41	102.24
WVD	132.43	148.13	141.88	125.27
PWVD	146.87	176.87	141.37	147.42
SPWVD	140.79	177.72	139.57	108.89
Rihaczek	137.34	175.92	141.31	101.48
VMD-RD	132.26	138.28	140.36	130.35
AMP-WVD	115.49	137.21	126.19	108.22

表 5.11 不同半径与采样点数下圆域 LBP 算子特征提取的耗时情况(单位:s)

$[R,P]$	$[1,8]$	$[2,8]$	$[2,16]$	$[3,24]$	$[3,32]$
耗时	17.03	17.12	28.06	40.95	52.84

比较 $[R,P]=[1,8]$ 与 $[R,P]=[2,8]$ 时的耗时,LBP 算子的采样点数不变,只改变了圆域半径,对应的特征提取耗时差异不明显;比较 $[R,P]=[2,16]$ 与 $[R,P]=[2,8]$ 以及 $[R,P]=[3,32]$ 与 $[R,P]=[3,24]$ 时的耗时情况,发现对 LBP 算子特征提取耗时影响较大的是采样点数的多少。在 LBP 算子的实际应用时,应当根据应用对象选择合适的圆域半径和采样点数,才能兼顾到特征提取的效果和计算效率。

5.7 本 章 小 结

本章针对如何利用内燃机振动谱图像中视觉特征信息的问题,提出了多种内燃机振动谱图像故障特征提取方法。

（1）分析了基于灰度分析方法的内燃机振动谱图像视觉特征提取，并指出 GLCM 运算速度与算法中涉及的参数选取限制了其在内燃机故障诊断中的应用，并且灰度级的选择是影响灰度共生矩阵特征提取计算效率的主要因素。

（2）针对单一视觉特征参数提取方法的诊断正确率较低的问题，为提高图像视觉特征识别诊断的正确率和鲁棒性，提出了基于局部特征和全局特征融合的内燃机故障诊断方法，分别应用 Gabor 特征、GLCM 和 Hu 矩对振动谱图像进行特征提取，然后用 BP 神经网络与 D-S 证据理论相结合对振动谱图像的局部和全局特征参数进行融合诊断。基于局部特征和全局特征融合的内燃机故障诊断方法综合利用了振动谱图像的局部和全局特征信息，对单特征参数的诊断结果进行融合，提高了内燃机故障诊断的准确性和可靠性。

（3）结合内燃机振动谱图像的特点，将局部二值模式（LBP）引入内燃机故障诊断领域，分析了圆域 LBP 算子、旋转不变 LBP 算子、"uniform"模式 LBP 算子在内燃机气门间隙故障诊断中的适用性；针对传统 LBP 编码易受"奇异像素点"干扰、图像相对空间位置信息不突出的问题，改进了 LBP 算子的编码规则，降低了计算复杂度，提高了 LBP 编码稀疏度。

第6章 内燃机振动谱图代数特征提取方法

6.1 引 言

第5章对内燃机振动谱图像的视觉特征分析方法进行了研究,提出了基于灰度共生矩阵分析的内燃机振动谱图特征提取、基于 D - S 证据理论特征融合的内燃机振动谱图特征提取以及基于局部二值模式分析的内燃机振动谱图特征提取方法,在谱图像识别诊断实验中达到了较高的特征提取效果。但是分析以上算法计算效率时发现,对于故障诊断的实时性要求来讲,以上算法耗时仍然较长。针对内燃机振动谱图像识别诊断计算效率与准确度无法兼顾的问题,本章对内燃机振动谱图像的代数特征提取方法进行了研究,并提出了一系列基于代数特征提取算法的内燃机振动谱图像识别诊断方法。

6.2 基于主成分分析的内燃机振动谱图代数特征提取

主成分分析法(Principal Component Analysis,PCA)最早被 M. Turk 和 A. Pentland 用于人脸识别。由于其在图像数据压缩和特征提取的有效性,现已被广泛应用于人脸识别领域。

6.2.1 PCA 特征提取

PCA 是通过线性组合的方法,根据样本点在数据空间的分布,将多维空间中样本点变化的最大方向(方差最大的方向)作为判断向量,实现降维和特征提取。

假定 x 为环境中的 m 维随机向量,且 x 的均值为零,即 $E(x)=0$。w 为 m 维的单位向量,x 在 w 上的投影为 y,将此投影定义为 x 和 w 的内积:

$$y=[w,x]=\sum_{i=1}^{n}w_i x_i=w^{\mathrm{T}}x \tag{6-1}$$

式(6-1)满足约束条件:

$$\|w\|=\sqrt{ww^{\mathrm{T}}}=1 \tag{6-2}$$

主成分分析方法是要找到一个权值向量 w,使得表达式 $E[y^2]$ 的取值最大:

$$E[y^2]=E[(w^{\mathrm{T}}x)^2]=w^{\mathrm{T}}E[xx^{\mathrm{T}}]w=w^{\mathrm{T}}C_x w \tag{6-3}$$

由线性代数的理论,可知若使 $E[y^2]$ 的取值最大,w 应该满足 $C_x w_j=\lambda_j w_j$,$j=1,2,\cdots,$ 即 w 是矩阵 C_x 最大特征值所对应的特征向量。

6.2.2　2DPCA 特征提取

PCA 在对图像进行分析时需要把首先将图像矩阵进行重排,将二维矩阵转换成一维列向量。针对 PCA 方法中存在的问题,Yang Jian 等提出了二维主成分分析(2DPCA)的方法。2DPCA 不需要对图像矩阵进行重排,而是直接对图像的原始矩阵进行分析,简化了特征值与特征向量的计算量。

假设有 c 类模式:$\omega_1, \omega_2, \cdots, \omega_c$,总共 M 个训练样本图像:$A_1, A_2, \cdots, A_M$,每个大小为 $m \times n$。$\boldsymbol{G}_t$ 为训练样本总体散度矩阵:

$$\boldsymbol{G}_t = \frac{1}{M} \sum_{i=1}^{M} (\boldsymbol{A}_i - \bar{\boldsymbol{A}})^{\mathrm{T}} (\boldsymbol{A}_i - \bar{\boldsymbol{A}}) \tag{6-4}$$

式中,$\bar{\boldsymbol{A}} = \dfrac{1}{M} \sum\limits_{i=1}^{M} \boldsymbol{A}_i$,为训练样本的均值矩阵,可证 $\boldsymbol{G}_t$ 是 $n \times n$ 的非负定矩阵。

通过线性变换将图像矩阵 $\boldsymbol{A}_i$ 投影至 X 上获得特征向量 $\boldsymbol{Y} = \boldsymbol{A}_i X (i = 1, 2, \cdots, k)$,其中 $\boldsymbol{X}$ 表示 n 维单位化的列向量。投影方向 X 的选取准则是使得投影后的特征向量具有更好的可分性。定义准则函数为

$$J(\boldsymbol{X}) = \mathrm{tr}(\boldsymbol{G}_t) = \boldsymbol{X}^{\mathrm{T}} \boldsymbol{G}_t \boldsymbol{X} \tag{6-5}$$

式中,$\mathrm{tr}(\boldsymbol{G}_t)$——$\boldsymbol{G}_t$ 的迹。

为了实现投影后得到的特征向量总体分散程度最大,即 $J(\boldsymbol{X})$ 最大,需要寻找最优投影向量 $\boldsymbol{X}$。其实,$\boldsymbol{G}_t$ 的最大特征值所对应的单位特征向量即为最优投影向量。因 $\boldsymbol{G}_t$ 为非负定矩阵,则有 n 个标准正交的特征向量,假定

$$\boldsymbol{G}_t X_i = \lambda_i X_i, \quad (\lambda_1 - \lambda_2 - \cdots \geqslant \lambda_n \geqslant 0) \tag{6-6}$$

为了提高在多类样本情况下的区分性,单一的最优投影方向是不够的,取前 d 个最大特征值所对应的标准正交的特征向量作为最优投影矩阵 $\boldsymbol{P}$。假设 $\boldsymbol{P} = [X_1 \quad X_2 \quad \cdots \quad X_d]$。对图像样本 $\boldsymbol{A}$,利用最优投影矩阵对其进行特征提取,获得相应的特征编码矩阵 $\boldsymbol{B}$,即 $\boldsymbol{B} = \boldsymbol{A} \boldsymbol{P}$。

6.2.3　M-2DPCA 特征提取

为提高传统 2DPCA 图像编码特征的可区分度,本书提出一种基于 M-2DPCA 的内燃机振动谱图特征提取算法,该算法的计算步骤如下:

(1)取一副 $m \times n$ 维的图像矩阵 $\boldsymbol{A}$ 分成 $p \times q$ 的模块图像矩阵,结果为

$$\boldsymbol{A} = \begin{bmatrix} \boldsymbol{A}_{11} & \boldsymbol{A}_{12} & \cdots & \boldsymbol{A}_{1q} \\ \boldsymbol{A}_{21} & \boldsymbol{A}_{22} & \cdots & \boldsymbol{A}_{2q} \\ \vdots & \vdots & & \vdots \\ \boldsymbol{A}_{p1} & \boldsymbol{A}_{p2} & \cdots & \boldsymbol{A}_{pq} \end{bmatrix} \tag{6-7}$$

式中,每个子图像矩阵 $\boldsymbol{A}_{kl}$ 是 $m_1 \times n_1$ 矩阵,$pm_1 = m$,$pn_1 = n$。

(2)假设有 c 个模式类别:$w_1, w_2, \cdots w_c$,每类样本图像有 n_i 个,$\boldsymbol{A}_1, \boldsymbol{A}_2, \cdots, \boldsymbol{A}_M$ 为所有样本图像($M = \sum\limits_{i=1}^{c} n_i$)。则样本 $\boldsymbol{A}_i$ 的 $p \times q$ 模块图像矩阵为

$$A_i = \begin{bmatrix} (A_i)_{11} & (A_i)_{12} & \cdots & (A_i)_{1q} \\ (A_i)_{21} & (A_i)_{22} & \cdots & (A_i)_{2q} \\ \vdots & \vdots & & \vdots \\ (A_i)_{p1} & (A_i)_{p2} & \cdots & (A_i)_{pq} \end{bmatrix} \tag{6-8}$$

(3)所有样本子图像的个数为 $N = Mpq$,计算所有样本子图像的均值矩阵 $B = \frac{1}{N}\sum_{i=1}^{M}\sum_{k=1}^{p}\sum_{l=1}^{q}(A_i)_{kl}$,以及样本总体散度矩阵 $G_t = \frac{1}{N}\sum_{i=1}^{M}\sum_{k=1}^{p}\sum_{l=1}^{q}[(A_i)_{kl} - B]^{\mathrm{T}}[(A_i)_{kl} - B]$,此时 G_t 为 $n_1 \times n_1$ 的非负定矩阵;

(4)取矩阵 G_t 的前 d 个特征值所对应的特征向量构成最优投影矩阵 $Q,Q = [X_1,X_2,\cdots X_d]$;

(5)样本矩阵 A_i 向最优投影矩阵投影,得编码特征矩阵 $B_i = A_iQ$,其结果为

$$B_i = \begin{bmatrix} (A_i)^{\mathrm{T}}{}_{11}Q & (A_i)^{\mathrm{T}}{}_{12}Q & \cdots & (A_i)^{\mathrm{T}}{}_{1q}Q \\ (A_i)^{\mathrm{T}}{}_{21}Q & (A_i)^{\mathrm{T}}{}_{22}Q & \cdots & (A_i)^{\mathrm{T}}{}_{2q}Q \\ \vdots & \vdots & & \vdots \\ (A_i)^{\mathrm{T}}{}_{p1}Q & (A_i)^{\mathrm{T}}{}_{p2}Q & \cdots & (A_i)^{\mathrm{T}}{}_{pq}Q \end{bmatrix} \tag{6-9}$$

由此可知,M-2DPCA 的核心是将图像进行分块处理,即在图像降维的基础上再次降维,特征提取更便捷。以子图像构建的总体散度矩阵计算最优投影向量组,可以保证样本图像投影后能够最大程度地分散,使得不同类别图像的区分度达到最大。基于 M-2DPCA 的内燃机振动谱图特征提取分析流程如图 6.1 所示。

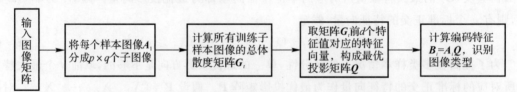

图 6.1　基于 M-2DPCA 的内燃机振动谱图特征提取分析流程

6.2.4　TD-2DPCA 特征提取

上节中协方差矩阵 $G \in \mathbf{R}^{n \times n}$,得到的特征空间 $\mathbf{R}^{m \times p}$,可以称为水平方向的 2DPCA(2DPCA in Horizontal Direction)。因此我们还可以在 2DPCA 的基础上进行第二次特征提取,该方法我们称为 TD-2DPCA。

对第 1 次提取的特征 $B_i(i=1,2,\cdots,M)$ 作为训练矩阵进行第 2 次特征提取,即将 B_i^{T} 作为 A_i 代入式(6-4),得到新的散布矩阵为

$$\hat{G}_t = \frac{1}{M}\sum_{i=1}^{M}(B_i - \bar{B})(B_i - \bar{B})^{\mathrm{T}} \tag{6-10}$$

式中,$\bar{B} = \frac{1}{M}\sum_{i=1}^{M}B_i$ 为首次提取特征后训练集的均值矩阵。

构造与式(6-5)相似的准则函数,求解 $\hat{G}_t$ 的前 h 个最大特征值所对应的标准正交的特征向量 $Z_1,Z_2,\cdots,Z_h$,以此作为第 2 次特征提取的最优投影矩阵 Q,则任一图像 A 经 TD-2DPCA 算法提取的特征矩阵 U 为

$$U = B^{T}[Z_1 \quad Z_2 \quad \cdots \quad Z_h] = P^{T}A^{T}Q = [X_1 \quad X_2 \quad \cdots \quad X_d]^{T}A^{T}[Z_1 \quad Z_2 \quad \cdots \quad Z_h]$$

$$(6-11)$$

特征矩阵 U 的维数为 $h \times d$，相比于 2DPCA 只进行一次提取出的特征维数为 $m \times d$，h 远小于 m，从而进一步压缩特征维数，提高了后续分类效率。因而起到了压缩的作用，进一步降低了提取出特征空间的维数。可以使分类的时间比只使用一次特征提取更短，分类速度更快，识别率也更高。

假设生成的振动谱图像矩阵大小为 $C \times R$，则振动谱图像的 TD-2DPCA 特征参数提取流程如下：

(1)从四类工况时频分布图中每一类随机选取 K 幅共 $K \times 4$ 幅，组成 TD-2DPCA 样本集 T；

(2)对样本集 T 进行 TD-2DPCA 特征提取，最优投影矩阵 $P_{C \times d}$ 和 $Q_{R \times h}$，d 和 h 分别表示两次提取的特征维数，它的取值对特征提取结果和后续的识别精度有较大影响；

(3)将所有谱图像向矩阵 P 和 Q 投影，可得其对应得编码矩阵 H，H 的维数为 $h \times d$。每一个编码矩阵 H 代表了它所对应的谱图像；

图 6.2 给出的是特征维数 $h \times d = 10 \times 10$ 时，KVMD-MHD 时频分布图像训练集对应的特征系数，图中每个像素的灰度值严格与样本系数值一一对应，文章篇幅有限，每种工况下选取 5 个样本显示。图中每一行代表一种内燃机工况，从上到下依次为气门间隙正常、过小、过大和漏气。可以看出 TD-2DPCA 对数据进行了非常有效的降维，将 42×56 维数据压缩到 10×10 维，有效降低了识别复杂度和计算量。从图中可以看出，反映该图像的特征编码值主要集中在左上角，同种工况编码矩阵像素灰度值值较为相似，不同工况间区别较大。这是因为对图像进行特征提取时首先进行横向压缩，提取的第 1 主成分位于第 1 列，再进行纵向压缩，提取的前 2 个主成分分别位于压缩后的前两行，同理依次类推，所以左上角的编码值集中体现了图像的差异化信息。

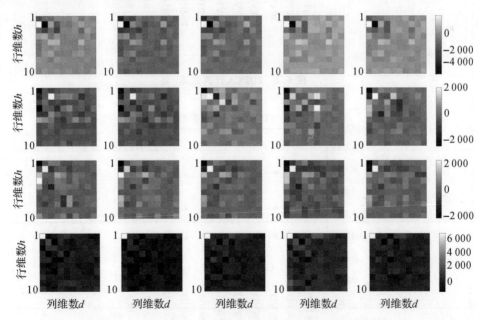

图 6.2　TD-2DPCA 提取的 KVMD-MHD 测试集特征系数

采用 2DPCA 和 TD-2DPCA 对生成的振动谱图像进行特征参数提取，并记录完成各类振动谱图像特征参数提取所消耗的时间。由于 2DPCA 在对振动谱图像进行特征参数提取时所提取的特征参数为 1 维,而 TD-2DPCA 所提取的特征参数为 2 维,为更好地进行对比,实验过程中保持两种特征参数提取方法所采用的特征维数矩阵列的相一致,因此令 2DPCA 提取的特征维数 $r = [42 \times 4, 42 \times 5, 42 \times 6]$,令 TD-2DPCA 两次提取的特征维数为 $r = d \times h = [4 \times 4, 5 \times 5, 6 \times 6]$,两种算法对不同种类振动谱图像特征参数提取的计算效率如图 6.3 和图 6.4 所示。

从图 6.3 和图 6.4 中可以清楚的看到,在特征维数列相同的情况下,2DPCA 和 TD-2DPCA 对不同类型的振动谱图像进行特征参数提取所消耗的时间大致相同,仔细观察可发现 2DPCA 的计算效率略高,但相比于 TD-2DPCA 来说其计算效率优势比较微弱,这是因为 TD-2DPCA 特征参数提取方法是在 2DPCA 的基础上又进行了数据压缩,因此相比于 2DPCA,TD-2DPCA 耗时略长,但两者的耗时极其接近。在图中同样可以发现,特征维数越高,振动谱图像的特征参数提取所消耗的时间也会相应增加;在同样的维数下,特征参数提取所消耗的时间基本一样;这是因为对振动谱图像进行特征参数提取时,无差别地将各个种类的振动谱图像作为一幅幅图像矩阵进行处理。

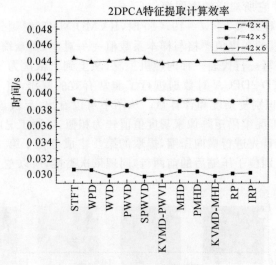

图 6.3　2DPCA 计算效率

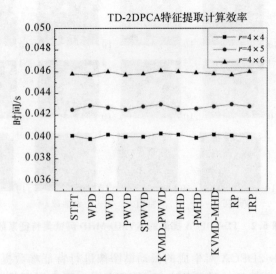

图 6.4　TD - 2DPCA 计算效率

6.3 基于非负矩阵分解算法的内燃机振动谱图代数特征提取

6.3.1 标准非负矩阵分解算法

非负矩阵分解算法（Non-negative Matrix Factorization，NMF）由 Lee 等提出，其本质上是一种线性的、非负的数据表示，已被越来越多地应用于人脸检测、图像检索等领域。非负矩阵的一个重要特征是它的分布式非负编码和部位组合能力，NMF 不允许非负矩阵分解因子 $\boldsymbol{W}$ 和 $\boldsymbol{H}$ 中出现负的元素，其优点是：与矢量量化的单一约束不同，非负约束允许采用多个基图像或特征脸的组合表示一张图像，避免了 PCA 中的基图像之间的任何减法组合的发生。就优化准则而言，NMF 采用分享约束加非负约束，从编码的观点看，非负矩阵分解是一种分布式的非负编码，常常可以导致稀疏编码。所以，NMF 不是将所有的特征进行组合，而是将部分特征组合成一个目标。从机器学习的角度看，非负矩阵分解是一种由部位信息组合表示的机器学习方法，具有抽取主要特征的能力。从数据分析的角度，NMF 使用不同数量和不同标记的基向量的组合表示数据，所以可以抽取数据的多线性结构，具有一定的非线性数据分析能力。

给定矩阵 $\boldsymbol{V}_{m\times n}$，利用 NMF 算法可将矩阵 $\boldsymbol{V}_{m\times n}$ 近似分解为两个矩阵 $\boldsymbol{W}_{m\times r}$ 与 $\boldsymbol{H}_{r\times n}$ 的乘积：

$$\boldsymbol{V}_{m\times n} = \boldsymbol{W}_{m\times r} \cdot \boldsymbol{H}_{r\times n} \tag{6-12}$$

式中　$\boldsymbol{W}_{m\times r}$——基矩阵；

　　　$\boldsymbol{H}_{r\times n}$——系数矩阵。

$\boldsymbol{W}$、$\boldsymbol{H}$ 均要求非负，每一个样本通过向基矩阵投影，可以得到对应的特征编码，可作为模式识别中的特征变量。r 称为特征维数，应满足 $r\cdot(m+n)<m\cdot n$。为了描述式(5-1)中 $\boldsymbol{V} \approx \boldsymbol{W}\cdot\boldsymbol{H}$ 的近似效果，可利用欧式距离作为 $\boldsymbol{V}$ 与 $\boldsymbol{W}\cdot\boldsymbol{H}$ 间的近似误差，则有

$$E(\boldsymbol{V}\parallel\boldsymbol{WH}) \approx \parallel \boldsymbol{V}-\boldsymbol{WH} \parallel_F^2 \tag{6-13}$$

其对应优化问题为

$$\min E(\boldsymbol{V}\parallel\boldsymbol{WH}), \quad \text{s.t.}\, \boldsymbol{W},\boldsymbol{H} \geqslant 0 \tag{6-14}$$

也可利用矩阵 $\boldsymbol{V}$ 与 $\boldsymbol{W}\cdot\boldsymbol{H}$ 间的 K-L 散度作为近似误差：

$$D(\boldsymbol{V}\parallel\boldsymbol{WH}) \approx \sum_{ij}\left[V_{ij}\log\frac{V_{ij}}{(\boldsymbol{WH})_{ij}} - V_{ij} + (\boldsymbol{WH})_{ij}\right] \tag{6-15}$$

其对应优化问题为

$$\min D(\boldsymbol{V}\parallel\boldsymbol{WH}), \quad \text{s.t.}\, \boldsymbol{W},\boldsymbol{H} \geqslant 0 \tag{6-16}$$

求解上述优化问题，可通过设置收敛准则和更新法则后对基矩阵和系数矩阵激进型交替迭代求解。

基于欧氏距离时，相应迭代规则为

$$W_{ia} \leftarrow W_{ia}\frac{(\boldsymbol{V}\boldsymbol{H}^{\mathrm{T}})_{ia}}{(\boldsymbol{W}\boldsymbol{H}\boldsymbol{H}^{\mathrm{T}})_{ia}} \tag{6-17}$$

$$H_{au} \leftarrow H_{au}\frac{(\boldsymbol{W}^{\mathrm{T}}\boldsymbol{V})_{ia}}{(\boldsymbol{W}^{\mathrm{T}}\boldsymbol{W}\boldsymbol{H})_{au}} \tag{6-18}$$

基于 K - L 散度时，相应迭代规则为

$$W_{ia} \leftarrow W_{ia} \frac{\sum\limits_{u} H_{au} V_{iu} / (\boldsymbol{WH})_{iu}}{\sum\limits_{v} H_{av}} \tag{6-19}$$

$$H_{au} \leftarrow H_{au} \frac{\sum\limits_{i} W_{ia} V_{iu} / (\boldsymbol{WH})_{iu}}{\sum\limits_{k} W_{ka}} \tag{6-20}$$

6.3.2 稀疏非负矩阵分解算法

给定一个长度为 n 的向量 $\boldsymbol{x} \in \mathbf{R}^{n}$，Hoyer 提出使用 L_1 范数与 L_2 范数之比作为该向量的稀疏度测度，稀疏度 spareness($\boldsymbol{x}$) 定义为

$$\text{spareness}(\boldsymbol{x}) = \frac{\sqrt{n} - \|\boldsymbol{x}\|_1 / \|\boldsymbol{x}\|_2}{\sqrt{n} - 1} \tag{6-21}$$

式中 $\|\boldsymbol{x}\|_1$ 是向量 $\boldsymbol{x}$ 的 L_1 范数，$\|\boldsymbol{x}\|_2$ 是向量 $\boldsymbol{x}$ 的 L_1 范数，一个向量的稀疏度介于 0 和 1 之间。图 6.5 给出了对稀疏度的直观理解，稀疏度越大，特征量就越少，主要特征就越明显。稀疏非负矩阵(Spareness Non-negative Matrix Factorization，SNMF)是由 Liu 等在稀疏编码和 NMF 相结合的基础上提出的。SNMF 通过对 NMF 中的基矩阵或系数矩阵施加稀疏约束来进一步减少约简后信息的冗余。

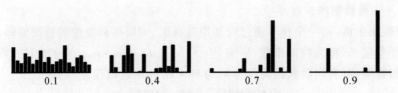

图 6.5 不同稀疏度下的稀疏向量

SNMF 同样是将 K - L 散度作为近似误差，并在 NMF 的基础上加入稀疏惩罚项：

$$D(\boldsymbol{V} \| \boldsymbol{WH}) \approx \sum_{ij} \left[V_{ij} \log \frac{V_{ij}}{(\boldsymbol{WH})_{ij}} - V_{ij} + (\boldsymbol{WH})_{ij} \right] + \alpha \sum_{ij} H_{ij}, \text{s.t.} \boldsymbol{W}, \boldsymbol{H} \geqslant 0 \tag{6-22}$$

SNMF 算法的迭代公式描述如下：

$$H_{kl} = \frac{H_{kl} \sum\limits_{i} V_{il} \dfrac{W_{ik}}{\sum\limits_{k} W_{ik} H_{kl}}}{1 + \alpha} \tag{6-23}$$

$$W_{kl} = \frac{W_{kl} \sum\limits_{j} V_{kj} \dfrac{H_{lj}}{\sum\limits_{kl} H_{lj} W_{kl}}}{\sum\limits_{j} H_{lj}}, \quad W_{kl} = \frac{W_{kl}}{\sum\limits_{k} W_{lk}} \tag{6-24}$$

6.3.3　局部非负矩阵分解算法

局部非负矩阵分解算法（Local Non-negative Matrix Factorization，LNMF）由 Li 等提出，是基于目标函数为 K-L 散度时的最基本的 NMF 算法，对其增加了三个约束：①系数矩阵 $\boldsymbol{H}$ 尽可能稀疏；②不同的基之间尽可能正交，使冗余性最小；③尽可能只保留贡献最大的有效信息。

LNMF 算法目标函数为

$$D(\boldsymbol{V} \parallel \boldsymbol{WH}) \approx \sum_{ij}\left[V_{ij}\log\frac{V_{ij}}{(\boldsymbol{WH})_{ij}} - V_{ij} + (\boldsymbol{WH})_{ij}\right] + \alpha\sum_{ij}u_{ij} + \beta\sum_{ij}m_{ij} \quad (6-25)$$

式中，α 和 β 为常数，$u_{ij} = \boldsymbol{W}^{\mathrm{T}}\boldsymbol{W}$，$m_{ij} = \boldsymbol{HH}^{\mathrm{T}}$，LNMF 对应的迭代规则为

$$H_{kl} = \sqrt{H_{kl}\sum_i V_{il}\frac{W_{ik}}{\sum_k W_{ik}H_{kl}}} \quad (6-26)$$

$$W_{kl} = \frac{W_{kl}\sum_j V_{kj}\dfrac{H_{lj}}{\sum_k H_{lj}W_{kl}}}{\sum_j H_{lj}}, \quad W_{kl} = \frac{W_{kl}}{\sum_k W_{kl}} \quad (6-27)$$

文献[173]成功将局部非负矩阵分解算法应用在人脸识别领域。但是在应用中也发现算法本身存在的缺点，基矩阵 $\boldsymbol{W}$ 的稀疏化是由于限定了矩阵 $\boldsymbol{W}$ 列的正交，但是算法中并没有对 $\boldsymbol{H}$ 的稀疏性进行保证的措施，使得 LNMF 算法对数据的描述力较差。

6.3.4　分块局部非负矩阵算法

设 $\boldsymbol{V}_{m\times n} = \begin{bmatrix} \boldsymbol{V}_1 & \boldsymbol{V}_2 & \cdots & \boldsymbol{V}_c \end{bmatrix}$，式中，$\boldsymbol{V}_i = \begin{bmatrix} v_1^{(i)} & v_2^{(i)} & \cdots & v_{n_i}^{(i)} \end{bmatrix}$；$v_j^{(i)}$ 为第 i 类的训练样本，$j = 1, 2, \cdots, n_i$；n_i 为第 i 类的训练样本数；c 为类别数，$i = 1, 2, \cdots, c$。

设每种内燃机工况的训练样本数相同，记为 n_0，则所有工况的训练样本总数为 $n = cn_0$。对每个 $\boldsymbol{V}_i$ 进行 LNMF，则有

$$(\boldsymbol{V}_i)_{m\times n_0} \overset{\text{LNMF}}{\approx} (\boldsymbol{W}_i)_{m\times r_0}(\boldsymbol{H}_i)_{r_0\times n_0} \quad (6-28)$$

得到

$$\begin{bmatrix} \boldsymbol{V}_1 & \boldsymbol{V}_2 & \boldsymbol{V}_c \end{bmatrix} \approx \begin{bmatrix} \boldsymbol{W}_1 & \boldsymbol{W}_2 & \boldsymbol{W}_c \end{bmatrix}\begin{bmatrix} \boldsymbol{H}_1 & & & \\ & \boldsymbol{H}_2 & & \\ & & \ddots & \\ & & & \boldsymbol{H}_c \end{bmatrix} \quad (6-29)$$

若记 $\boldsymbol{W}_{m\times r} = \begin{bmatrix} \boldsymbol{W}_1 & \boldsymbol{W}_2 & \boldsymbol{W}_c \end{bmatrix}$，$\boldsymbol{H}_{r\times n} = \mathrm{diag}(\boldsymbol{H}_1, \boldsymbol{H}_2, \cdots, \boldsymbol{H}_c)$。式中，$r = cr_0$，则由式 (5-2) 得到分块局部非负矩阵 $\boldsymbol{V}_{m\times n} \overset{\text{BLNMF}}{\approx} \boldsymbol{W}_{m\times r}\boldsymbol{H}_{r\times n}$。

为确保矩阵分解的非负性，非负矩阵分解的迭代均为乘性迭代，由于乘法运算比加法运算慢很多，只需讨论乘法运算的次数。设非负矩阵分解的维数为 r，对于 LNMF 算法，$\boldsymbol{H}$ 迭代一次所需的乘法次数约为 $nr(mr + 2m + 2)$，$\boldsymbol{W}$ 迭代一次所需的乘法运算为 $mr(nr + 2n + 2)$，则 LNMF 迭代一次乘法运算次数为

$$T_{\text{LNMF}} = 2mnr^2 + 4mnr + 2mr + 2nr \tag{6-30}$$

设分块局部非负矩阵的特征维数为 r_0，则对于每一个 $\boldsymbol{V}_i$，迭代一次所需的乘法运算为 $2mn_0r_0^2 + 4mn_0r_0 + 2mr_0 + 2n_0r_0$，一共进行 c 次，则有

$$T_{\text{BLNMF}} = (2mn_0r_0^2 + 4mn_0r_0 + 2mr_0 + 2n_0r_0)c = \left(\frac{2mnr^2}{c^2}\right) + \left(\frac{4mnr}{c}\right) + 2mr + \left(\frac{2nr}{c}\right) \tag{6-31}$$

比较式（6-30）和式（6-31）可以看出，BLNMF 的计算量远远小于 LNMF 的计算量。当内燃机各工况增加新的训练样本或增加新的工况时，现有的所有基于非负矩阵的算法都要进行重新学习，而 BLNMF 算法可以进行增量学习，这样可以有效减少训练时间。

（1）当第 i 类 $\boldsymbol{V}_i$ 中增加一个新训练样本 $\boldsymbol{x}_0$ 时，令 $\widehat{\boldsymbol{V}_i} = [\boldsymbol{V}_i, \boldsymbol{x}_0]$，训练样本矩阵变为

$$\widehat{\boldsymbol{V}} = [\boldsymbol{V}_1 \quad \cdots \quad \widehat{\boldsymbol{V}_i} \quad \cdots \quad \boldsymbol{V}_c] \tag{6-32}$$

此时 $\boldsymbol{V}_k \overset{\text{LNMF}}{\approx} \boldsymbol{W}_k \boldsymbol{H}_k (k \neq i)$ 无须重复计算，只需要计算 $\widehat{\boldsymbol{V}_i} \overset{\text{LNMF}}{\approx} \boldsymbol{W}_i \widehat{\boldsymbol{H}_i}$ 即可。从而可得新的分块非负矩阵分解如下：

$$\widehat{\boldsymbol{V}} \overset{\text{BLNMF}}{\approx} \boldsymbol{W}\boldsymbol{H} = [\boldsymbol{W}_1 \quad \cdots \quad \widehat{\boldsymbol{W}_i} \quad \cdots \quad \boldsymbol{W}_c] \begin{bmatrix} \boldsymbol{H}_1 & & & & \\ & \ddots & & & \\ & & \widehat{\boldsymbol{H}_i} & & \\ & & & \ddots & \\ & & & & \boldsymbol{H}_c \end{bmatrix} \tag{6-33}$$

（2）当增加一新的类别 $\boldsymbol{V}_{c+1}$ 时，新的训练样本矩阵为 $\widehat{\boldsymbol{V}} = [\boldsymbol{V}_1 \cdots \boldsymbol{V}_c \cdots \boldsymbol{V}_{c+1}]$，同样 $\boldsymbol{V}_k \overset{\text{LNMF}}{\approx} \boldsymbol{W}_k \boldsymbol{H}_k (k = 1, 2, \cdots, c)$ 不用再计算，只需要计算 $\boldsymbol{V}_{c+1} = \boldsymbol{W}_{c+1} \boldsymbol{H}_{c+1}$ 即可。从而可得到新的分块矩阵分解如下：

$$\widehat{\boldsymbol{V}} \overset{\text{BLNMF}}{\approx} \boldsymbol{W}\boldsymbol{H} = [\boldsymbol{W}_1 \quad \cdots \quad \widehat{\boldsymbol{W}_i} \quad \cdots \quad \boldsymbol{W}_c] \begin{bmatrix} \boldsymbol{H}_1 & & & & \\ & \ddots & & & \\ & & \widehat{\boldsymbol{H}_c} & & \\ & & & \ddots & \\ & & & & \boldsymbol{H}_{c+1} \end{bmatrix} \tag{6-34}$$

假设预处理后的振动谱图像矩阵大小为 $L \times R$，BLNMF 特征参数提取流程如下：

（1）对得到的谱图像矩阵进行重排操作，将每个矩阵由二维 $C \times R$ 变为一维 $L \cdot R \times 1$ 列向量，设 $L \times R = m$，即图像的维数为 m，并对其进行归一化处理；

（2）从 c 个种类工况的谱图像中，每类选取 n_0 个做为训练样本，并将同一类的训练样本形成小矩阵 $(\boldsymbol{V}_i)_{m \times n_0}$，$i = 1, 2, \cdots, c$。

（3）分别对每个 $(\boldsymbol{V}_i)_{m \times n_0}$ 进行 $LNMF$，$(\boldsymbol{V}_i)_{m \times n_0} \overset{\text{LNMF}}{\approx} (\boldsymbol{W}_i)_{m \times r_0} (\boldsymbol{H}_i)_{r_0 \times n_0}$，$i = 1, 2, \cdots, c$，同时得到基矩阵 $\boldsymbol{W}_i$ 和系数矩阵 $\boldsymbol{H}_i$。

（4）将得到的所有基矩阵 $\boldsymbol{W}_i$ 组成 $\boldsymbol{W}_{m \times r} = [\boldsymbol{W}_1 \quad \boldsymbol{W}_2 \quad \cdots \quad \boldsymbol{W}_c]$，所有 $\boldsymbol{H}_i$ 组成 $\boldsymbol{H}_{r \times n} = \text{diag}(\boldsymbol{H}_1, \boldsymbol{H}_2, \cdots, \boldsymbol{H}_c)$，其中 $r = cr_0$，$n = cn_0$，则得到 BLNMF 算法 $\boldsymbol{V}_{m \times n} \overset{\text{BLNMF}}{\approx} \boldsymbol{W}_{m \times r} \boldsymbol{H}_{r \times n}$。如果内燃机某工况有新的训练样本或新的故障工况加入时，不需要全部重复训练，只需要由上文提

到的增量学习方法可得到新的 $BLNMF$ 结果： $V \overset{\frown{\text{BLNMF}}\frown}{\approx} WH$ 。

（5）将谱图像向量，投影到特征空间 W，所得的结果即为谱图像的系数向量 H，H 的维数为 $r \times 1$，其中 $r = cr_0$，每一个系数向量 H 代表了它所对应的谱图像。

基于分块局部非负矩阵分解的内燃机故障诊断流程如图 6.6 所示，其具体步骤为：

（1）对内燃机振动信号进行采集，然后用时频分析方法将振动信号转化为谱图像，用基于阈值的像素平均融合方法对谱图像进行融合，并用三次卷积插值法对谱图像进行降维。

（2）将每个谱图像矩阵重排为一维列向量，随机选择一部分降维后的振动谱图像组成训练集 V，其余组成测试集 $\overline{V}$。

（3）应用 BLNMF 方法对 V 进行分解计算，得到标准谱图像基矩阵 W。

（4）分别将 V 和 $\overline{V}$ 向标准谱图像基矩阵 W 投影，得到训练集的系数矩阵 H 和测试集的系数矩阵 $\overline{H}$，其中系数矩阵的每一列即为对应谱图像的特征参数。

（5）应用训练集系数矩阵 H 对分类器进行训练。

（6）将测试集系数矩阵 $\overline{H}$ 输入到训练好的分类器中进行分类，完成内燃机故障诊断。

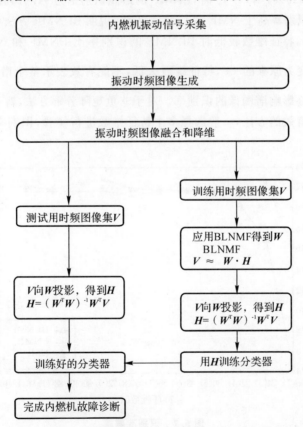

图 6.6　基于分块局部非负矩阵分解的内燃机故障诊断流程

为验证各种算法的性能，采集 8 种工况的内燃机缸盖振动信号，每种工况 300 个，共 2 400 个振动信号。用 MICEEMD-PWVD 和 KVMD-PWVD 方法对振动信号进行分析，分别得到两种方法下每种工况 300 幅,共 2 400 幅谱图像,然后把所有谱图像转化为灰度图像,组成 MICEEMD-PWVD 谱图像集和 KVMD-PWVD 谱图像集。

在用内燃机气门间隙实例对 BLNMF 特性进行验证过程中,为了充分说明 BLNMF 与 NMF 和 LNMF 方法的区别,避免谱图像融合环节对其影响,本节选用没有融合的 MICEEMD – PWVD 谱图像集对其特性进行验证。随机抽取 480 幅 MICEEMD-PWVD 谱图像,其中内燃机每种工况各 60 幅,集后用三次卷积插值法把图像压缩至 56×42 像素。然后选择每种工况下的 30 幅图像作为训练集,其余 30 幅图像为测试集,采用 BLNMF 算法对 8 种工况谱图像进行特征提取,特征维数 r_0 分别取 $[2,3,\cdots,12,13]$,即 r 为 $[16,24,\cdots,96,104]$;为测试该方法的特征提取效果,用 NMF 和 LNMF 方法做为对比,NMF 和 LNMF 的特征维数为 r。为充分验证 BLNMF 算法的特性,选择比较简单的最近邻分类器对其进行分类。为确保结果的准确性,重复上述过程 30 次,并计算其平均值作为最终结果,不同维数的识别率如图 6.7 所示。从图中可以看出,特征维数的选择对三种方法的识别率影响很大,当特征维数 r 小于 32 时,LNMF 和 NMF 方法的识别率高于 BLNMF,当特征维数 r 大于 48 时,BLNMF 的识别率高于其他两种方法。当 $r_0 = 9$,时 BLNMF 的最高识别率为 92.812 5%,当 $r = 24$,时 NMF 的最高识别率为 90.625%,当 $r = 40$ 时,LNMF 的最高识别率为 91.67%。在选择适当的特征维数下,BLNMF 的识别率高于 NMF 和 LNMF 方法,说明 BLNMF 方法可以有效地对谱图像进行特征提取。另外,特征维数较低时 BLNMF 的识别率比 LNMF 和 NMF 低,是由于在分块后的特征维数 r_0 变为原来的 $\frac{1}{c}$,特征维数太低,不能有效表示整个谱图像的信息,影响基矩阵的学习效果,最终影响谱图像的识别率。对于非负矩阵分解方法,对于如何选择最佳的特征维数,目前还没有有效的方法,一般选择多个特征维数进行实验,识别率最高的特征维数即为最终结果。

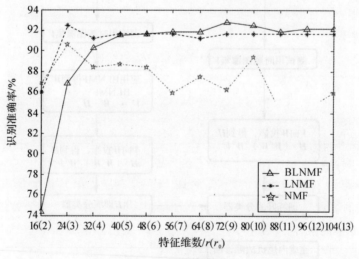

图 6.7 识别准确率

对于 MICEEMD-PWVD 谱图像,随机选取 $n(n = 20,30,40,50)$ 幅谱图像作训练,其余 $(60-n)$ 幅图像作测试。在 NMF,LNMF 和 BLNMF 算法中,分别选取 $r = 24,r = 40$ 和 $r_0 = 9$。实验重复进行 30 次,计算 30 次的平均识别率和平均时间,得到的识别率和消耗时间分别见表 6.1 和表 6.2。由表可以看出,随着训练样本的增加,识别率和消耗时间均有所增加,另外,本书提出的 BLNMF 算法具有较好的识别率和计算效率。

表 6.1　不同训练样本识别率比较

训练样本数	NMF/%	LNMF/%	BLNMF/%
20	88.75	88.89	90.64
30	90.23	91.76	92.81
40	91.68	93.45	94.74
50	92.87	95.12	96.88

表 6.2　不同训练样本实验所耗时间

训练样本数	NMF/s	LNMF/s	BLNMF/s
20	40.8	24.1	16.2
30	59.2	45.6	33.6
40	79.5	60.1	50.4
50	97.6	71.2	59.8

对于 MICEEMD-PWVD 谱图像,选取前 7 种工况,每种工况取 30 幅图像作训练,其余 30 幅作测试。当增加一种新的工况组成 8 种工况时,NMF 和 LNMF 算法需要重新进行学习,而 BLNMF 算法只需要对新增加的工况进行增量学习。重复以上实验 30 次,并计算 30 次的平均计算时间(见表 6.3),由实验结果可知,BLNMF 增量学习仅需要 0.7s,远远高于 NMF 和 LNMF 的计算效率。

表 6.3　类增量学习所耗时间

工况数量	NMF/s	LNMF/s	BLNMF/s
7	54.5	43.8	31.2
8	59.2	45.6	0.7

为说明图像融合对识别结果的影响,选用 MICEEMD-PWVD 谱图像集对其进行验证。对于图像集中每种工况的 300 幅谱图像,分别用基于阈值的像素平均融合方法、像素平均融合方法、基于小波变换的融合方法、基于拉普拉斯金字塔变换图像融合和 PCA 图像融合方法对相邻的 5 幅谱图像进行融合,得到每种工况各 60 幅融合后谱图像,在各种方法融合后的谱图像中,每种工况随机抽取 30 幅图像组成训练集,其余 30 幅图像为测试集。另外,在未融合的谱图像中,每种工况随机抽取 30 幅图像组成训练集,其余 30 幅图像为测试集,与融合后的谱图像对比分析。为准确表明图像融合对特征提取结果的影响,选择 BLNMF 对图像进行特征提取,特征维数 r_0 分别取 $[2,3,\cdots,12,13]$,并用最近邻分类器进行分类。为提高计算速度,在

特征提取前先将图像用三次卷积插值法把图像压缩至 56×42 像素。重复上述过程 30 次,得到的平均识别率如图 6.8 所示。从图 6.8 中可以看出,基于阈值的像素平均融合方法的总体的识别率最高,$r_0 = 7$ 时为 98.01%;加权平均融合方法次之,$r_0 = 7$ 时为 96.17%;未融合的图像识别率 $r_0 = 9$ 时为 92.81%;基于拉普拉斯金字塔变换图像融合、PCA 图像融合和基于小波变换图像融合方法的识别率均低于未融合图像的识别率,基于小波变换的融合方法的总体识别率最低,$r_0 = 6$ 时为 88.67%。从识别率上可以看出,未融合的谱图像由于循环波动性的存在,影响识别率的提高;基于拉普拉斯金字塔变换图像融合、PCA 图像融合和基于小波变换图像融合方法不但没有抑制内燃机循环波动性的影响,反而在谱图像中引入新的噪声,反而使识别率降低;加权平均融合方法在一定程度上抑制了内燃机循环波动性的影响,识别率得到提升;本书提出的基于阈值的像素平均融合方法识别率最高,说明该方法有效抑制了内燃机循环波动性的影响。另外,本书提出的基于分块局部非负矩阵分解的内燃机故障诊断方法,在对内燃机 MICEEMD-PWVD 谱图像融合的基础上,诊断的准确率达到 98.01%,说明该方法可以用于对内燃机气门间隙的故障诊断。

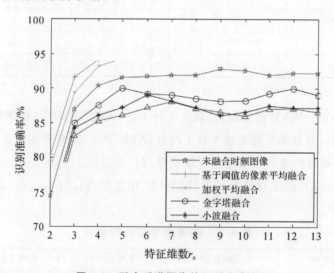

图 6.8　融合后谱图像的识别准确率

为说明用三次卷积插值方法对内燃机振动谱图像进行降维给识别结果带来的影响,选用 MICEEMD-PWVD 和 KVMD-PWVD 谱图像集对其进行验证。对于图像集中每种工况的 300 幅谱图像是,用基于阈值的像素平均融合方法对相邻的 5 幅谱图像进行融合,得到每种工况各 60 幅融合后谱图像。对用融合后的 MICEEMD-PWVD 和 KVMD-PWVD 谱图像用三次卷积插值法进行降维,维数分别设为 $14 \times 10, 28 \times 21, 56 \times 42, 112 \times 81$ 和 140×105,并用 BLNMF 方法提取特征参数,取特征维数 $r_0 = 7$,用最近邻分类器进行分类,重复实验 30 次得到的识别率和消耗时间见表 6.4。从表中可以看出,谱图像的维数越低,消耗的时间越少,但是维数降低到 56×42 以下时,故障诊断的识别率也大幅降低,谱图像的维数为 56×42 时,既有很好的识别率,又节省了计算时间,因此,本书在用振动谱图像方法对内燃机进行故障诊断时,均用三次卷积插值方法将原谱图像降为 56×42。另外,从表中可以看出,MICEEMD-

PWVD 和 KVMD-PWVD 方法生成的谱图像可以用于基于谱图像方法的故障诊断,两种方法的识别率相近。

表 6.4　图像缩放对诊断结果的影响

	图像维数	14×10	28×21	56×42	112×81	140×105
识别率/%	MICEEMD-PWVD	94.65	96.32	98.01	98.75	98.75
	KVMD-PWVD	94.32	95.87	98.12	98.68	98.75
消耗时间/s	MICEEMD-PWVD	17.3	25.1	33.6	64.4	86.9
	KVMD-PWVD	17.5	25.2	33.4	64.2	86.8

为说明内燃机振动谱图像代数特征与视觉特征结果的区别,选用 MICEEMD-PWVD 和 KVMD-PWVD 谱图像集对其进行验证。对于图像集中每种工况的 300 幅谱图像,用基于阈值的像素平均融合方法对相邻的 5 幅谱图像进行融合,得到每种工况各 60 幅融合后谱图像,并用三次卷积插值法降维到 56×42 维,然后在两种方法融合后的谱图像中,每种工况随机抽取 30 幅图像组成训练集,其余 30 幅图像为测试集。分别用 GLCM、Hu 矩、Gabor、PCA、NMF、LNMF 和 BLNMF7 种方法对谱图像进行特征提取,特征维数是在多次验证后取识别率最高时的维数,并分别用 BP 神经网络、最近邻和支持向量机三种方法进行分类,得到的结果如图 6.9 和图 6.10 所示。为充分验证每种特征提取方法的特性,PCA、NMF、LNMF 和 BLNMF 在特征参数提取时,特征维数是在多次验证后取识别率最高时的维数。从图中可以看出,对于不同特征参数提取方法,不管用何种分类器进行分类,视觉特征的 Gabor 特征、GLCM 和 Hu 矩的识别率均低于代数特征的 PCA 和 NMF 方法。视觉特征参数识别率整体较低。振动谱图像是灰度沿时间轴和频率轴的分布情况,不同的灰度和形状对应不同的频率分量构成,不同的坐标位置代表不同的时间和频率,振动谱图像特征对平移和旋转均较敏感,而对于纹理特征的 GLCM 和 Gabor 特征,当谱图像纹理之间的粗细、疏密等易于分辨的信息相差不大时,通过纹理特征很难准确反映出图像之间的差别,纹理特征不能区分具有不同时刻相同频率分量的谱图像;对于形状特征的 Hu 矩,相同形状的图像在平移、旋转和缩放时保持不变,在谱图像上不同面积、不同位置的图像均代表了不同时刻频率的变化,因此,为提高谱图像视觉特征的识别率和诊断的鲁棒性,最好对几种视觉特征参数进行融合。

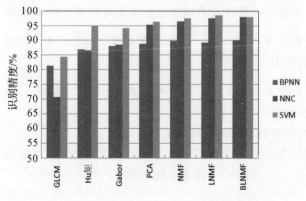

图 6.9　MICEEMD - PWVD 谱图像识别精度

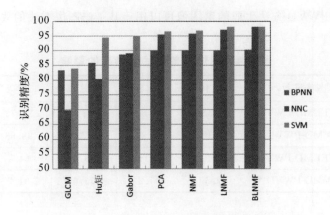

图 6.10　KVMD-PWVD 谱图像识别精度

6.3.5　二维非负矩阵分解算法

一维的 NMF 方法需要将样本图像矩阵向量化处理,破坏了图像矩阵间的空间位置信息,并且向量化处理后的图像矩阵往往维数较高,使得算法的计算效率较低。所以,众多研究者尝试从二维的角度实现 NMF 的矩阵求解,避免图像的向量化处理。目前具有代表性的二维非负矩阵分解(2-dimensional NMF,2DNMF)方法主要有三种:2DNMF-Z 方法、$(2D)^2$NMF 方法和 2DNMF-G 方法。

(1)2DNMF-Z 算法先对图像矩阵在列方向上进行 NMF 求解,得到相应的列基,再对投影系数矩阵在行方向上进行 NMF 求解,得到相应的基矩阵。假设有 n 个训练样本图像:A_1,A_2,$\cdots$,A_n($A_i \in \mathbf{R}^{p \times q}$,$i = 1, 2, \cdots, n$),2DNMF-Z 方法可描述如下:

1)构建初始分解矩阵 $X = [A_1, A_2, \cdots, A_n]$,$X \in \mathbf{R}^{p \times qn}$,求解 $X \overset{NMF}{\approx} LH$,得到非负的列基矩阵 $L \in \mathbf{R}^{p \times d}$ 和系数矩阵 $H \in \mathbf{R}^{d \times qn}$,其中 H 可看做 n 个训练样本图像系数矩阵的组合,即 $H = [H_1, H_2, \cdots, H_n]$($H_i \in \mathbf{R}^{d \times q}$,$i = 1, 2, \cdots, n$);

2)对系数矩阵进行转置,得到初始分解矩阵 H^T,通过求解 $H^T \overset{NMF}{\approx} RC$,得到相应的行基矩阵 $R \in \mathbf{R}^{q \times r}$ 和系数矩阵 $C \in \mathbf{R}^{r \times dn}$;

3)一幅图像 A_i 对应的特征编码矩阵为 $F = L^T A_i R$。

(2)$(2D)^2$NMF 方法是一种并行求解训练样本矩阵行基和列基的算法,基本步骤为:

1)构建初始分解矩阵 $X = [A_1, A_2, \cdots, A_n]$,$X \in \mathbf{R}^{p \times qn}$,求解 $X \overset{NMF}{\approx} LH$,得到非负的列基矩阵 $L \in \mathbf{R}^{p \times d}$ 和系数矩阵 $H \in \mathbf{R}^{d \times qn}$;

2)构建初始分解矩阵 $X^T = [A_1^T, A_2^T, \cdots, A_n^T]$,$X^T \in \mathbf{R}^{q \times pn}$,求解 $X^T \overset{NMF}{\approx} RC$,得到非负的列基矩阵 $R \in \mathbf{R}^{q \times r}$ 和系数矩阵 $C \in \mathbf{R}^{r \times pn}$;

3)一幅图像 A_i 对应的特征编码矩阵为 $F = L^T A_i R$。

(3)2DNMF-G 是一种在所有训练图像样本中寻找公共基矩阵的方法,其基本步骤为:

对于图像样本 A_i,$i = 1, 2, \cdots, n$,求解优化问题

$$\min J = \sum_i^n \| A_i - UD_i V \|, \text{s.t.} U, V, D_i > 0, \forall i \tag{6-35}$$

迭代求解出公共基矩阵 $U \in \mathbf{R}^{p \times d}$ 和 $V \in \mathbf{R}^{r \times q}$，编码矩阵 $D_i \in \mathbf{R}^{d \times r}$：

$$U_{ij} \leftarrow U_{ij} \sqrt{\frac{\left[\sum\limits_{i=1}^{n}(A_i V^{\mathrm{T}} D_i^{\mathrm{T}})\right]_{ij}}{\left[\sum\limits_{i=1}^{n}(U D_i V V^{\mathrm{T}} D_i^{\mathrm{T}})\right]_{ij}}} \tag{6-36}$$

$$V_{ij} \leftarrow V_{ij} \sqrt{\frac{\left[\sum\limits_{i=1}^{n}(A_i U D_i)\right]_{ij}}{\left[\sum\limits_{i=1}^{n}(V D_i^{\mathrm{T}} U^{\mathrm{T}} U D_i)\right]_{ij}}} \tag{6-37}$$

$$D_{ij} \leftarrow D_{ij} \sqrt{\frac{(U^{\mathrm{T}} A_i V^{\mathrm{T}})_{ij}}{(U^{\mathrm{T}} U D_i V V^{\mathrm{T}})_{ij}}} \tag{6-38}$$

将测试矩阵向公共基矩阵投影，可得到相应的编码矩阵。

三种二维 NMF 分解方法采用的迭代规则均与 NMF 方法相同，但是在分解时，初始分解矩阵的组成方式是不同的，但无论哪种方法，初始分解矩阵的维度较一维方法均有所降低，所以计算效率得到提高。此处，三种方法均避免了对样本图像进行向量化处理，能够保持样本图像中相对空间位置信息不被破坏。

6.3.6　改进的双向二维非负矩阵分解算法

一维 NMF 类算法在分解前需要将谱图像向量化处理，破坏了图像中的相对空间位置信息，并且使得初始分解矩阵特征维数过高，算法计算效率低。$2DNMF$ 方法不存在图像向量化处理，所以在计算效率方面和特征参量计算准确度方面占有优势。但是现有的几种 $2DNMF$ 方法在分解前都是将所有训练图像矩阵按行或列拼合，拼合后的初始分解矩阵维度依然较大，并且 $2DNMF$ 算法没有考虑到不同类图像间的差异化信息，将所有图像样本统一到一个框架内求解投影矩阵，并不利于不同类样本的识别。针对 $2DNMF$ 算法存在的问题，本书提出一种双向二维非负矩阵分解算法（$Two\text{-}directional, Two\text{-}dimensional\ Non\text{-}negative\ Matrix\ Factorization, TD2DNMF$），分别对矩阵的行基和列基进行求解，并利用矩阵分块法的思想，将初始分解矩阵中不同类别的信息分块运算，提高特征参量的类间差异性，更有利于故障模式的识别；并且改进了矩阵分解架构，增大了系数矩阵的稀疏性，降低了初始分解矩阵维度，进一步提高了算法的计算效率。

将图像样本组合成为初始分解矩阵 $V_{m \times n}$，矩阵的行数、列数往往较高，所以考虑将矩阵进行分块运算，将对大矩阵的求解过程转化为对若干小矩阵的求解。对初始分解矩阵 $V_{m \times n}$ 的分块方式如图 6.11 所示。

将非负观测矩阵按列平均分解为块矩阵的形式 $V_{m \times n} = \begin{bmatrix} V_1 & V_2 & \cdots & V_b \end{bmatrix}$，式中 $V_i \in \mathbf{R}^{m \times n_0}$ $(i=1,2,\cdots,b)$，b 为分块数，$n_0 = n/b$。原来的 $V_{n \times m} = W_{n \times x} H_{r \times m}$ 问题转化为 b 个 $V_{m \times n_0} \approx W_{m \times r_0} H_{r \times n_0/b}$ 问题。为了描述 $V_{m \times n_0} \approx W_{m \times r_0} H_{r \times n_0/b}$ 的近似效果，利用矩阵 $V_{m \times n_0}$ 与 $W_{m \times r_0} H_{r \times n_0/b}$ 间的 $K-L$ 散度作为近似误差，进行迭代求解，得到每一个块矩阵 V_i 对应的基矩阵 W_i 和系数矩阵 H_i。块矩阵与对应基矩阵、系数矩阵满足：

$$(V_i)_{m \times n_0} \approx (W_i)_{m \times r_0}(H_i)_{r_0 \times n_0}, \quad i=1,2,\cdots,b \tag{6-39}$$

式中，$r_0 = r/b$ 为块矩阵的特征维数。将分解得到的基矩阵和系数矩阵按下面的公式进行合成，即可得到原非负观测矩阵的基矩阵和系数矩阵为

$$W_{m \times r} = \begin{bmatrix} W_1 & W_2 & \cdots & W_b \end{bmatrix} \qquad (6-40)$$

$$H_{r \times n} = \begin{bmatrix} H_1 & 0 & \cdots & 0 \\ 0 & H_2 & \cdots & 0 \\ \vdots & \vdots & & \vdots \\ 0 & 0 & \cdots & H_b \end{bmatrix} \qquad (6-41)$$

矩阵的分块 NMF 分解形式可用表示为

$$V \stackrel{\mathrm{BSNMF}}{\approx} \begin{bmatrix} W_1 & W_2 & \cdots & W_b \end{bmatrix} \cdot \begin{bmatrix} H_1 & 0 & \cdots & 0 \\ 0 & H_2 & \cdots & 0 \\ \vdots & \vdots & & \vdots \\ 0 & 0 & \cdots & H_b \end{bmatrix} \qquad (6-42)$$

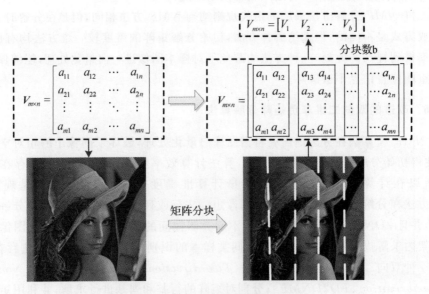

图 6.11　矩阵分块示意图

以 Lena 图像为例,分别用 NMF、SNMF、LNMF 和分块 NMF 算法对图像进行分解后,用分解得到的基矩阵和系数矩阵重构出图像,结果如图 6.12 所示。运算时统一设定迭代次数为 100 次,特征维数为 16,分块 NMF 中分块数为 4。

图 6.12　不同方法对 Lena 图像的重构情况

(a)Lena 原图;(b)NMF 重构;(c)SNMF 重构;

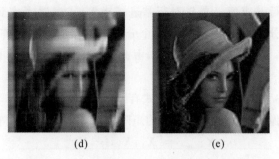

(d)　　　　　　　　　　(e)

续图 6.12　不同方法对 Lena 图像的重构情况

(d)LNMF 重构；(e)分块 NMF 重构

可以看到，NMF 重构图与 SNMF 重构图中均存在较为明显的噪点，LNMF 重构图则完全变得模糊，相比而言，分块 NMF 重构图对图像细节的表现更好。利用分块 NMF 算法对矩阵进行分解，得到的基矩阵和系数矩阵更加稀疏，局部性也更强，能够清晰且稀疏地提取出图像的基本组成部分。所以在 TD2DNMF 的行基求解过程中，根据故障类别数，对初始分解矩阵进行分块操作。

TD2DNMF 算法分别对行基、列基矩阵进行求解，进一步得到 TD2DNMF 的二维基，用于对谱图像进行特征编码。TD2DNMF 算法求解过程的示意图如图 6.13 所示。

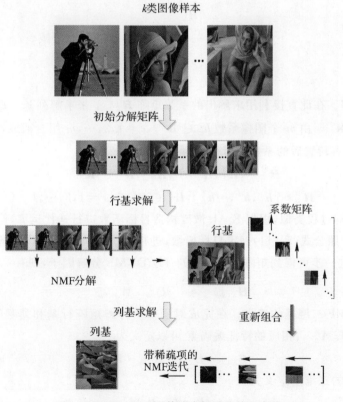

图 6.13　TD2DNMF 算法求解过程的示意图

具体算法流程如下：

(1)初始图像样本行基求解。首先对行基进行求解,求解时考虑到不同类别样本的差异性,将样本矩阵按类别分块,并行运算得到每个分块矩阵相应的基矩阵和系数矩阵,然后组合成整个训练样本的行基投影矩阵和系数矩阵,由此得出的系数矩阵具有更好的稀疏度。算法具体流程如下:

假设有 k 类模式:$\omega_1,\omega_2,\cdots,\omega_k$,每类模式有 m 个训练样本图像——$A_{a,b}$,$a=1,2,\cdots,k$;$b=1,2,\cdots,m$,每个图像对应大小为 $p\times q$ 的矩阵。将所有图像用矩阵 $\boldsymbol{X}$ 表示,则有

$$\boldsymbol{X}_{p\times qmk}=[\boldsymbol{X}_1,\boldsymbol{X}_2,\cdots,\boldsymbol{X}_k] \tag{6-43}$$

式中,$\boldsymbol{X}_a=[A_{a,1}\quad A_{a,1}\quad \cdots\quad A_{a,m}]$,$a=1,2,\cdots,k$。对于非负矩阵 $\boldsymbol{X}_a$,求解非负行基矩阵 $\boldsymbol{L}_a$ 和行基系数矩阵 $\boldsymbol{H}_a$,满足:

$$\boldsymbol{X}_a\overset{\text{NMF}}{\approx}\boldsymbol{L}_a\boldsymbol{H}_a \tag{6-44}$$

式中 $\boldsymbol{X}_a\in\mathbf{R}^{p\times qm}$,$\boldsymbol{L}_a\in\mathbf{R}^{p\times r}$,$\boldsymbol{H}_a\in\mathbf{R}^{r\times qm}$,$r$ 为特征维数,满足 $(p+qm)r<pqm$。为了描述 $\boldsymbol{X}\approx\boldsymbol{L}\cdot\boldsymbol{H}$ 的近似效果,利用矩阵 $\boldsymbol{X}$ 与 $\boldsymbol{L}\cdot\boldsymbol{H}$ 间的 K-L 散度作为近似误差,得到每一类别图像数据矩阵对应的分解矩阵因子,对于矩阵 $\boldsymbol{X}_{p\times qmk}$ 对应的 TD2DNMF 分解因子可由每一类别的分解因子组合而成,则有

$$\boldsymbol{X}_{p\times qmk}\overset{\text{TD2DNMF}}{\approx}\boldsymbol{L}_{p\times R}\cdot\boldsymbol{H}_{R\times qmk},\quad R=kr \tag{6-45}$$

$$\boldsymbol{L}_{p\times R}=[\boldsymbol{L}_1\quad \boldsymbol{L}_2\quad \cdots\quad \boldsymbol{L}_k] \tag{6-46}$$

$$\boldsymbol{H}_{R\times qmk}=\begin{bmatrix}\boldsymbol{H}_1&&&\\&\boldsymbol{H}_2&&\\&&\ddots&\\&&&\boldsymbol{H}_k\end{bmatrix} \tag{6-47}$$

(2)列基求解。在此直接利用求解出的系数矩阵 $\boldsymbol{H}_{R\times qmk}$ 来求解列基。每一类图像样本的系数矩阵 $\boldsymbol{H}_a\in\mathbf{R}^{r\times qm}$ 由 m 个图像系数 $\boldsymbol{h}_c\in\mathbf{R}^{r\times q}$,$c=1,2,\cdots,m$ 组合而成,将 $\boldsymbol{h}_c$ 转置后得到 $\boldsymbol{h}_c^{\mathrm{T}}\in\mathbf{R}^{q\times r}$,将所有转置后的系数按行排列为

$$\boldsymbol{H}^{\mathrm{T}}=[\boldsymbol{H}_1^{\mathrm{T}},\boldsymbol{H}_2^{\mathrm{T}},\cdots,\boldsymbol{H}_k^{\mathrm{T}}],\boldsymbol{H}^{\mathrm{T}}\in\mathbf{R}^{q\times Rm} \tag{6-48}$$

$$\boldsymbol{H}_a^{\mathrm{T}}=[\boldsymbol{h}_1^{\mathrm{T}},\boldsymbol{h}_2^{\mathrm{T}},\cdots\boldsymbol{h}_m^{\mathrm{T}}],\boldsymbol{H}_a^{\mathrm{T}}\in\mathbf{R}^{q\times rm},a=1,2,\cdots,k \tag{6-49}$$

与行基的求解过程类似,根据 K-L 散度构造目标函数进行迭代运算,但在迭代过程中加入稀疏惩罚项,按照公式(5-11)确定目标函数,进行稀疏非负矩阵迭代求解。定义列基分解的特征维数 d,进一步可得到矩阵 $\boldsymbol{H}^{\mathrm{T}}$ 对应的 TD2DNMF 分解因子,则有

$$\boldsymbol{H}_{q\times Rm}^{\mathrm{T}}\overset{\text{TD2DNMF}}{\approx}\boldsymbol{R}_{q\times d}\cdot\boldsymbol{W}_{d\times Rm} \tag{6-50}$$

(3)TD2DNMF 二维基的确定。在完成对于初始分解矩阵行基和列基的求解后,对于任意的图像样本矩阵 $\boldsymbol{A}_{p\times q}$,相应的特征编码 $\boldsymbol{F}$ 可以定义为

$$\boldsymbol{F}_{R\times d}=\boldsymbol{L}_{R\times p}^{\mathrm{T}}\cdot\boldsymbol{A}_{p\times q}\cdot\boldsymbol{R}_{q\times d} \tag{6-51}$$

TD2DNMF 的二维基定义为

$$\boldsymbol{B}=\boldsymbol{L}\cdot\boldsymbol{R}^{\mathrm{T}} \tag{6-52}$$

通过将内燃机振动谱图像向 TD2DNMF 的二维基进行投影,可得到相对应的特征编码。利用分类器对特征编码进行识别,可实现谱图像的自动分类,进一步可实现对故障的判别。基

于振动谱图像 TD2DNMF 代数特征提取的内燃机故障诊断方法模型如图 6.14 所示。

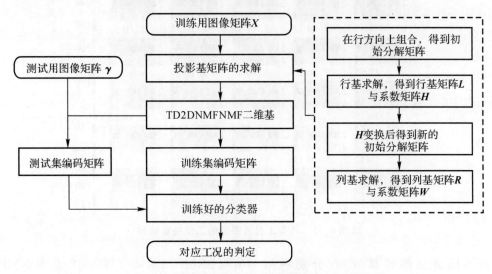

图 6.14　基于 TD2DNMF 的故障诊断方法模型

实验中每幅内燃机振动谱图像的维度均为 420×560，利用 TD2DNMF 方法对内燃机振动谱图像进行特征提取，从 8 类工况时频分布图中每一类随机选取 30 幅组成训练样本集 $X_{420 \times 134\,400}$，其余 240 幅图像样本组成测试集；对样本集 X 进行 TD2DNMF 特征提取，得到最优行基投影矩阵 $L_{420 \times R}$ 和系数矩阵 $H_{R \times 134\,400}$。样本类别数 $k = 8$，R 表示 TD2DNMF 提取的特征维数，它的取值对特征提取效果有较大影响，后文会有所讨论；将系数矩阵 H 进行重排，得到新的矩阵 $H_{560 \times 960R}^{\mathrm{T}}$。对 H^{T} 进行 TD2DNMF 特征提取，得到最优列基投影矩阵 $R_{560 \times d}$ 和系数矩阵 $W_{d \times 960R}$。d 同 R 一样，表示 TD2DNMF 提取的特征维数，所不同的是 R 需要是 $k = 8$ 的整数倍，d 无此限制。将 240 幅测试样本谱图像分别向行基矩阵 L 和列基矩阵 R 投影，可得其对应得编码矩阵 $F_{R \times d}$，每个谱图像与编码矩阵 F 是一一对应的。

图 6.15 给出了特征维数 $R = 16$，$d = 4$ 时，内燃机 8 类工况振动信号 AMP-WVD 时频分布图像测试集对应的特征编码，每种工况样本显示 5 个编码。图中样本对应编码的数值以不同的颜色进行标识，右侧标度尺指示了不同颜色对应的数值范围。每个样本编码图的横、纵坐标仅代表矩阵维度。从图中可以看到，通过 TD2DNMF 算法的特征提取，原来维度为 420×560 的图像样本变为维度为 16×4 的编码，从各类别样本的编码中也可以看到，同类别样本编码的类内相似度较高，不同类别编码的类间差异性较大，将 TD2DNMF 算法提取出来的编码特征值作为模式识别的特征参数，对于内燃机故障类别的识别是非常有益的。

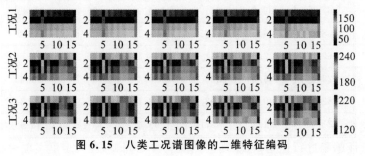

图 6.15　八类工况谱图像的二维特征编码

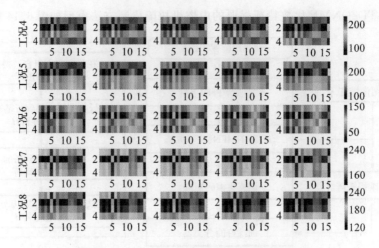

续图 6.15　八类工况谱图像的二维特征编码

为比较不同算法的计算效率,分别利用 NMF、SNMF、LNMF、2DNMF-Z、2DNMF-G、(2D)^{2}NMF 以及本书 TD2DNMF 算法对 8 种工况训练集样本进行特征提取。算法统一迭代 100 次,目标函数容忍误差 10^{-5}。表 6.5 给出了 7 种算法特征提取的计算时间,均不包含图像载入的时间。由表可见,随着特征维数的增加,7 种算法特征提取时间整体呈增长的趋势。二维 NMF 的计算效率明显要高于一维 NMF,正如前文所述,一维 NMF 对图像矩阵进行向量化后数据矩阵维度过大,如本书所用图像维度为 420×560,240 幅训练图像组成的数据矩阵维度为 $240 \times 235\ 200$,计算任务量十分繁重。二维 NMF 算法中,2DNMF-G 的计算效率略低于其他几种,这是由于 2DNMF-G 在计算时将原始图片分别按行、列拼合,初始分解矩阵维数分别为 $420 \times 134\ 400$ 和 $560 \times 100\ 800$,数据维度依然很大。(2D)^{2}NMF 算法在初始分解矩阵的组成上与 2DNMF-G 相同,但是采用并行运算的方法,计算效率有所提高。2DNMF-Z 算法的初始分解矩阵仅图像按行拼接,一次 NMF 分解后得到系数矩阵转置后作为新的初始分解矩阵进行求解,两个初始分解矩阵的维度分别为 $420 \times 134\ 400$ 和 $560 \times 240d$,维度小于 2DNMF-G 与 (2D)^{2}NMF,计算效率与后者相当。本书 TD2DNMF 将图像矩阵按行拼接后按照各自的类别进行分解,将得到的四个系数矩阵各自分块转置再拼接,组成新的初始分解矩阵,两次分解的数据矩阵维度分别为 $420 \times 134\ 400$ 和 $560 \times 30d$,有效提高了计算效率。

表 6.5　七种方法对 AMP-WVD 图像样本特征提取耗时(s)

特征维数	特征提取方法						
	NMF	SNMF	LNMF	2DNMF-Z	2DNMF-G	(2D)^{2}NMF	TD2DNMF
16(8×2)	367.2	239.2	331.5	86.9	106.3	81.43	47.3
24(8×3)	408.6	296.5	343.9	94.1	133.7	87.26	57.9
32(16×2)	463.8	372.8	381.2	98.1	135.2	93.5	59.8
40(8×5)	622.2	446.6	389.8	98.4	134.7	95.4	62.4
48(16×3)	882.8	520.6	423.5	98.7	136.9	96.3	63.9
56(8×7)	921.4	611.2	437.6	99.4	137.2	98.6	62.5

特征维数	特征提取方法						
	NMF	SNMF	LNMF	2DNMF-Z	2DNMF-G	$(2D)^2$NMF	TD2DNMF
64(16×4)	960.9	702.2	489.0	99.6	136.5	99.7	64.8
72(8×9)	1 002.5	785.0	506.5	99.3	140.9	100.3	66.5
80(16×5)	1 021.8	831.0	525.6	118.9	164.5	114.8	72.6
96(32×3)	1 053.3	868.1	553.3	131.2	198.1	149.5	86.9

6.4　本章小结

本章针对内燃机振动谱图像识别诊断计算效率与准确度无法兼顾的问题,提出了基于 PCA 算法与基于 NMF 算法的一系列内燃机振动谱图像代数特征识别方法:

(1)分析了 PCA 算法、2DPCA 算法、M-2DPCA 算法、TD-2DPCA 算法的各自特点,指出 PCA 在对图像进行分析时需要把首先将图像矩阵进行重排,将二维矩阵转换成一维列向量;TD-2DPCA 特征参数提取方法是在 2DPCA 的基础上又进行了数据压缩,因此相比于 2DPCA,TD-2DPCA 耗时略长,但两者的耗时极其接近。特征维数升高,振动谱图像的特征参数提取所消耗的时间也会相应增加;在同样的维数下,特征参数提取所消耗的时间基本一样;

(2)分析了 NMF 算法、LNMF 算法、SNMF 算法、2DNMF - Z 算法、$(2D)^2$NMF 算法与 2DNMF - G 算法的各自特点,并指出一维 NMF 类算法由图像向量化处理带来的问题,通过实验比较分析了一维 NMF 类方法与二维 NMF 类方法在计算效率与对应识别精度方面存在的差异性。通过分别对内燃机振动谱图像矩阵的行基和列基进行非负矩阵分解,然后利用矩阵分块的思想,将初始分解矩阵中不同类别的信息分块并行运算,增强图像特征的类间差异性,提高图像可区分度;在此基础上,将每个分块矩阵相应的基矩阵和系数矩阵组合成整个训练样本的行基投影矩阵和系数矩阵,以此提高系数矩阵的稀疏度,提高算法的计算效率。该方法能够降低内燃机振动谱图像样本初始分解矩阵的维度,提高算法计算效率,增加不同类别图像样本对应特征参数的类间差异性,更有利于内燃机故障模式的识别。

第 7 章 内燃机振动谱图典型模式识别方法

7.1 引言

采用不同的方法对相同图像进行特征参数提取,得到的参数类型各不相同;采用同种方法对不同图像进行特征参数提取,得到的特征参数同样是不同的,所以得到的振动谱图像特征参数往往较为复杂、线性不可分。如何从这些高维、复杂的数据中找到其内在联系,以建立良好的模型实现不同故障的归类识别,为其选择恰当的模式识别方法就非常有必要。

模式识别是通过采用某些方法对待分析的对象完成分类,其中待分析的样本称为模式,完成分类的过程称为识别。模式识别方法有多种类如:①统计的模式识别方法,如贝叶斯分类方法、Fisher 线性判别函数方法、近邻法、聚类分析等;②核函数模式识别方法,如支持向量机、基于核的主成分分析方法、基于核的 Fisher 判别方法、基于核的投影寻踪分析等;③人工神经网络模式识别方法,如 BP 神经网络、径向基函数神经网络(RBF)、自组织竞争人工神经网络、对向传播神经网络(CPN)、反馈型神经网络(Hopfield)等;④模糊系统理论识别方法:模糊聚类分析、模糊神经网络、模糊支持向量机等。这些模式识别方法为内燃机振动谱图像特征参数归类识别提供了必要的方法手段,但目前还没有一种方法能够准确、高效并适用于所有模式识别情况。

模式识别理论中往往会涉及算法参数的选择,参数的选择至关重要,参数选取的合适与否会直接影响分类的精度和实时性问题。如:模糊系统理论中涉及控制规则、论域、量化因子的选择和模糊集的定义等;人工神经网络模式识别方法中涉及隐层单元的个数、输出层单元个数、最大训练次数、训练精度、学习速率等等。而且将一些过于复杂的、前沿的模式识别方法应用于机械故障诊断领域的同时,其算法的弊端同样会被引入。本章对内燃机可视化图形图像的模式识别方法进行了介绍,重点对最近邻分类法、BP 神经网络以及支持向量机方法进行了实例分析。

7.2 振动谱图像特征参数的 KNNC 识别分类

最近邻分类器是通过计算测试样本和各待分类样本之间余弦距离,从而实现分类的智能学习机器,具有简单、高效的特点。

KNNC 分类器是 NNC 分类器的一个推广形式。已知有 $\omega_1, \omega_2, \cdots, \omega_c$ 共 c 个种类确定的已知样本,每个种类中有 N 个样本,现通过 NNC 寻找待分类样本 x 的 k 个近邻。种类 ω_1 中的 k 个近邻样本个数为 k_1 个,种类 ω_2 的 k 个近邻样本个数为 k_2 个,$\cdots\cdots$,在种类 ω_c 中的 k 个近邻样本个数为 k_c 个。其中 $k_1, k_2, \cdots, k_c$ 分别是 $\omega_1, \omega_2, \cdots, \omega_c$ 中的待分类样本 x 的 k 个近邻个数。定义 KNNC 的判别函数如下:

$$g_i(x) = k_i, \quad i = 1, 2, \cdots, c \tag{7-1}$$

可将判别决策函数定义为:

$$\left. \begin{array}{l} 若\ g_j(x) = \max_i k_i \\ 则\ x \in \omega_j \end{array} \right\} \tag{7-2}$$

简单来说,KNNC 就是将一个待分类样本 x 归类为已知样本中 x 的 k 个近邻样本出现最多的类别中。在使用 KNNC 分类器对提取到振动谱图像特征参数进行分类时,从 4 类工况的特征参数中每类随机抽取 30 个,共 120 个特征参数样本组成训练集,用剩下的 120 个作为测试集,识别精度可表示为

$$\text{rate} = \frac{120 - \text{wrong}}{120} \times 100\% \tag{7-3}$$

式中,rate 为识别精度,wrong 为测试集中归类错误的样本个数。

使用 KNNC 分类器对振动谱图像特征参数进行分类,结果如图 7.1 所示。这里以 KVMD-MHD 振动谱图像经特征参数提取后得到的参数样本为例进行分析,为减少误差对故障诊断精度的影响,重复上述过程 10 次,取均值。

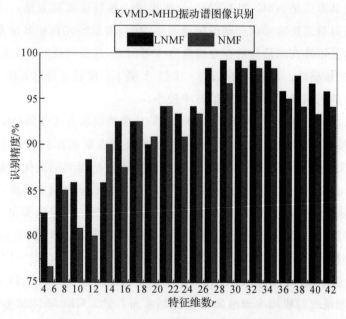

图 7.1　非负矩阵特征维数对识别精度的影响

图 7.2 所示直方图为 KVMD-MHD 振动谱图像经 2DPCA 和 TD-2DPCA 特征参数提取

在不同特征维数下的 KNNC 分类器识别结果。

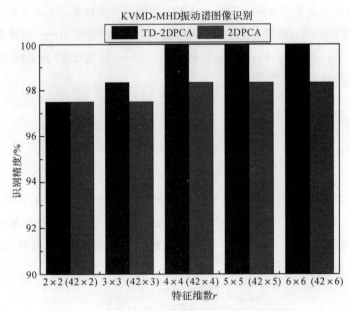

图 7.2   主成分分析特征维数对识别精度的影响

图 7.2 中两种参数提取方法的识别率均较高,采用 TD-2DPCA 方法所提取的特征参数识别率要高于 2DPCA 方法,且两种方法受特征维数 r 的影响较小。与图 7.1 相比较,采用 2DPCA 和 TD-2DPCA 方法对 KVMD-MHD 振动谱图像提取的特征参数分类效果受特征维数的影响较小,究其原因是 NMF 和 LNMF 分解属于一维特征提取方法,一维的方法由于其固有缺陷,在处理以数据矩阵形式存储的振动谱图像时,需要预先将矩阵向量化,这必然会破坏图像原始信息,且矩阵在向量化后存在维数巨大等问题,这些问题的产生直接导致了识别精度对于特征维数的敏感性。2DPCA 和 TD-2DPCA 属于二维特征提取方法,保护了图像原始数据信息,因此故障识别率受特征维数的影响较小。

应用 NMF、LNMF、2DPCA 和 TD-2DPCA 特征参数提取方法分别对生成的不同种类的振动谱图像进行特征参数提取,将得到的特征参数按上述方案进行 KNNC 归类,完成故障诊断。为增强分析对比效果,实验结果均取参数选取恰当时所得到的最优结果,比较结果如图 7.3 所示(图中横坐标表示振动谱图像可视化表征方法,纵坐标为识别精度,不同颜色表示不同的特征提取方法)。从振动谱图像生成角度进行分析:由图 7.3 可以看出,对于采集到的内燃机缸盖振动信号数据,使用相同的特征参数提取方法和相同的分类器,采用的振动谱图像表征方法不同,识别精度也有差异。这表明,振动谱图像表征对识别存在一定影响。图中除了 PMHD 振动谱图像生成方法识别率较低外,其余识别精度均达到 96.5% 以上,表明采用通过图像的方法对内燃机气门机构实现故障诊断是切实可行的。GLCM 方法参数选择对诊断精度影响较大,以生成的 WPD 振动谱图像为例:首先取灰度级 $j=50$,距离 $d=2$,观察角度 θ 取不同值时的识别准确率,结果如图 7.4(a)所示;然后取灰度级 $j=50$,距离角度 $\theta=45°$,观察距离 d 不同值时的识别准确率,结果如图 7.4(b)所示;最后取距离 $d=2$,角度 $\theta=45°$,观察灰度

级 j 不同值时的识别准确率,结果如图 7.4(c)所示。

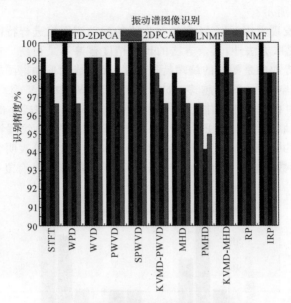

图 7.3　振动谱图像参数的 KNNC 识别

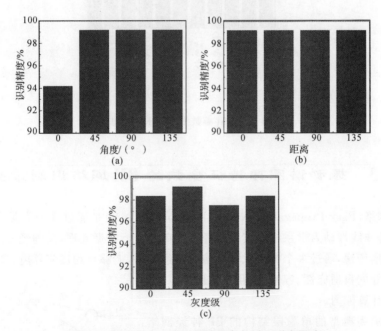

图 7.4　灰度共生矩阵不同特征参数对识别率影响
(a)角度对识别率影响;(b)距离对识别率影响;(c)灰度级对识别率影响

图 7.4 中距离 d 的取值,对识别率几乎没有影响;角度 θ 的取值,对识别率的影响也比较小;对识别率影响较大的是灰度级 j 的取值。若 j 的取值过小,会丢失特征信息,造成识别率下降;随着 j 的取值的增大,识别率上升,但计算量也随之增加,不利于故障诊断的实时性。因此,取得合适的灰度级是利用 GLCM 进行故障诊断的关键。下面利用 GLCM 对各类生成的

振动谱图像进行特征参数提取,识别结果取灰度级 j、角度 θ 和距离 d 选取合适情况下的最优值,实验结果如图 7.5 所示。

从图 7.5 中可以发现采用 GLCM 方法对生成的振动谱图像进行特征参数提取,除 WPD、RP 和 IRP 特征参数提取方法外,其余方法的识别精度普遍不是很高。这是因为 GLCM 在特征参数提取的过程中提取的是图像的纹理特征参量,而生成的振动谱图像识别精度越高,时频聚集性越强,图中的空白面积就越多,如 PWVD,SPWVD,KVMD - PWVD,PMHD 和 KVMD - MHD 中图中有大量空白,能反映图像特征的部分集中在较小的区域中,显然这并不利于 GLCM 特征的提取工作;而 WPD,RP 和 IRP 振动谱图像中,纹理特征较为明显,遍布整个图像,因此便于灰度共生矩阵进行纹理特征参数提取。实验结果表明将 GLCM 方法用于故障诊断,在进行特征参数提取环节,GLCM 方法更适于提取那些具有复杂纹理特征且布满整幅振动谱的图像。

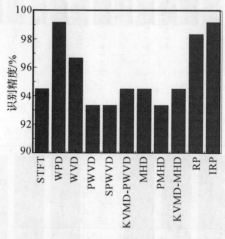

图 7.5 GLCM 参数提取的 KNNC 识别

7.3 振动谱图像特征参数的 BP 网络识别分类

BP 神经网络(Back Propagation Neural Network,BPNN)是通过模仿人类大脑结构功能的一种算法,是非线性动力学系统。它以神经元为单元进行数据处理,以神经元之间的联结弧为通道进行数据传递,通过多个神经元联结构成神经网络,能够自动适应环境、总结规律。BPNN 具有良好的自适应性、容错性、联想记忆性以及知识获取和并行计算能力。

图 7.6 所示为典型的单隐层结构的 BP 神经网络,输入层有 n 个神经元,输入矢量 $\boldsymbol{X} \in \mathbf{R}^n$,$\boldsymbol{X} = [x_1 \quad x_2 \quad \cdots \quad x_n]^T$;隐层有 h 个神经元,$\boldsymbol{X}' \in \mathbf{R}^h$,$\boldsymbol{X}' = [x'_1 \quad x'_2 \quad \cdots \quad x'_h]^T$;输出层有 m 个神经元,$Y = [y_1 \quad y_2 \quad \cdots \quad y_m]^T$,输出向量 $y \in \mathbf{R}^m$。

BP 神经网络的学习过程如下:

(1)设定 BPNN 初始权值和阈值为较小随机数;

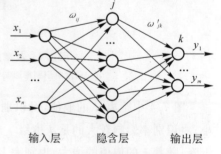

图 7.6 BP 神经网络结构图

（2）将已知的 p 个学习样本做为输入，输入到网络中。

（3）按照下式可得到输出 x'_j、y_k 为

$$\left.\begin{aligned} x'_j &= f(u_j) = f\left(\sum_{i=1}^{n+1} W_{ji} x_i\right) \\ y_k &= f(u'_k) = f\left(\sum_{j=1}^{h+1} W_{kj} x'_j\right) \end{aligned}\right\} \quad (7-4)$$

式中 f ——隐层激励函数。

（4）按照下式计算出各层的误差并记下 x_i^q、x'^q_j 的值；

$$\left.\begin{aligned} \delta_{kj}^q &= (y_k^q - y_k^q) y_{kj}^q (1 - y_k^q) \\ \delta_{ji}^q &= \sum_{k=1}^{m} \delta_{kj}^q x_j^q (1 - x_j^q) W_{kj} \end{aligned}\right\} \quad (7-5)$$

（5）记下所学习过的样本次数 q，检查 p 个样本是否输入完毕。若没有按照（2）继续完成输入；若输入完成，进行（6）；

（6）按照下式对各层的权值和阈值进行修正，则有

$$\left.\begin{aligned} W_{kj}(t+1) &= W_{kj}(t) + \eta \sum_{q=1}^{p} \delta_{kj}^q x'^q_j \\ W_{ji}(t+1) &= W_{ji}(t) + \eta \sum_{q=1}^{p} \delta_{ji}^q x'^q_i \end{aligned}\right\} \quad (7-6)$$

式中 η ——学习效率；

（7）通过修正后的权值和阈值计算 x'_j、y_k 和 E_q，若所有的样本 q 均满足：

$$E_q = \frac{1}{2} \sum_{k=1}^{m} (t_k^q - y_k^q)^2 \leqslant a \quad (7-7)$$

则学习停止，其中 a 为大于零的给定小数。若不满足上述条件则回到（2），重复上述步骤直到满足停止条件为止。

在使用 BPNN 对提取到的振动谱特征参数进行分类时，同使用 KNNC 类似。首先在 4 类工况的特征参数中每类随机抽取 30 个，共 120 个构建训练集，用剩余的 120 个作为测试集，取实验结果的最优值的各个参数设定（特征维数、隐层单元的个数、输出层单元个数），重复实验 10 次以平均值作为最终识别精度结果，BP神经网络诊断的精度结果如图 7.7 所示。

图 7.7 采用 BPNN 作为分类器对故障进行识别，可以从图中发现采用不同的振动谱图像表征方法和图像特征参数提

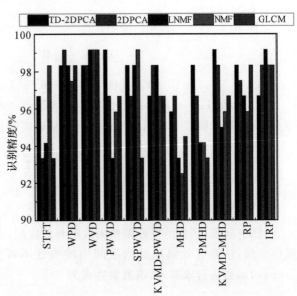

图 7.7　振动谱图像参数的 BP 神经网络诊断精度识别

取方法识别率并无明显规律。

7.4 振动谱图像特征参数的 SVM 识别分类

支持向量机的发展最初是为解决两分类问题,然而现实生活中存在着大量多类型并存的现象,目前,通过改造算法来满足多分类需求主要体现为两种方式:①"一般线性化"方法,通过引入松弛变量改造优化函数,直接解决多分类问题;②"核空间理论"方法,借助核函数将样本数据从低维空间映射至高维属性空间,间接性地解决低维空间内的线性不可分问题。

7.4.1 SVM 基本算法

1."一般线性化"法

对于低维输入空间,设线性可分样本集 (X_i, y_i), $i=1,2,\cdots,n$; $X \in \mathbf{R}^d$, $y \in \{1,-1\}$ 为类别标号。则 d 维空间中线性判别函数为

$$g(\boldsymbol{X}) = \boldsymbol{W} \cdot \boldsymbol{X} + b \tag{7-8}$$

其分类超平面的决策方程可表示为:

$$\boldsymbol{W} \cdot \boldsymbol{X} + b = 0 \tag{7-9}$$

式中 $\boldsymbol{X}$——输入变量;

$\boldsymbol{W}$——权值向量;

b——偏置。

实际中就是通过不断的调整系数 $\boldsymbol{W}$ 和 b 使得满足 $|g(\boldsymbol{X})| \geqslant 1$,即

$$\left.\begin{array}{l} W^{\mathrm{T}} X_i + b \geqslant 0, \quad y_k = 1 \\ W^{\mathrm{T}} X_i + b \leqslant 0, \quad y_k = -1 \end{array}\right\} \tag{7-10}$$

此时,称与超平面相离最近的两类不同向量为支持向量,它们间的最大距离称隔离边缘,$\rho = \dfrac{2}{\|\boldsymbol{W}\|}$,因此求隔离边缘最大化转化为求 $\|\boldsymbol{W}\|$ 最小化,优化问题体现为

$$\min_{\boldsymbol{W}} = \frac{1}{2}\|\boldsymbol{W}\|^2 = \frac{1}{2}(\boldsymbol{W} \cdot \boldsymbol{W}) \tag{7-11}$$

$$\text{s.t. } y_i[(\boldsymbol{W} \cdot \boldsymbol{X}_i) + b] - 1 \geqslant 0 \quad (i=1,2,\cdots) \tag{7-12}$$

对于如图 7.8(a) 所示的线性不可分问题,"一般线性化"的方法是在优化算法中加入松弛变量,一次性求解多目标函数的优化问题从而实现样本点的多分类情况,如图 7.8(b) 所示。

$$\min_{\boldsymbol{W}} = \frac{1}{2}\|\boldsymbol{W}\|^2 = \frac{1}{2}(\boldsymbol{W} \cdot \boldsymbol{W}) + C\sum_{i=1}^{n} \xi_i \tag{7-13}$$

$$\text{s.t. } y_i[(\boldsymbol{W} \cdot x_i) + b - 1 + \xi_i \geqslant \quad (i,1,2,\cdots,n)] \tag{7-14}$$

2."核空间理论"法

"核空间理论"法的核心是核函数的有效应用,由此可将样本数据从低维空间映射至高维属性空间,从而有效解决低维空间中的线性不可分问题。也可通过构造其拉格朗日(Lagrange)函数进行求解,其函数表达式为

$$J(\boldsymbol{W},b,\alpha) = \frac{1}{2}\boldsymbol{W}^{\mathrm{T}}\boldsymbol{W} - \sum_{i=1}^{n} \alpha_i [y_i(\boldsymbol{W} \cdot \boldsymbol{X}_i + b) - 1] \tag{7-15}$$

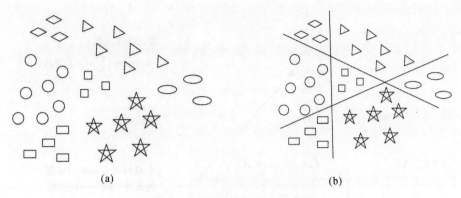

$$(a) \qquad\qquad\qquad\qquad (b)$$

图 7.8　多目标优化的分类问题

由式(7－15)对 W 和 b 求偏导得

$$\begin{cases} \dfrac{\delta J}{\delta W} = 0 \Leftrightarrow W = \displaystyle\sum_{i=1}^{n} \alpha_i y_i X_i \\[2mm] \dfrac{\delta J}{\delta b} = 0 \Leftrightarrow \displaystyle\sum_{i=1}^{n} \alpha_i y_i = 0 \end{cases} \qquad (7-16)$$

由式(7－16)可转化为求解原问题的对偶问题，即

$$\max Q(\alpha) = J(W, b, \alpha) = \sum_{i=1}^{n} \alpha_i - \frac{1}{2} \sum_{i,j=1}^{n} \alpha_i \alpha_j y_i y_j X_i^{\mathrm{T}} X_j \qquad (7-17)$$

$$\text{s. t.} \sum_{i=1}^{n} \alpha_i y_i = 0, \quad \alpha_i \geqslant 0 \qquad (7-18)$$

通过求解对偶问题，可得最优 $Lagrange$ 算子 α_i^* 及偏置 b，此时最终判别函数为

$$f(x) = \mathrm{sgn}\left\{ \sum_{i=1}^{n} \alpha_i^* y_i K(X_i, X) + b^* \right\} \qquad (7-19)$$

式(7－19)中可知，将原问题转化为求解对偶问题的优点在于有关对偶问题的计算完全是根据训练数据 $y_i y_j X_i^{\mathrm{T}} X_j$ 来进行的，即求 $Q(\alpha)$ 最大化的过程中仅需要求解输入样本数据的点积。同时，核函数的应用取代了高维空间中的点积运算，从而避免在此空间中作点积运算引起的"维数灾难"问题。以核函数为中心的"核空间理论"算法的设计过程如图 7.9 所示。

综上所述，由于"一般线性化"法在计算过程中需要一次性考虑所有样本数据，当样本数据中的变量较多时，其计算量相当大，因此大量的研究只停留在理论层面，在解决实际问题时，大部分采用的仍是以核函数为中心的"核空间理论"法。

3.SVM 核多分类算法

以核函数为中心的 SVM 是通过组合多个两类子分类器实现多分类目的，根据子分类器功能的不同可将多分类算法分为"一对多"(OAA)、"一对一"(OAO)以及"二叉树"(BT)。

(1)"一对多"多分类算法。"一对多"多分类算法是最早用于多类样本分类识别的分类法，其子分类器实现的功能是将样本中的某一类与其他所有类别分隔开来。以样本集(A、B、C，D)为例，共有 4 类样本数据，"一对多"多分类算法需要构造与样本类别数相同的 4 个子分类器。训练阶段，每个子分类器规定以某一类样本数据为正类，其余样本数据为负类。测试阶段，将待测样本依次输入子分类器，可得 4 个判别函数的输出值，最终以判别函数值最大时的

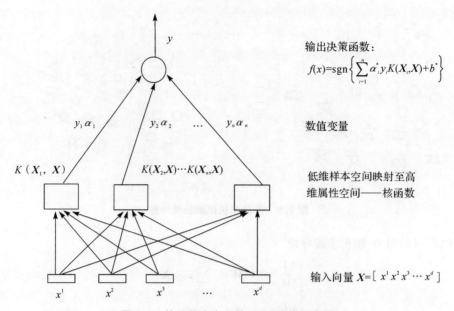

输出决策函数：
$$f(x)=\mathrm{sgn}\left\{\sum_{i=1}^{n}\alpha_i^* y_i K(X_i,X)+b^*\right\}$$

数值变量

低维样本空间映射至高
维属性空间——核函数

输入向量 $X=[\ x^1\ x^2\ x^3\ \cdots\ x^d\ ]$

图 7.9　核函数为中心的 SVM 结构示意图

那一类,确定为输入样本的类别。"一对多"支持向量机的分类模型如图 7.10 所示。从图中可知,"一对多"多分类算法中涉及的子分类器个数与样本类别数相同,且每个子分类器在训练时均需要所有训练样本数据的参与,当分类样本数较多,样本属性复杂时,分类效率往往欠佳。

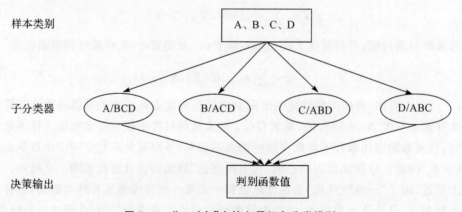

图 7.10　"一对多"支持向量机多分类模型

　　(2)"一对一"多分类算法。"一对一"多分类算法是在"一对多"算法的基础上,将分类模型的训练过程更加细化,其子分类器实现的功能是对待测样本数据在某两种样本类型中做出选择。同样以样本集(A、B、C、D)为例,此时需要设计 $4\times(4-1)/2$ 个子分类器。训练阶段,每个子分类器中只包含两类样本数据,以其中一类样本数据为正类,另一类数据为负类。测试阶段,将待测样本依次输入各个子分类器,每个子分类器会对样本类型进行投票,统计最终票数,并以得票数最多的那一类为待测样本类别。"一对一"支持向量机的分类模型如图 7.11 所示。

　　由图可知,虽然每个子分类器在训练过程中仅涉及两类样本数据,降低了算法复杂度,但同时增加了子分类器个数,即 k 类样本数据需要设计 C_k^2 个子分类器,对具有较多类型的样本数据进行分类时,参与训练的子分类器个数较多。

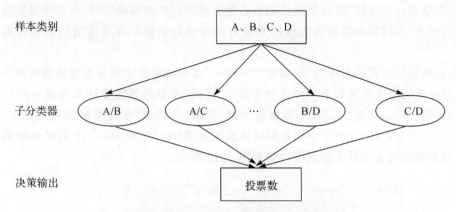

图 7.11　"一对一"支持向量机多分类模型

　　(3)"二叉树"多分类算法。"二叉树"多分类算法是将"树状结构"引入多分类算法的设计当中。在分类模型层次结构的确定中,充分考虑到样本数据在分割时的优先级,即训练模型时按一定的标准确定不同类样本数据的分割顺序,按顺序将对应的样本类别依次从所有样本中分离出去,直至每个节点只包含一种样本数据。在测试阶段,某未知样本通常情况下不需要历经所有子分类器,只需等某一子分类器对样本完成预测,即可确定样本类别。按照模型层次结构的不同可将"二叉树"分类模型分为"全二叉树"模型和"偏二叉树"模型,分别如图 7.12(a)(b)所示。

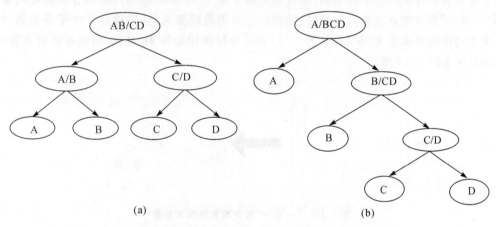

(a)　　　　　　　　　　　　　　　　(b)

图 7.12　"二叉树"支持向量机多分类模型

　　由图 7.12 可知,对相同样本集进行分类时,"二叉树"模型所构造的子分类器个数在 3 种分类模型中最少,即 k 类样本数据需设计($k-1$)个子分类器。由于该模型中各子分类器的重要性不同,子分类的顺序对模型的分类准确率有较大影响,有时会出现"误差累计"的现象。与"全二叉树"相比,"偏二叉树"模型的应用范围广、构造简单,因此本章只讨论以"偏二叉树"模型为基础的二叉树多分类算法。

　　由上述可知,不同多分类算法构造的分类模型各不相同。同时,由于对待测样本类型的判别方式不同,会出现不同类型的误差结果。例如在"一对多"多分类算法中出现分类重叠和不可分现象;"一对一"算法的子分类器只解决两类分类问题,避免了未知样本的不可分现象,但会存在分类重叠;"二叉树"多分类算法的核心是在模型层次结构确定时,充分考虑各样本数据的优先性,因此,不同样本数据优先性的界定方式最终会对整个分类模型的识别效果有较大影响。

本节将从数学矩阵的角度对"一对多""一对一"多分类算法中的分类重叠和不可分现象进行分析,并按类间样本距离和类内样本分布对"二叉树"多分类算法中样本数据分割优先性的界定进行讨论。以三分类(A、B、C)数据集为例,采用"一对多"多分类算法进行分类,训练阶段需设计 3 个子分类器,每个子分类器对样本数据正类(+1)、负类(-1)的区分结果用矩阵 D 表示,用该算法对未知样本的预测结果如图 7.13 所示。

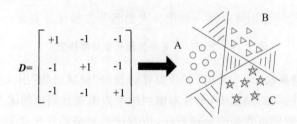

图 7.13 "一对多"多分类算法预测结果

图 7.13 中的阴影部分即该算法容易出现的分类重叠和不可分区域。从矩阵角度分析原因,当一个未知样本依次输入子分类器时,3 个子分类器都可能将输入样本归为负类,或是不同的子分类器将样本归为不同类别,因此就出现了图 7.13 所示的不可分和分类重叠的部分。采用"一对一"多分类算法进行分类时,同样以三分类数据集为例,需设计 3 个子分类器,每个子分类器对待测样本正类(+1)、负类(-1)的区分结果用矩阵 D 表示,用该算法对未知样本的预测结果如图 7.14 所示。

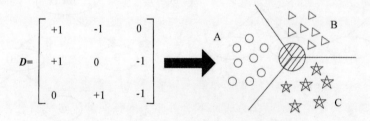

图 7.14 "一对一"多分类算法预测结果

图 7.14 中的阴影部分即该算法容易出现的分类重叠区域。由于算法中的子分类器仅是对未知样本在两个类别中进行投票,因此不可能出现不可分的情况。而阴影部分的样本数据在历经 3 个子分类器时,有可能投票给 3 个不同的样本类别,进而造成了分类重叠的现象。

由"二叉树"多分类算法的原理可知,该算法在分类模型训练之前依据一定的规则对样本分割的优先级进行排序,按照此样本分割的顺序完成训练后,对任意输入的待测样本均可以按照分类模型对其完成分类。该算法在一定程度上抑制了上述两种算法中的不可分及分类重叠的现象,其核心在于"二叉树"模型层次结构的确定,即不同样本类别分割优先级的界定。常见的界定方式有基于类间样本距离和类内样本分布两种,分别如图 7.15(a)和(b)所示。

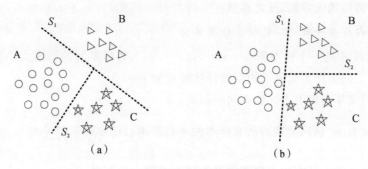

图 7.15　最优分类面分割示意图

图 7.15 中的 S_1 和 S_2 分别代表第一最优分类面和第二最优分类面。基于类间样本距离的界定方式是将某一类样本与其他所有类别样本的平均距离,按从大到小的顺序依次排列,并以此顺序确定"二叉树"模型的层次结构,该原则是利用样本集间距离越大越容易分割的优势来提高模型结构的分类能力。基于类内样本分布原则是按照不同样本类别分布面积由大到小的顺序确定层次结构,此原则是利用样本分布越广越容易分割的优势来提高模型结构的分类能力的。

4.基于类间、类内测度可分的改进二叉树 SVM

类的可分性测度是对样本数据进行可分性排序的依据,若想实现类间样本距离越大且类内样本分布越广的类别优先分割,则需要在原有界定方式的基础上对可分性测度进行重新定义。由于欧式距离计算简单,在处理多维数据时运算速度较快,在基于"核空间理论"法的 SVM 多分类应用方法中,无论是低维输入空间还是经核函数映射后的高维属性空间,均表现出良好的适用性,因此本书选取欧式距离作为样本集可分性测度的度量依据。样本间欧式距离的定义如下:

假设每个样本中包含相同个数的属性值,若将某一个样本的第 k 个属性值看作是 k 维空间中的一点,则 n 个属性就是 k 维空间中的 n 个点,此时第 i 个样本与第 j 个样本之间的距离为

$$D_{ij} = (\boldsymbol{X}_i - \boldsymbol{X}_j)^{\mathrm{T}}(\boldsymbol{X}_i - \boldsymbol{X}_j) = \sqrt{\sum_{k=1}^{n}(x_{ik} - x_{jk})^2} \tag{7-20}$$

显然有 $-1 \leqslant D_{ij} \leqslant 1$,距离 D_{ij} 越小则样本越相近,相反则越疏远。

改进的可分性测度计算方式是在类间样本距离和类内样本分布的基础上发展而来的,因此,本节首先对基于欧式距离度量的类间样本距离和类内样本分布进行说明。

5.基于类间样本距离的二叉树多分类算法

设有两个样本集合 $\{x_i, i=1,2,\cdots,n\}$ 和 $\{y_i, i=1,2,\cdots,m\}$ 其中 $x_i \in A$ 类,$y_i \in B$ 类,此时 A 类与 B 类的类间样本平均距离计算流程如下:

(1)计算来自不同类别两样本间的距离:$d_{ij}^{xy} = d(x_i, y_j)$;

(2)计算样本 x_i 到类别 B 中所有样本间的平均距离:$D_i^{xy} = \dfrac{1}{m}\sum_{j=1}^{m} d_{ij}^{xy}$;

(3)计算不同类别样本集间的平均距离:$\mathrm{DBS}^{xy} = \dfrac{1}{n}\sum_{i=1}^{n} D_i^{xy}$。

以类间样本距离的大小定义类的可分性测度,在二叉树模型层次结构确定过程中,将类间

平均距离大的类别优先分割,反之亦然。

6.基于类内样本分布的二叉树多分类算法

对于类别 A 中的一个样本集 $\{x_i, i=1,2,\cdots,n\}$,各样本间的距离大小反映了该类样本集的分布情况。同类样本间的平均距离计算流程如下:

(1)计算同类样本集中不同样本间的距离:$d_{ij}^x = d(x_i, x_j)$;

(2)计算样本 x_i 到同类别内所有样本的平均距离:$D_i^x = \dfrac{1}{n-1}\sum_{j=1}^{n-1}d_{ij}^x$;

(3)计算同类别内所有样本到类内其他样本间的平均距离:$DS^x = \dfrac{1}{n}\sum_{i=1}^{n}D_i^x$ 。

根据类内样本平均距离的大小确定类的可分性,在二叉树模型层次结构的确定中,同类样本间平均距离越大,说明该样本集分布越广越容易分割,反之亦然。

改进二叉树多分类算法的目的是将类间样本距离越大且类内样本分布越广的类别优先分割,类间样本距离和类内样本分布是两种测量样本集距离的不同方式,可实现对样本分布的定量描述,属于同一性质参数。因此可通过权值 β 将这两种描述方式结合起来,实现融合两类算法的定量分析,则类的可分析测度可重新定义为:

$$L_{A,B} = DBS^{xy} + \beta(DS^x + DS^y) \tag{7-21}$$

由式(7-20)可知,DBS^{xy} 反映了类 A 样本集和类 B 样本集之间的平均距离,DS^x 和 DS^y 分别反映了类 A 和类 B 的类内样本的平均距离,β 为权值系数。当类间样本平均距离相等时,类内样本分布越广则 $L_{A,B}$ 越大,类的可分性越好;当类内样本平均距离相等时,类间样本平均距离越大则 $L_{A,B}$ 越大,类的可分性越好。由此可知,类间样本距离和类内样本分布均能对 $L_{A,B}$ 产生影响,$L_{A,B}$ 的大小综合反映了样本集的可分性能。

7.改进二叉树 SVM 多分类算法

重新定义的可分性测度是通过权值 β 来调节类间样本距离与类内样本分布在计算类的可分性时的权重关系。因此想到用参数优化的思想,不断地变换 β 值的大小,进而更新二叉树模型的层次结构,直至层次结构不再改变时,确定参数 β 的变化区间。不同的 β 值决定不同的二叉树模型,在对相同的样本数据进行分类时识别率也不同,当识别率最高时所对应的权值大小为系数 β 的最优取值。由此可确定的改进二叉树多分类算法的计算流程如下:

(1)根据训练样本,以 2^0 为权值系数 β 的初始值,并计算各类别样本集的类间样本距离 DBS 和类内样本分布 DS;

(2)由计算出的可分性测度 $SL = L_{i,j}, i,j=1,2,\cdots,N, i \neq j$ 来构造对称矩阵 SL 来表示可分性测度;

$$SL = \begin{bmatrix} 0 & L_{1,2} & \cdots & L_{1,N-1} & L_{1,N} \\ L_{2,1} & 0 & \cdots & L_{2,N-1} & L_{2,N} \\ \vdots & \vdots & & \vdots & \vdots \\ L_{N-1,1} & L_{N-1,2} & \cdots & 0 & L_{N-1,N} \\ L_{N,1} & L_{N,2} & \cdots & L_{N,N-1} & 0 \end{bmatrix} \tag{7-22}$$

(3)对 SL 中每一行的数据进行加和,根据和值大小确定不同类别可分性的优先级,当两类样本的可分性测度相同时,取类别标号小的那一类优先分割,确定当前权值下的二叉树模型层次结构；

（4）根据当前模型的层次结构，取可分性最高那一类样本为正类，剩余所有样本为负类，训练得到第一个 SVM 子分类器；

（5）取上一步中所有负类样本中可分性最高的样本类别为正类，剩余所有样本为负类，训练得到第二个 SVM 子分类器；

（6）重复（5）的过程，直至层次结构中的每个节点只包含一类样本数据为止，确定整个 SVM 模型的构建；

（7）以 2 的整数幂为系数 β 的取值依据，不断变化 β 值大小，重复（2）～（6）的过程，当层次结构不再发生变化时，确定结构模型。

（8）通过测试样本，计算各权值系数 β 所对应的模型结构经遗传算法对 SVM 核函数参数多次寻优后的最高识别率，对比各模型结构的最高识别率，取识别率最高的模型结构所对应的权值系数 β 为最优权值系数，此时的模型结构即为最优二叉树模型层次结构。

为验证改进二叉树算法的有效性，采用国际 UCI 数据库中用于分类的数据集 Wine、Iris、Glass 以及 Breast Tissue，分别采用"一对多""一对一""距离二叉树""分布二叉树"以及"改进二叉树"算法对仿真数据集进行分类识别，见表 7.1。

表 7.1　仿真数据集

数据集	训练样本	测试样本	类别个数	特征个数
Wine	89	89	3	13
Iris	75	75	3	4
Glass	107	107	6	9
Breast Tissue	53	53	6	9

为避免样本数据集中特征变量的取值范围差异过大，在 SVM 模型训练之前对数据进行预处理，即将训练集与测试集中的数据值归一化至 $[0,1]$ 区间。SVM 中核函数选用径向基核函数（RBF）$K(x,y) = \mathrm{e}^{-\|x-y\|^2/2\sigma^2}$，核函数参数为 σ。在利用不同多分类算法对数据集进行分类研究时，采用遗传算法对核函数参数 σ 及惩罚系数 c 进行多次寻优，其中遗传算法的最大进化代数取 50，最大种群数取默认值 20，交叉概率为 0.9，参数 σ 和 c 的变化范围均取 $[0,100]$，并进行 5 次交叉验证。当 SVM 识别率最高时所对应的参数大小即为 σ 和 c 的最优取值。

在改进二叉树多分类算法中，权值系数 β 值不同时，其多分类模型的层次结构也不相同。根据算法中的描述，以 2 的多次幂为取值序列，不断调整权值大小直至分类模型的结构不再变化，从而确定层次结构的不同可能性。针对不同的层次结构，利用遗传算法进行 5 次参数寻优，取最高识别率为该模型结构的最终识别率，最终对比不同层次结构下的最高识别率，识别率最好的那一种模型结构即为最终二叉树模型结构，此时该模型所对应的 β 值，即为权值系数的最优取值。

分别采用"一对多""一对一""距离二叉树""分布二叉树"以及"改进二叉树"多分类算法对上述 4 种数据集进行分类识别，其分类结果见表 7.2，同时从算法中参数寻优完成开始计时，记录各多分类算法模型的建立与预测分类的时间，结果见表 7.3。

表 7.2　各多分类算法的识别结果及参数取值

数据集	一对多 （ c　σ ） R/%	一对一 （ c　σ ） R/%	距离二叉树 （ c　σ ） R/%	分布二叉树 （ c　σ ） R/%	改进二叉树 （ c　σ ） β，R/%
Wine	3.7, 3.8 96.3	14.1, 3.5 97.75	4.7, 3.3 97.33	27.3, 3.07 98.1	0.8, 1.0 2，99.05
Iris	7.8, 31.9 90.67	5.8, 31.6 92	4.8, 26.8 92	4.4, 21.4 93.33	40.5, 0.04 1，97.33
Glass	20.6, 2.3 64.31	1.6, 5.4 62.61	18.8, 5 64.72	34.8, 4.2 65.31	28.8, 4.6 0.25，67.83
Breast Tissue	16.9, 4.4 52.83	16, 4.4 62.26	57, 8.07 64.06	25.1, 2.3 64.57	55.4, 8.8 0.125，66.15

表 7.3　各多分类算法的计算时间(单位:s)

数据集	一对多	一对一	距离二叉树	分布二叉树	改进二叉树
Wine	0.024	0.3	0.028	0.028	0.016
Iris	0.016	0.001	0.007	0.008	0.015
Glass	0.038	0.004	0.034	0.027	0.023
Breast Tissue	0.026	0.017	0.026	0.013	0.015

　　由表 7.2 可知,对所有仿真数据集来讲,由于改进二叉树多分类算法在确定模型层次结构时,充分考虑到数据集中不同类别的可分性,因此其识别准确率均高于其他多分类算法。其中,数据集 Iris 的改进二叉树多分类识别准确率,相比其他多分类算法提升较为明显;而另外三种数据集的改进二叉树识别准确率均在其他多分类算法的基础上有一定的提高。由表 7.3 可知,由于"一对多"多分类算法在构造多个子分类器时均需要所有样本数据的参与,每一个未知样本的预测需要历经所有子分类器,因此在识别过程中计算时间最长。而虽然"一对一"多分类算法构造的子分类器个数较多,但每个子分类在构造时仅需两类样本数据的参与,因此与"一对多"多分类相比减少了计算时间。二叉树结构的多分类算法无论是在构造子分类器个数上,还是对未知样本的预测时历经的分类器个数上均少于其他多分类算法,因此计算效率较高。综上所述,"改进二叉树"多分类算法相比其他多分类算法而言,具有较强的优越性,是一种有效的多分类算法。

7.4.2　基于振动谱图不变矩特征的内燃机 SVM 故障诊断

　　计算 8 种工况下所有振动谱图像的不变矩特征,每种工况可得 60 组特征,以各工况的前 30 组特征为训练集,后 30 组特征为测试集,分别用"一对多""一对一""距离二叉树""分布二叉树"和"改进二叉树"多分类算法对不变矩特征进行分类识别,各类工况的识别准确率结果见表 7.4。此时,"改进二叉树"多分类算法模型的层次结构及平均识别率见表 7.5。

表 7.4　不同工况下多分类算法的识别准确率

算　法	各工况下识别准确率/%								平均识别率/%
	工况 1	工况 2	工况 3	工况 4	工况 5	工况 6	工况 7	工况 8	
一对多	93.33	83.33	76.67	90	80	93.33	86.67	70	84.17
一对一	100	80	86.67	93.33	76.67	96.67	86.67	66.67	85.83
距离二叉树	100	86.67	86.67	93.33	86.67	66.67	90	76.67	84.58
分布二叉树	100	86.67	83.33	93.33	83.33	83.33	90	76.67	87.08
改进二叉树	100	93.33	90	93.33	80	83.33	90	80	88.75

表 7.5　改进二叉树层次结构及平均识别率

权值 K	二叉树层次结构								平均识别率/%
2^{-2}	W_1	W_6	W_7	W_2	W_3	W_5	W_4	W_8	88.33
2^{-1}	W_6	W_7	W_1	W_3	W_2	W_5	W_4	W_8	87.50
2^0	W_6	W_7	W_1	W_2	W_3	W_5	W_4	W_8	88.75

由表 7.5 可知,不同多分类算法对图像不变矩特征的识别结果均不十分理想,这是因为提取的 7 个图像不变矩仅由低阶($p+q \leqslant 3$)归一化中心距的非线性组合得到,无法对图像某些细节特征进行很好的描述,同时,由于振动谱图像本身的特点导致了不变矩特征的差异性不够明显,相比"一对多""一对一"多分类算法来讲,二叉树模型结构的多分类算法识别准确率较高,其中改进二叉树多分类算法的识别准确率最高可达 88.75%,验证了该算法的优越性。

7.4.3　基于振动谱图灰度共生矩阵特征的内燃机 SVM 故障诊断

现在提取内燃机离散 GST 振动谱图像的灰度共生矩阵特征,分别输入"一对多""一对一""距离二叉树""分布二叉树"和"改进二叉树"多分类算法,并对识别结果进行讨论分析。

在对振动谱图像进行灰度共生矩阵特征提取时,根据多次试验结果,取灰度级 $j=50$,距离 $d=2$,角度 $\theta = 45°$,8 种工况共提取 480 组图像特征,以每种工况的前 30 组特征为训练集,后 30 组特征为测试集,五种多分类算法的识别结果见表 7.6,此时"改进二叉树"多分类算法模型的层次结构见表 7.7。

表 7.6　不同工况下多分类算法的识别准确率

算　法	各工况下识别准确率/%								平均识别率/%
	工况 1	工况 2	工况 3	工况 4	工况 5	工况 6	工况 7	工况 8	
一对多	90	76.67	86.67	70	76.67	80	73.33	83.33	79.58
一对一	93.33	73.33	86.67	76.67	80	80	83.33	86.67	82.5
距离二叉树	93.33	76.67	83.33	76.67	80	76.67	83.33	83.33	81.67
分布二叉树	96.67	76.67	86.67	73.33	83.33	80	80	86.67	82.92
改进二叉树	96.67	76.67	83.33	80	83.33	83.33	86.67	83.33	84.17

表 7.7　改进二叉树层次结构及平均识别率

权值 K	二叉树层次结构								平均识别率/%
2^{-1}	W_1	W_6	W_7	W_3	W_2	W_4	W_5	W_8	84.17
2^0	W_6	W_1	W_7	W_2	W_3	W_4	W_5	W_8	83.33
2^1	W_6	W_7	W_1	W_2	W_3	W_4	W_5	W_8	82.92

由表 7.6 可知,针对工况 1 振动谱图像的灰度共生矩阵特征来讲,五种多分类算法的识别准确率相对较高,这是因为当气门间隙正常时,内燃机正常运行,振动谱图像的局部灰度特征较为明显;而对工况 4 来讲,五种多分类算法的识别率相对较低,这是因为当排气门漏气时,气缸内气体燃烧做功不充分导致振动谱图像的局部灰度特征杂乱无章,进而影响识别准确率;同时,任何一种工况在进行图像特征提取时,均受到灰度共生矩阵参数设置的影响,不同参数大小及组合可得到不同振动谱图像特征,相对来讲,改进二叉树多分类算法的识别准确率稍高于其他四种多分类算法,8 种工况的平均识别率最高达 84.17%。

7.4.4　基于振动谱图 TD - 2DPCA 特征的内燃机 SVM 故障诊断

现在通过 TD - 2DPCA 提取离散 GST 振动谱图像编码特征,并利用"一对多""一对一""距离二叉树""分布二叉树"和"改进二叉树"五种多分类算法对其进行分类识别,从而实现内燃机的故障诊断。

同样以 $h \times d = 10 \times 10$ 维对图像进行编码特征提取,每种工况前 30 组特征为训练集,后 30 组特征为测试集,五种多分类算法的识别结果见表 7.8,此时"改进二叉树"多分类算法模型的层次结构见表 7.9。

表 7.8　不同工况下多分类算法的识别准确率

算法	各工况下识别准确率/%								平均识别率/%
	工况 1	工况 2	工况 3	工况 4	工况 5	工况 6	工况 7	工况 8	
一对多	100	90	93.33	100	73.33	96.67	83.33	96.67	91.67
一对一	100	93.33	100	100	73.33	96.67	90	96.67	93.75
距离二叉树	100	90	100	90	90	90	90	96.67	94.58
分布二叉树	100	93.33	100	96.67	86.67	83.33	90	93.33	94.17
改进二叉树	100	93.33	100	100	86.67	93.33	90	100	95.42

表 7.9　改进二叉树层次结构及平均识别率

权值 K	二叉树层次结构								平均识别率/%
2^{-3}	W_1	W_6	W_4	W_2	W_7	W_8	W_3	W_5	95.42
2^{-2}	W_1	W_6	W_4	W_2	W_8	W_7	W_3	W_5	94.58
2^{-1}	W_1	W_6	W_2	W_4	W_8	W_7	W_3	W_5	95

由表 7.8 可知,除工况 5 以外,五种多分类算法对其他各工况均有较高识别准确率,充分说明图像编码特征在反映不同工况振动谱图像特征信息方面的优越性。正是由于在二叉树模

型搭建前期,对不同类别样本集分割优先级的合理界定,二叉树模型多分类识别算法的识别准确率才均高于"一对多""一对一"算法,改进二叉树模型经权值优化后得到更加科学、严谨的二叉树层次结构,其平均识别率最高达 95.42%。

7.5　基于振动数据可视化诊断的旋转机械故障诊断推广应用

上述对内燃机振动的数据可视化诊断方法进行了深入研究,实现了基于振动谱图像的表征、分析和识别的内燃机故障诊断。该方法是否具有普适性,是否可以适用于旋转机械故障诊断领域?针对该问题,本章以旋转机械中的轴承为对象,考察了内燃机振动数据可视化诊断方法在轴承故障诊断中的应用效果,拟通过 IRP 实现轴承振动谱图像的表征,通过 TD‐2DPCA 实现轴承振动谱图像特征参数提取,通过 KNNC 实现轴承振动谱图像识别分类,诊断轴承的内圈、外圈和滚动体故障,为机械故障诊断探索了一条新途径。在此基础上,针对轴承的故障诊断问题提出了一种基于 VMD 近似熵和 SVM 的轴承故障诊断有效方法,并将该方法推广应用在内燃机故障诊断中,考察了该方法在内燃机故障诊断中的应用效果。

7.5.1　滚动轴承振动数据采集

实验依据实测轴承振动信号,采用某部队装备的变速箱轴承故障信号,故障轴承为 6205 型深沟球轴承。在输出端轴承的内、外圈沟道和滚珠表面分别设置 $2mm^2$ 左右的点蚀故障对应于常见的内圈、外圈和滚动体损伤,具体工况设置见表 7.10,故障轴承和传感器分布如图 7.16 和图 7.17 所示。变速箱运行时,输出轴的转速为 1 750r·min(f_r=29.17Hz),负载 25 N.m,采样频率 1.2kHz,选取垂直振动 3 传感器采集的数据。实验采集轴承 4 种工况下各 100 个振动信号样本,总计 400 个,每个样本数据长度为 825。

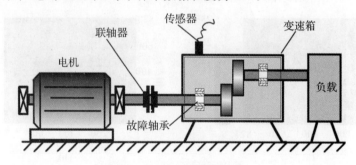

图 7.16　变速箱装置简图

图 7.17　传感器布置图

表 7.10　四种实验工况故障部位设置

故障部位	1	2	3	4
内圈	否	是	否	否
外圈	否	否	是	否
滚珠	否	否	否	是

7.5.2　IRP‐TD‐2DPCA‐KNNC 的轴承故障诊断

IRP～TD‐2DPCA～KNNC 方法对轴承的故障诊断，共分为以下两个步骤：①对采集到的轴承振动信号生成 IRP 图像；②采用 TD‐2DPCA 方法对生成的递归图像进行特征参数提取，从中选取能够有效表征轴承工作状态的特征参数向量对分类器进行训练，用训练好的分类器对待分类特征参数进行分类识别，完成对轴承的故障诊断。

用 IRP 对采集到的轴承信号进行振动谱图像表征，结果如图 7.18 所示。图 7.18 中 IRP 能够对轴承的运行状态进行很好的表征，轴承不同工况间振动信号的 IRP 分布有较大差异。工况 1 即正常状态时，递归灰度图没有显著的结构特征，表明系统存在多种结构的混叠，图中稀疏的浅色交叉带表明系统在运行中出现了阶段突变；深色的水平或垂直线段说明该时间段内系统状态保持不变或变化缓慢。工况 2 即轴承内圈故障状态时，浅色交叉带将递归灰度图分割成多个方块且浅色交叉带面积明显增加，这是由于轴承内圈故障，周期性的冲击作用，系统中存在激烈的突变；工况 3 即轴承外圈故障状态时，图中浅色交叉带明显度下降，这表明轴承处于外圈故障时，外圈要小于内圈的故障特征频率，系统的突变减少；工况 4 即轴承滚动体故障状态时，此时图中浅色交叉带已经不太明显，这是因为轴承滚动体故障特征频率相对较小，阶段性突进一步减少。综上所述，IRP 用于描述轴承系统工作状态是有效的、可行的。

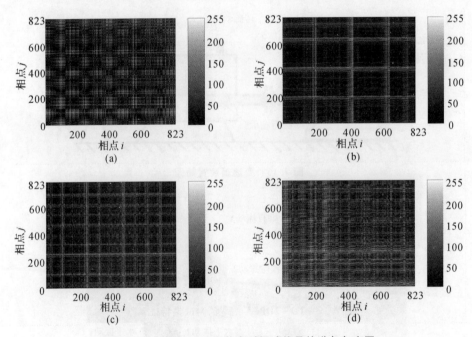

图 7.18　轴承处于不同状态时振动信号的递归灰度图

(a)工况 1；(b)工况 2；(c)工况 3；(d)工况 4

采用 TD－2DPCA 对得到的振动谱图像进行特征参数提取。图 7.19 给出的是特征维数 $h \times d = 5 \times 5$ 时,递归灰度图像训练集对应的特征系数 H,每种工况下选取 5 个 H 显示。从图中可以看出 TD－2DPCA 对数据进行了非常有效的降维,将 823×823 维数据压缩到 5×5 维,大大降低了识别复杂度和计算量,并且同种工况编码矩阵像素灰度值较为相似,不同工况间区别较大,有利于下一步的分类识别。

在对轴承工况进行分类时,选取 KNNC 作为轴承工况判别的智能学习机器。从四类工况中每一类中随机选出 50 个编码,矩阵 H 共 200 个,组成训练样本集合。然后用剩余的 200 个系数向量进行分类测试,用识别正确率作为指标来评价书中方法的性能。

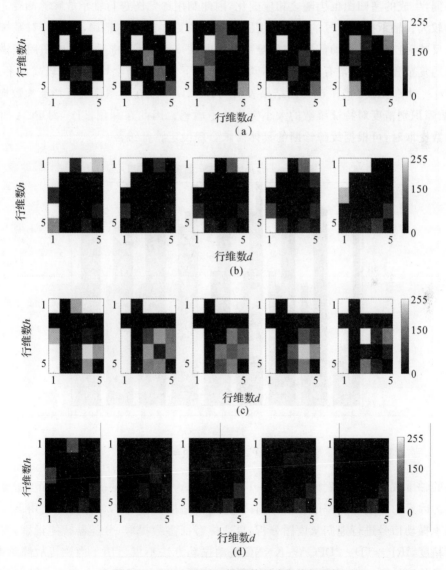

图 7.19　TD－2DPCA 提取的测试集特征系数

(a)工况 1;(b)工况 2;(c)工况 3;(d)工况 4

为进一步表明文中基于 IRP 和 TD－2DPCA 轴承诊断方法的有效性,采用对比的方法,

分别令 $r_1 = 0.2 \times \mathrm{dist_{max}}$，$r_2 = 0.4 \times \mathrm{dist_{max}}$，$r_3 = 0.6 \times \mathrm{dist_{max}}$ 对采集到的信号进行 RP 生成，采用 TD–2DPCA 对上述得到的图像进行特征参数提取，两次提取的特征维数分别为 $d \times h =$ $[2 \times 2, 3 \times 3, \cdots, 10 \times 10]$，采用 KNNC 对上述参数识别和工况分类，重复实验过程 10 次，分类精度如图 7.20 所示(图中横坐标表示特征维数，纵坐标表示识别精度，不同的颜色代表不同的振动谱图像可视化表征方法)。从图中可以看出，使用 RP 方法对轴承振动信号进行递归图生成，随阈值 r 的取值不同其识别率也各不相同，当 $r_1 = 0.2 \times \mathrm{dist_{max}}$ 时，平均识别精度较高，最高可达 96.67%，随着阈值的增加，平均识别精度有所下降。这是因为，当 r 取值过小或取值过大生成的递归图像都不能充分反映系统的复杂度，两种情况均不利于分类识别。阈值 r 取值的不同，生成的递归图也会随之相应变化，因此利用递归图进行轴承故障诊断受主观人为因素影响较大。轴承振动信号的递归灰度图较递归图更加细致与精确，能较好对系统的复杂程度进行反映，且每一个振动信号，对应唯一的递归灰度图，因此将递归灰度图用于描述轴承系统状态的复杂程度是非常有效的，在不同特征维度下其识别精度均保持了较高水平，最高可达 99.80%。对轴承的 4 类工况诊断结果表明，TD–2DPCA 在对图像进行特征参数提取过程中，轴承故障识别精度对特征维数的大小变化并不敏感。因此在利用 TD–2DPCA 对图像进行特征参数提取时，可根据故障诊断的具体需求合理设定特征维数。

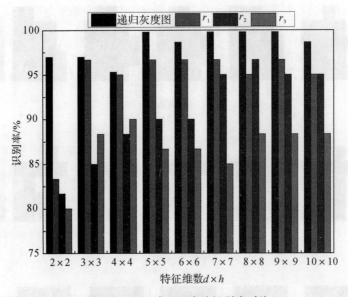

图 7.20　IRP 与 RP 方法识别率对比

上述的轴承故障诊断实例说明 IRP～TD–2DPCA～KNNC 的故障诊断方法避免了传统方法中人为因素对识别准确率的影响，具有较好的自适应性和噪声鲁棒性。使用该方法直接对含噪轴承振动信号进行递归灰度图分析、自适应特征参数提取、分类器智能识别，具有较高故障诊断精度，IRP～TD–2DPCA～KNNC 振动振动方法不仅适用于内燃机故障诊断，同样适用于轴承故障诊断。当然内燃机振动诊断的方法还有很多，但由于内燃机和轴承的振动信号特性差异较大，因此内燃机振动诊断方法并不一定全都适用于轴承故障诊断，在这里，只是提供一种思路和参考，表明利用图像对内燃机诊断的方法可以应用到其他一些领域。

7.5.3　基于 VMD 近似熵和支持向量机的故障诊断方法

近似熵(Approximate Entropy，AE)是用来衡量时间序列自相似程度的一个度量。当轴承发生不同的故障时，振动信号不同频带内的 AE 会呈现出不同。本节将 VMD、AE 和 SVM 相结合，提出 VMD－AE－SVM 的轴承故障诊断新方法，首先用 VMD 将信号分解成预设的几个频带，然后计算每个频带的 AE，最后用 SVM 分类识别完成诊断。下面将 VMD－AE～SVM 方法用于轴承振动信号的故障诊断。

已知 $X(i)$ 为 N 个数据点的时间序列$\{x(1),x(2),\cdots,x(N)\}$，AE 算法如下：

(1)按设定模式维数 m 重构相空间 $X(i)$，$X(i)=[x(i),x(i+q),\cdots,x(i+m-1)]$，其中 $i=1,2,\cdots,N-m+1$；

(2)定义矢量距离 $d[X(i),X(j)]$ 为 $X(i)$ 和 $X(j)$ 对应元素中的最大差值，即

$$d[X(i),X(j)]=\max_{k=0,\cdots,m-1}\{|x(i+k)-x(j+k)|\} \tag{7-23}$$

(3)给定相似容限 $r(r>0)$，对于每一个 i 值，计算 $d[X(i),X(j)]$ 小于 r 的数目 $\mathrm{Num}\{d[X(i),X(j)]<r\}$，然后和矢量总数 $N-m+1$ 作比值，即

$$C_i^m(r)=\frac{1}{N-m+1}\mathrm{Num}\{d[X(i),X(j)]<r\} \tag{7-24}$$
$$i,j=1,\cdots,N-m+1,i\neq j$$

(4)对 $C_i^m(r)$ 求对数，并对所有的 i 求均值，记为 $\Phi^m(r)$，则有

$$\Phi^m(r)=\frac{1}{N-m+1}\sum_{i=1}^{N-m+1}\ln C_i^m(r) \tag{7-25}$$

(5)增加模式维数 $m=m+1$，重复(1)~(4)，求得 $\Phi^{m+1}(r)$。

(6)定义近似熵为

$$ApEn(m,r,N)=\Phi^m(r)-\Phi^{m+1}(r) \tag{7-26}$$

$ApEn$ 的值与 m,r 和 N 的取值有关，但对 N 的依赖程度最小，一般情况下取 $m=2,r=0\sim0.25\mathrm{SD}$，SD 是时间序列标准差。由 AE 的算法构造可知，AE 反映的是时间序列的自相似程度。

VMD－AE～SVM 的轴承故障诊断方法共分为以下几个步骤：首先采集轴承典型故障下的振动信号；用 VMD 分别对得到的典型轴承故障信号进行分解；统计各 IMF 分量的 AE；将得到的 AE 向量作为训练样本对 SVM 分类器进行训练；有了训练好的 SVM 分类器之后，就可以对在线采集的信号或待诊断故障信号按照上述提取特征参数的方法构造待诊断故障样本并将其输入训练好的分类器，完成在线故障诊断。具体诊断过程如图 7.21 所示。

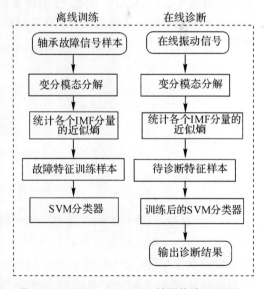

图 7.21　VMD－AE～SVM 轴承故障流程图

实验平台与故障轴承均与 5.1 节中所示相同，实验共采集轴承 4 种工况下(1 种正常工况，3 种故障工况)各 50 个信号样本，总计 200 个，每个样本长度为 3 000(由于 AE 用来衡量时间序列的自相似程度，所以太短的时间序列难以取得预期效果)。图 7.22 所示为实测振动信号的时域波形，从工况 1 至工况 4 依次对应轴承正常、

外圈剥落、内圈腐蚀和滚动体剥落。图中仅凭时域信息很难判断其对应的故障类型。

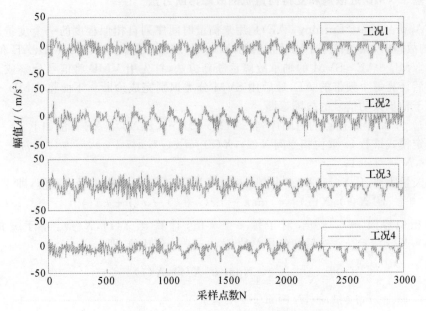

图 7.22　四种典型工况下的轴承振动信号

为验证 VMD－AE～SVM 的有效性和故障诊断准确率，本书采取如下方案：

（1）对采集到的 200 个实验数据分别进行 VMD 分解。在利用 VMD 对信号进行分解时，由于分解后得到的各频带模态分量中心频率不同，分解层数 K 可用观察中心频率的方法确定。在实验过程中当 $K=4$ 时，四种工况的振动信号在频带分解适宜，没有出现模态混叠，有利于计算各个频段的 AE。图 7.23 为轴承正常状态信号的 VMD 分解结果，图 7.24 为 VMD 分解结果的频谱图。可以看出 VMD 可对信号进行不同频带的表征，很好地抑制了模态混叠现象。

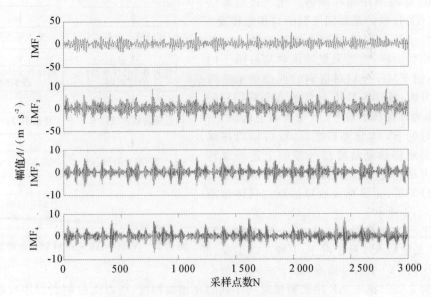

图 7.23　轴承正常信号的 VMD 分解结果

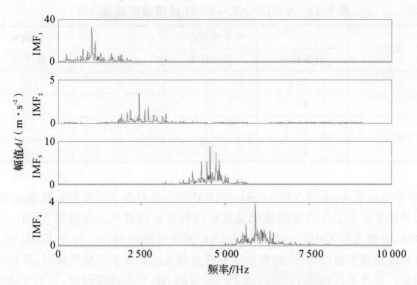

图 7.24   正常信号 VMD 分解结果的频谱图

(2)对 200 个实验数据的 VMD 分解结果进行 AE 统计,并将此作为特征向量。这里在每种工况中选取了 3 个特征向量进行说明,结果见表 7.11。

表 7.11   四种实验工况的近似熵

工况	信号编号	IMF_1	IMF_2	IMF_3	IMF_4
	1	0.011 9	0.355 2	0.411 7	0.495 7
1	2	0.011 7	0.332 6	0.409 4	0.497 3
	3	0.012 2	0.335 7	0.411 5	0.505 7
	1	0.013 7	0.262 3	0.377 6	0.577 1
2	2	0.015 0	0.237 5	0.353 1	0.603 3
	3	0.013 5	0.255 9	0.355 7	0.609 4
	1	0.010 2	0.209 6	0.351 4	0.471 3
3	2	0.010 1	0.216 7	0.343 5	0.469 7
	3	0.010 9	0.218 1	0.350 1	0.473 9
	1	0.015 7	0.339 6	0.401 0	0.633 9
4	2	0.013 2	0.367 3	0.411 7	0.647 2
	3	0.014 5	0.350 1	0.399 8	0.650 3

(3)在对轴承 4 种不同工况进行分类时,从四类工况中每一类中随机选出 25 个近似熵向量共 100 个,组成训练样本集合用于训练 SVM,采用网格搜索法选择最优核函数参数与惩罚系数。然后用剩余的 100 个系数向量对训练好的 SVM 进行分类测试,用识别正确率作为指标来评价书中方法的性能。为减少实验误差,重复上述实验 10 次取均值,其各工况识别结果见表 7.12。

表 7.12　VMD - AE～SVM 故障诊断精度（%）

工况	样本情况(个)			识别准确率/%
	训练样本	测试样本	识别错误	
1	25	25	1	96
2	25	25	0	100
3	25	25	0	100
4	25	25	0	100

表 7.12 中可以看出,采用 VMD - AE～SVM 的方法对各个工况均具有很高的识别精度,说明该方法对轴承各个工况信号的特征量表征具有很好的效果。为说明 VMD - AE～SVM 方法的有效性,分别选取 EMD - AE、LMD - AE 来进行分析对比。由于 EMD 和 LMD 在对信号进行分析的过程中包络拟合、边界效应和终止筛选的标准不严格等原因,易出现伪分量和模态混叠现象。因此单纯取每个 IMF(或 PF)分量的 AE 作为特征向量,会出现特征向量长度不一的现象,且伪分量的 AE 引入会带来冗余信息,对分类器的识别正确率产生较大影响。因此特征向量取各信号分解后的前 4 个 IMF(或 PF)的 AE 分量。采用上述方法,统计 AE 特征向量,并用 SVM 分类器进行分类,重复上述实验过程 10 遍,取平均值作为最终结果,见表 7.13。

表 7.13　不同方法的轴承故障诊断精度（单位:%）

方　法	各工况识别准确率				总体识别准确率
	工况 1	工况 2	工况 3	工况 4	
EMD - AE	88	92	92	100	93
LMD - AE	80	88	96	100	90
VMD - AE	96	100	100	100	99

由表 7.13 中可以看出,在 EMD - AE、LMD - AE 作为样本进行分类时,识别率不高,这是由于在使用 EMD 和 LMD 进行信号分解时,受模态混叠影响较大,分解后各 IMF(或 PF)包含的频段 AE 也会受到影响,进而降低了识别准确率。采用 VMD - AE,VMD 能很好的地信号进行频段上不同尺度表征,因此 AE 向量更具分类特性,易于分类器的分类。表 7.13 表明 VMD - AE 方法更适用于轴承的故障诊断。

VMD - AE～SVM 能够出色地反映轴承不同故障类型信号的频段特征,对轴承的工作状态进行自动化识别,且故障诊断的性能要比 EMD - AE～SVM、LMD - AE～SVM 高。但在实验过程中尝试将该方法应用于内燃机气门间隙的故障诊断时,故障诊断精度却并不高,在实验过程中通过选取不同参数最高识别率只有 73.5%。分析其原因主要是内燃机的故障机理和振动信号成分相比旋转机械来说要复杂得多。内燃机在工作过程中既包含了旋转运动,又包含了往复运动,运动形式复杂而且运动的部件较多,反映在内燃机振动信号中呈现出典型的非线性和非平稳特性,进而导致了对其实施故障诊断的困难性。

7.6　本章小结

本章研究了振动谱图像特征参数的 KNNC 识别分类方法、振动谱图像特征参数的 BP 神经网络识别分类方法以及振动谱图像特征参数的 SVM 识别分类方法。重点分析了基于类间样本距离和类内样本分布对样本类别可分性测度方法,提出了一种新测度计算方法,通过加权类间样本距离与类内样本平均距离二者的可分性测度,兼顾了类间样本和类内样本可分优势,保证了类间样本距离越大并且类内样本分布越广的样本类别优先分割。提出基于改进二叉树 SVM 多分类算法的内燃机振动谱图分类识别方法,通过计算类间、类内测度权值系数 β 所对应的模型结构对 SVM 核函数参数多次寻优后的最高识别率,以此确定最优二叉树模型层次结构,设计了最优二叉树模型层次结构的改进二叉树多分类算法,并给出了算法流程。UCI 数据集仿真分析,验证了改进二叉树 SVM 多分类算法的有效性。

将内燃机的数据可视化诊断方法 IRP~TD-2DPCA~KNNC 引入旋转机械中。实验以轴承为例,取得了很高的故障诊断精度,为旋转机械故障诊断提供了思路。提出了轴承的 VMD-AE~SVM 故障诊断方法,取得较好的效果,将该方法应用在内燃机故障诊断中,结果表明该方法并不适用于内燃机中。这说明因旋转机械和往复式机械的振动机理不同、非平稳信号特征不同,一些应用在旋转机械的有效诊断方法并不能应用在往复式机械。由此可见,内燃机振动的数据可视化诊断方法具有一定的推广性,但应结合故障诊断对象的信号特点选取合适的方法进行;反之,也可结合内燃机振动信号的特点,对其他领域中的方法进行借鉴。

参 考 文 献

[1] ANDREW K S, DAMING L, DRAGAN B. A review on machinery diagnostics and prognostics implementing condition-based maintenance [J]. Mechanical Systems and Signal Processing, 2006, 20(7): 1483-1510.

[2] 刘世元, 杜润生, 杨叔子. 内燃机缸盖振动信号的特性与诊断应用研究[J]. 华中理工大学学报, 1999, 27(7): 48-51.

[3] SHARKEY A J C, CHANDROTH G O, SHARKEY N E. A multi-net system for the fault diagnosis of a diesel engine [J]. Neural Computing & Applications, 2000, 9(2): 152-160.

[4] FENG KUN, JIANG Z N, HE W, et al. A recognition and novelty detection approach based on Curvelet transform, nonlinear PCA and SVM with application to indicator diagram diagnosis [J]. Expert Systems with Applications, 2011, 38(10): 12721-12729.

[5] WANG F, SONG L, ZHANG L, et al. Fault diagnosis for reciprocating air compressor valve using P-V indicator diagram and SVM [C]. // Third International Symposium on Information Science and Engineering, 2010: 1-25.

[6] 许友林, 陈丹丹, 熊玲. 舰船柴油机缸内工作过程监测系统设计与实现[J]. 国外电子测量技术, 2015, 4: 54-59.

[7] 许洪瑜, 冯慧华, 宋豫, 等. 基于活塞运动规律的自由活塞发动机燃烧放热规律[J]. 内燃机学报, 2015, 5: 413-419.

[8] 姚广涛, 伍恒, 张卫锋, 等. 基于温度数据相关分析的 DPF 故障诊断策略[J]. 内燃机工程, 2016, 3: 36-41.

[9] 马修真, 陈志显, 李文辉, 等. 基于模糊理论的增压系统故障诊断[J]. 内燃机学报, 2001, 19(5): 473-476.

[10] WANG X, UWE K, GEORGE W I, et al. Nonlinear PCA with the local approach for diesel engine fault detection and diagnosis [J]. IEEE Control Systems Society, 2008, 16(1): 122-129.

[11] KUMAR P R, LAKSHMANAN D, PAGE T. Independent component analysis and comparative analysis of oil and acoustic emission technique for condition monitoring of diesel engines [J]. Asian Journal of Research in Social Sciences and Humanities, 2017, 7(2): 730-739.

[12] RAMEZANI S, MEMARIANI A. A fuzzy rule based system for fault diagnosis, using oil analysis results [J]. International Journal of Industrial Engineering and Production Research, 2011, 22(2): 91-98.

[13] MACIáN V, TORMOS B, OLMEDA P, et al. Analytical approach to wear rate determination for internal combustion engine condition monitoring based on oil analysis [J]. Tribology International, 2003, 36(10): 771-776.

[14] CAO WEI, DONG GUANGNENG, CHEN W, et al. Multisensor information integration for online wear condition monitoring of diesel engines [J]. Tribology International, 2015, 82(A): 68 – 77.

[15] 郝延龙, 潘新祥, 严志军, 等. 基于显微图像的在线润滑油中磨粒识别[J]. 润滑与密封, 2017, 42(4): 53 – 59.

[16] Surapol Raadnui. Wear particle analysis-utilization of quantitative computer image analysis: A review [J]. International Journal of Industrial Engineering and Production Research, 2011, 22(2): 91 – 98.

[17] DU LI, ZHEJIANG, JOAN CARLETTA, et al. Real-time monitoring of wear debris in lubrication oil using a microfluidic inductive coulter counting device [J]. Microfluidics and Nanofluidics, 2010, 9(6): 1241 – 1245.

[18] 郝志勇, 韩军. 小波变换技术在内燃机振声信号分析中的应用[J]. 内燃机工程, 2003, 24(6): 7 – 10.

[19] ALBARBAR A, GU F, BALL A D. Diesel engine fuel injection monitoring using acoustic measurements and independent component analysis [J]. Measurement, 2010, 43(10): 1376 – 1386.

[20] TOMASZ FIGLUS, ŠTEFAN LIšLáK, Andrzej Wilk. Condition monitoring of engine timing system by using wavelet packet decomposition of a acoustic signal [J]. Journal of Mechanical Science and Technology, 2014, 28(5): 1663 – 1671.

[21] ELAMIN F, GU F, BALL A. Diesel engine injector faults detection using acoustic emissions technique [J]. Journal of KONES, 2011, 18(3): 203 – 210.

[21] Lus T. Vibro-acoustic methods in marine diesel engines diagnostics [J]. Modern Applied Science, 2010, 4(9): 3 – 13.

[23] LI ZHIXIONG, YAN XINPING, YUAN CHENGQING, et al. Intelligent fault diagnosis method for marine diesel engines using instantaneous angular speed [J]. Journal of Mechanical Science and Technology, 2012, 8: 2413 – 2423.

[24] AHMED A G, JYOTI K S. Shaft instantaneous angular speed for blade vibration in rotating machine [J]. Mechanical Systems and Signal Processing, 2014, 1(2): 47 – 59.

[25] FRANCISCO J J, JOSé A B, DANIEL P G. Measurement and analysis of instantaneous torque and angular velocity variations of a low speed two stroke diesel engine [J]. Mechanical Systems and Signal Processing, 2014, 1(2): 135 – 153.

[26] 王帅, 向阳, 王磊. 基于集总经验模态分解和极坐标表示的瞬时转速诊断方法[J]. 中国机械工程, 2017, 28(15): 1848 – 1853.

[27] YIU L T, PETER W T. A low-cost and effective automobile engine fault diagnosis using instantaneous angular velocity evaluation [J]. International Journal of Strategic Engineering Asset Management, 2014, 2(1): 12 – 21.

[28] 谢雅. 基于神经网络的滚动轴承故障快速检测方法[J]. 计算机系统应用, 2010, 19(9): 224 – 226.

[29] 王柏杨，刘永强，廖英英. 滚动轴承故障信号时域特征指标的敏感性分析[J]. 轴承，2015，10：45－48.

[30] 王小玲，陈进，从云飞. 基于时频的频带熵方法在滚动轴承故障识别中的应用[J]. 振动与冲击，2012，31(18)：29－33.

[31] OTMANBASIR, YUAN XIAOHONG. Engine fault diagnosis based on multi-sensor information fusion using Dempster－Shafer evidence theory [J]. Information Fusion, 2007, 8(4)：379－386.

[32] 屈梁生. 机械故障的全息诊断原理[M]. 北京：科学出版社，2007.

[33] Rolf Isermann. Model-based fault-detection and diagnosis－status and applications [J]. Annual Reviews in Control, 2005, 29(1)：71－85.

[34] 罗毅，甄立敬. 基于小波包与倒频谱分析的风电机组齿轮裂纹诊断方法[J]. 振动与冲击，2015，34(3)：210-214.

[35] BI FENGRONG, LIU YIPING. Fault diagnosis of value clearance in diesel engine based on BP neural network and support vector machine [J]. Tanscations og Tianjin University, 2016, 22(6)：536－543.

[36] 刘尚坤，唐贵基. 改进的 VMD 方法及其在转子故障诊断中的应用[J]. 动力工程学报，2016，36(6)：448－453.

[37] FRANCIS E, SHEN LIXIANG. Fault diagnosis based on Rough Set Theory [J]. Engineering Applications of Artificial Intelligence, 2003, 16(1)：39－43.

[38] 桂勇，韩勤锴，李峰，等. 变速行星齿轮系统故障诊断方法[J]. 振动、测试与诊断，2016，36(2)：220-226.

[39] 彭富强，于德介，武春燕. 基于自适应事变滤波阶比跟踪的齿轮箱故障诊断[J]. 机械工程学报，2012，48(7)：77－85.

[40] 杜永祚，秦志英. 旋转机械动态信号全息谱分析[J]. 振动、测试与诊断，2002，22(2)：81－88.

[41] 胡彦红，张雷，林建中，等. 基于全息谱的转子系统故障诊断分析[J]. 振动与冲击，2009，28(12)：164－166.

[42] 刘建敏，刘远宏，江鹏程，等. 基于包络 S 变换时频图像提取齿轮故障特征[J]. 振动与冲击，2014，33(1)：165－169.

[43] VLADIMIR DEKYSA, PETER KALMANB, PAVEL HANAKB, et al. Determination of vibration sources by using STFT [J]. Procedia Engineering, 2017, 177(1)：496－501.

[44] ELIAS G S, SELIN A, SYED S H. Time-frequency analysis for efficient fault diagnosis and failure prognosis for interior permanent-magnet AC motors [J]. IEEE Transactions on Industrial Electronics, 2008, 55(12)：4191－4199.

[45] LI CHUAN, LIANG MING. Time－frequency signal analysis for gearbox fault diagnosis using a generalized synchrosqueezing transform [J]. Mechanical Systems and Signal Processing, 2012, 26：205－217.

[46] WANG YAN ,WU XI, LI WENZAO, et al. Analysis of micro-Doppler signatures of

vibration targets using EMD and SPWVD [J]. Neurocomputing, 2016(171): 48 - 56.

[47] WANG HONGCHAO, CHEN JIN Dong Guangming. Feature extraction of rolling bearing's early weak fault based on EEMD and tunable Q-factor wavelet transform [J]. Mechanical Systems and Signal Processing, 2014, 48(2): 103 - 119.

[48] Hassen Keskes, Ahmed Braham, Zied Lachiri. Broken rotor bar diagnosis in induction machines through stationary wavelet packet transform and multiclass wavelet SVM [J]. Electric Power Systems Research, 2013, 97(1): 151 - 157.

[49] CHEN JIAYU, ZHOU DONG, L C, et al. An integrated method based on CEEMD-SampEn and the correlation analysis algorithm for the fault diagnosis of a gearbox under different working conditions [J]. Electric Power Systems Research, 2013, 97(1): 151 - 157.

[50] 夏勇, 张振仁, 陈卫昌, 等. 基于图像处理与神经网络的内燃机故障诊断研究[J]. 内燃机学报, 2001, 19(4): 356 - 360.

[51] 夏勇, 商斌梁, 张振仁, 等. 分形维数在内燃机振动诊断中的应用[J]. 振动、测试与诊断, 2001, 21(3): 55 - 59, 73 - 74.

[52] WANG CHENGDONG, ZHANG YOUYUN, Zhong Zhanyuan. Fault diagnosis for diesel valve trains based on time-frequency images [J]. Mechanical Systems and Signal Processing, 2008, 22(8): 1981 - 1993.

[53] 王成栋, 张优云, 夏勇. 模糊函数图像在柴油机气阀故障诊断中的应用研究[J]. 内燃机学报, 2004, 22(2): 162 - 168.

[54] 蔡艳平, 李艾华, 王涛, 等. 基于时频谱图与图像分割的柴油机故障诊断[J]. 内燃机学报, 2011, 29(2): 181 - 186.

[55] 张前图, 房立清. 基于图像形状特征和 LLTSA 的故障诊断方法[J]. 振动与冲击, 2016, 35(9): 172 - 177.

[56] 张云强, 张培林, 吴定海, 等. 基于最优广义 S 变换和脉冲耦合神经网络的轴承故障诊断[J]. 振动与冲击, 2015, 34(9): 26 - 31.

[57] 刘昱, 张俊红, 毕凤荣, 等. 基于 Wigner 分布和分形维数的柴油机故障诊断[J]. 振动、测试与诊断, 2016, 36(2): 240-245, 397 - 398.

[58] YANG YONGSHENG, MING ANBO, ZHANG YOUYUN, et al. Discriminative non-negative matrix factorization (DNMF) and its application to the fault diagnosis of diesel engine [J]. Mechanical Systems and Signal Processing, 2017, 95: 158 - 171.

[59] 曹龙汉. 内燃机智能诊断技术[M]. 北京: 国防工业出版社, 2005.

[60] 刘世元. 基于瞬时转速与缸盖振动信号的内燃机故障诊断方法研究[D]. 武汉: 华中理工大学, 1998.

[61] 商斌梁. 遗传算法与内燃机的智能诊断. 西安: 第二炮兵工程学院. 2003.

[62] 金萍, 陈怡然, 白烨. 内燃机表面振动信号的性质[J]. 天津大学学报, 2000, 33(1): 63 - 68.

[63] CHO. S. H, T. AHN, et al. A simple model to estimate the impact force induced by piston slap. Journal of Sound and Vibration, 2002, 255(2): 229 - 242.

[64] 王金甲. 基于多元数据图表示的可视化模式识别研究[D]. 秦皇岛:燕山大学,2009.

[65] 王志瑞,闫彩良. 图像特征提取方法的综述[J]. 吉首大学学报(自然科学版),2011,32(5):43-47.

[66] 延伟东. 图像特征提取方法的研究[D]. 西安:西北工业大学,2007.

[67] 王丽亚. 图像的特征提取和分类[D]. 西安:西安电子科技大学,2006.

[68] 苏红军,杜培军,盛业华. 高光谱遥感数据光谱特征提取算法与分类研究[J]. 计算机应用研究,2008,25(2):390-394.

[69] 伍梦琦,李中伟,钟凯,等. 基于几何特征和图像特征的点云自适应拼接方法[J]. 光学学报,2015,35(2):237-244.

[70] 刘德营,赵三琴,丁为民,等. 基于图像频谱特征的稻飞虱识别方法[J]. 农业工程学报,2012,28(7):184-188.

[71] 方智文,曹治国,肖阳. 基于多尺度局部极值和边缘检测的目标性算法[J]. 信号处理,2016,32(8):911-921.

[72] 陈蕾. 基于过零点检测的虹膜识别算法研究[D]. 沈阳:沈阳工业大学,2009.

[73] 高朝阳,张太发,曲亚男. 图像边缘检测研究进展[J]. 科技导报,2010,28(20):112-117.

[74] 刘路. 基于改进支持向量机和纹理图像分析的旋转机械故障诊断[D]. 天津:天津大学,2011.

[75] 王亚萍,许迪,葛江华,等. 基于SPWVD时频图纹理特征的滚动轴承故障诊断[J]. 振动.测试与诊断、2017,37(1):115-119,203.

[76] 谢菲. 图像纹理特征的提取和图像分类系统研究及实现[D]. 西安:电子科技大学,2009.

[77] 于海鹏. 基于数字图像处理学的木材纹理定量化研究[D]. 哈尔滨:东北林业大学,2005.

[78] 杜莹萍. 基于小波变换和多尺度多方向自相关函数法织物疵点检测[D]. 西安:西安工程大学,2015.

[79] 郝研. 分形维数特性分析及故障诊断分形方法研究[D]. 天津:天津大学,2012.

[80] 熊四昌,计时鸣,樊炜,等. 基于马尔可夫随机场工件表面纹理模型的刀具状态监测[J]. 中国机械工程,2004,15(8):22-24.

[81] 张刚,马宗民. 一种采用Gabor小波的纹理特征提取方法[J]. 中国图象图形学报,2010,2(15):247-254.

[82] HARALICK R M, SHANMUGAN K, Dinstein I. Textural features for image classification [J]. IEEE Transactions on Systems, Man and Cybernetics, 1973, 6(3):610-621.

[83] REED T R, DUBUF J M H. A review of recent textures segmentation and feature extraction techniques [J]. CVGIP: Image Understanding, 1993, 57(3):359-372.

[84] TUCERYAN M, JAIN A K. Texture analysis, handbook of pattern recognition and computer vision [M]. Signapore: World Scientific, 1993.

[85] 郭军,马金凤,王爱学. 基于改进GLCM的侧扫声纳影像分类研究[J]. 测绘工程,

2016，25(6)：6－9.

[86]   ULABY F T, KOUYATE F, BRISCo B. Textural information in SAR iamges [J].
       IEEE Transactions on Geoscience and Remote Sensing，1986，24(2)：235－245.

[87]   Ojala T, Pietikäinen M, Mäenp T. Multiresolution gray scale and rotation invariant
       texture classification with local binary patterns [J]. IEEE Transactions on Pattern A-
       nalysis and Machine Intelligence，2002，24(7)：971－987.

[88]   柴凯，张梅军，黄杰，等. 基于时频特征和 PCA-KELM 的液压系统故障诊断[J]. 解
       放军理工大学学报(自然科学版)，2015，16(4)：394－400.

[89]   吕亚平. 基于时频分析的机械故障源盲分离方法研究[D]. 郑州：郑州大学，2009.

[90]   田宁，范玉刚，吴建德，等. 单向阀的小波包核主元分析故障检测[J]. 计算机应用，
       2013，33(1)：291－294.

[91]   陈佩. 主成分分析法研究及其在特征提取中的应用[D]. 西安：陕西师范大学，2014.

[92]   张龙翔. 改进的模块 2DPCA 人脸识别方法[J]. 计算机工程与应用，2010，46(13)：
       147－150.

[93]   蔡月. 基于 DCT 和奇异值分解的数字水印算法研究[D]. 武汉：武汉理工大学，2006.

[94]   王超，孔凡让，黄伟国，等. 改进的奇异值分解在轴承故障诊断中的应用[J]. 振动工
       程学报，2014，27(2)：296－303.

[95]   HAN ZHONGZHI, WAN, JIANHUA, D L, et al. Oil adulteration identification by
       hyperspectral imaging using QHM and ICA [J]. PLOS ONE，2016，11(1)：1－13.

[96]   姚鑫. 改进的 ICA 故障诊断方法研究[D]. 沈阳：沈阳理工大学，2013.

[97]   DESHPANDE A V. Design approach for a novel traffic sign recognition system by u-
       sing LDA and image segmentation by exploring the color and shape features of an im-
       age [J]. International Journal of Engineering Research and Applications，2014，11
       (4)：20-26.

[98]   谷春亮，尹宝才，孔德慧，等. 基于三维多分辨率模型与 Fisher 线性判别的人脸识别
       方法[J]. 计算机学报，2005，28(1)：97－104.

[99]   张贤达. 矩阵分析与应用[M]. 2 版. 北京：清华大学出版社，2013.

[100] 宿韬，张强，魏小鹏，等. 一种新颖的基于 NMF 的人脸识别方法[J]. 系统仿真学
       报，2009，21(12)：3614－3616，3621.

[101] 牟伟杰，石林锁，蔡艳平，等. 基于 KVMD-PWVD 与 LNMF 的柴油机振动谱图像识
       别诊断方法[J]. 振动与冲击，2017，36(2)：45－51，94.

[102] 蔡蕾，朱永生. 基于稀疏性非负矩阵分解和支持向量机的时频图像识别[J]. 自动化
       学报，2009，35(10)：1272－1277.

[103] 陈守海. 基于流形学习的滚动轴承早期故障识别方法研究[D]. 大连：大连理工大
       学，2014.

[104] JIANG QUANSHENG, JIA MINPING, H J, et al. Machinery fault diagnosis using
       supervised manifold learning [J]. Mechanical Systems and Signal Processing，2009，
       23(7)：2301－2311.

[105] He Qingbo. Time－frequency manifold for nonlinear feature extraction in machin-

ery fault diagnosis [J]. Mechanical Systems and Signal Processing, 2013, 35(1－2): 200/218.

[106] 岳应娟, 孙钢, 蔡艳平, 等. 内燃机 KVMD-MHD 振动谱图表征与 TD-2DPCA 编码诊断方法研究[J]. 振动工程学报, 2014(4): 688－696.

[107] LI FENG, WANG JIAXU, CHYU MINKING, et al. Weak fault diagnosis of rotating machinery based on feature reduction with Supervised Orthogonal Local Fisher Discriminant Analysis [J]. Neurocomputing, 2015, 168(1): 505－519.

[108] WANG QINGHUA, ZHANG YOUYUN, C L, et al. Fault diagnosis for diesel valve trains based on non-negative matrix factorization and neural network ensemble [J]. Mechanical Systems and Signal Processing, 2009, 23(5): 1683－1695.

[109] Porteiro J, Collazo J, Patiño D. Diesel engine condition monitoring using a multi-net neural network system with nonintrusive sensors [J]. Appl Therm Eng 2011, 31(17): 4097－4105.

[110] GUO Z, YUAN C, Li Z. Marine CM: condition identification of the cylinder liner-piston ring in a marine diesel engine using bispectrum analysis and artificial neural networks [J]. Insight: Non-Destruct Test Cond Monit 2013; 55(11): 621 － 626.

[111] 张华. 基于模糊诊断法的驱动桥故障诊断系统研究[D]. 长春:吉林大学, 2016.

[112] 刘世元, 杜润生, 杨叔子. 利用模糊模式识别诊断内燃机失火故障的研究[J]. 振动工程学报, 2000, 13(1): 41－49.

[113] GENG XUENA, OuYang Dantong, Zhang Yonggang. Model-based diagnosis of incomplete discrete-event system with rough set theory [J]. 中国科学　信息科学(英文版), 2017(1): 190-200.

[114] He Xixu, Chen Leiting, Jia Haitao. Building cognizance rule knowledge for fault diagnosis based on fuzzy rough sets [J]. Journal of Intelligent & Fuzzy Systems, 2015, 29(6): 2327－2333.

[115] 祁亨年. 支持向量机及其应用研究综述[J]. 计算机工程, 2004, 30(10): 6－9.

[116] AchmadWidodo, Bo-SukYang. Support vector machine in machine condition monitoring and fault diagnosis [J]. Mechanical Systems and Signal Processing, 2007, 21(6): 2560-2574.

[117] Feng Zhipeng, Liang Min, Chu Fulei. Recent advances in time-frequency analysis methods for machinery fault diagnosis: A review with application examples [J]. Mechanical Systems and Signal Processing, 2013, 38(1): 165－205.

[118] 兰旭光. 柴油机工作过程热力学研究[D]. 昆明:昆明理工大学, 2002.

[119] Khan N A, Sandsten M. Time-frequency image enhancement based on interference suppression in Wigner-Ville distribution [J]. Signal Processing, 2016, 127: 80-85.

[120] GUO JINKU, WU LINYING, YANG XIAOJUN, et al. Ultrasonic nondestructive signals processing based on matching pursuit with Gabor dictionary [J]. Journal of mechanical engineering, 2011, 24(4): 591－595.

[121] MANN S, HAYKIN S. "Chirplets" and "warblets": novel time-frequency methods

[J]. Browse Journals & Magazines, 1992, 2(28): 114 – 116.

[122] Zou Hongxing, Dai Qionghai, Zhou Xiaobo, et al. Dopplerlet based time frequency representation via matching pursuits [J]. Journal of Electronics (China), 2001, 3(18): 217 – 227.

[123] ZOU HONGXING, DAI QIONGHAI, WANG RENMING, et al. Parametric TFR via windowed exponential frequency modulated atoms [J]. IEEE Signal Processing Letters, 2001, 5(8): 140-142.

[124] N. E. Huang, et al. The empirical mode decomposition and the Hilbert spectrum for nonlinear and non-stationary time series analysis [J]. Procedures of the Royal Society of London, Series A, 1998, 454: 903 – 995.

[125] G. Rilling, P. Flandrin, P. Goncalves. On Empirical Mode Decomposition and Its Algorithms [C]. // In IEEE-Eurasip Workshop on Nonlinear Signal and Image Processing, NSIP-03, Grado (I), 2003.

[126] 沈国际, 陶利民, 陈仲生. 多频信号经验模态分解的理论研究及应用[J]. 振动工程学报, 2005, 18(1): 91 – 94..

[127] 林邵辉, 杜民, 高钦泉, 等. 基于 IRTK 和 VTK 的医学图像配准与可视化系统[J]. 软件与算法, 2017, 36(1): 11 – 14.

[128] 蒲晓川. 基于递归分析方法的齿轮故障诊断[D]. 武汉:武汉科技大学,2014.

[129] 邹红星, 戴琼海, 李衍达, 等. 不含交叉扰项且具有 WVD 聚集性的时频分布之不存在性[J]. 中国科学(E 辑), 2001, 31(4): 348 – 354.

[130] Stockwell R G. Why use the S-transform? [J]. Fields Institute Communications, 2007,52:279 – 309.

[131] 朱明, 李志农, 何旭平, 等. 基于广义 S 变换的滚动轴承故障诊断方法研究[J]. 机床与液压, 2015, 43(1): 181 – 184.

[132] 胡广书. 现代信号处理教程[M]. 2 版. 北京:清华大学出版社,2015.

[133] Antoni, J. Blind separation of vibration components: principles and demonstrations [J]. Mechanical Systems and Signal Processing. 2005, 19(6):1166 – 1180.

[134] 金阳. 加高斯窗的 STFT 对内燃机振动信号的适用性相关分析[D]. 杭州:浙江大学,2011.

[135] ZHAOHUA WU, et al. Enhancement of lidar backscatters signal-to-noise ratio using empirical mode decomposition method[J]. Advances in Adaptive Data Analysis, 2008, 1(1).

[136] YEH J R,SHIEH J S,NORDEN E, et al. Complementary ensemble empirical mode decomposition: a noise enhanced data analysis method[J]. Advances in Adaptive Data Analysis, 2010,2(2): 135 – 156.

[137] 陈亚农, 郤普刚, 何田, 等. 局部均值分解在滚动轴承故障综合诊断中的应用[J]. 振动与冲击,2012,31(3):73 – 78.

[138] 蔡艳平. EMD 改进算法及其在机械故障诊断中的应用研究[D]. 西安:第二炮兵工程学院,2011.

[139] LI C，ZHAN L，SHEN L. Friction Signal Denoising Using Complete Ensemble EMD with Adaptive Noise and Mutual Information[J]. Entropy，2015，17(9)：5965 - 5979.

[140] KONSTANTIN D，DOMINIQUE Z. Variational mode decomposition [J]. IEEE Tran on Signal Processing，2014，62(3)：531 - 544.

[141] 闫晓玲，董世运，徐滨士. 基于最优小波包 Shannon 熵的再制造电机转子缺陷诊断技术[J]. 机械工程学报，2016，52(4)：7 - 12.

[142] Mallat S，Zhang Zhifeng. Matching pursuits with time-frequency dictionaries [C]. IEEE Transactions on Signal Processing，1993，41(12)：3397 - 3415.

[143] SUBHASH CHANDRAN KS，ASHUTOSH MISHRA，VINAY SHIRHATTI，et al. Comparison of matching pursuit algorithm with other signal processing techniques for computation of the time-frequency power spectrum of Brain Signals [J]. Neurosci，2016，36(12)：3399 - 3408.

[144] 蒲晓川. 基于递归分析方法的齿轮故障诊断[D]. 武汉:武汉科技大学,2014.

[145] 王曦. 基于模态分解和定量递归分析的电能质量扰动信号分析与识别[D].昆明:昆明理工大学,2012.

[146] 冯永明,杨东勇,卢瑾. 全方位图像展开的双线性内插值法[J].计算机工程与应用,2008,44(15):54 - 55.

[147] ZHOU D，SHEN X，DONG W. Image zooming using directional cubic convolution interpolation [J]. IET Image Processing，2012，6(6)：627 - 634.

[148] 郑红,李钊,李俊. 灰度共生矩阵的快速实现和优化方法研究[J].仪器仪表学报,2012,33(11):2509 - 2515.

[149] 于海鹏,刘一星,张斌,等.应用空间灰度共生矩阵定量分析木材表面纹理特征[J]. 林业科学,2004.40(6):121 - 129.

[150] DempsterA P. Upper and lower probabilities induced by a multi-valued mapping[J]. Ann. Mathematical Statistics，1967，38：325 - 339.

[151] Shafer G. A Mathematical Theory of Evidence[M]. Princeton，N J：Princeton U P，1976.

[152] ZADEH L A. A simple view of the Dempster-Shafer theory of evidence and its implication for the rule of combination[J]. AI Magazine，1986，7：85 - 90.

[153] MurphyC K. Combining belief functions when evidence conflicts[J]. Decision Support Systems，2000，29：1 - 9.

[154] YONG D，et al. Combining belief functions based on distance of evidence[J]. Decision Support Systems，2004,38：489 - 493.

[155] 孙全,叶秀清,顾伟康. 一种新的基于证据理论的合成公式[J]. 电子学报,2000,28(8):117 - 119.

[156] Li Bicheng. Efficient combination rule of evidence theory[J]. Proceeding of SPIE，2001，4554:237 - 240.

[157] 李弼程,王波,等. 一种有效的证据理论合成公式[J]. 数据采集与处理,2002,17(1):

33 – 36.

[158] LEFEVRE E, et al. Belief function combination and confict management[J]. Information Fusion, 2002, 3: 149 – 162.

[159] Smets P. The combination of evidence in the transferable belief model[J]. IEEE Transactions on Pattern Analysis and Machine Intelligence, 1990, 12(5):447 – 458.

[160] YAGER R R. On the Dempster- Shafer framework and new combination rules[J]. Information Sciences, 1987,41: 93 – 138.

[161] DUBOIS D, PRADE H. Representation and combination of uncertainty with belief functions and possibility measures[J]. Computational Intelligence, 1998, 4:244 – 264.

[162] 赵玉丹. 基于 LBP 的图像纹理特征的提取及应用[D]. 西安:西安邮电大学,2015.

[163] 王丽,李瑞峰,王珂. 多尺度局部二值模式傅里叶直方图特征的表情识别[J]. 计算机应用,2014, 34(7):2036 – 2039;2065.

[164] 赵亚丁,沈宽. 用于 DR 图像缺陷检测的改进的 LBP 算法[J]. 计算机工程与应用,2016, 52(19): 179 – 183.

[165] 戚梦婷. 基于 Gabor 小波的多信息融合人脸识别算法[D]. 武汉:华中科技大学, 2013.

[166] JIAN YANG,ZHANG D,FRANGI A F,et al. Two-dimensional PCA: a new approach to appearance-based face representation and recognition[J]. Pattern Analysis and Machine Intelligence, 2004, 26(1):131 – 137.

[167] 李巍华,林龙,单外平.基于广义 S 变换与双向 2DPCA 的轴承故障诊断[J]. 振动、测试与诊断,2015,35 (3):499 – 506.

[168] LEE D D, SEUNG H S. Learning the parts of objects by non-negative matrix factorization [J]. Nature, 1999, 401(6755): 788 – 791.

[169] LEE D D, SEUNG H S. Algorithms for non-negative matrix factorization [J]. Advances in Neural Information Processing Systems, 2001, 13: 556 – 561.

[170] PATRIK O. HOYER. Non-negative matrix factorization with sparseness constraints [J]. Journal of Machine Learning Research, 2004(5):1457 – 1469.

[171] LIU WEIXIANG, Zheng Nanning, Lu Xiaofeng. Non-negative matrix factorization for visual coding [C]. //Washington: Proc of IEEE Int Conf on Acoustics, Speech and Signal Processing, 2003: 293 – 296.

[172] LI S Z, HOU X W, ZHANG H J, et al. Learning spatially localized, parts-based representation [J]. Proceedings of the IEEE Computer Society Conference on Computer Vision and Pattern Recognition, 2001, 1: 207 – 212.

[173] 卢湖川,李阳,黄英杰. 一种基于 LNMF 像素模式纹理特征的表情识别[J]. 大连理工大学学报, 2009, 49(6): 964 – 970.

[174] 吴月. 稀疏非负矩阵分解研究及其在手机图像中的应用[D]. 宁波:宁波大学,2014.

[175] 潘彬彬,陈文胜,徐晨. 基于分块非负矩阵分解人脸识别增量学习[J]. 计算机应用研究,2009,26(1): 117 – 120.

[176] Zhang Daoqiang, Chen Songcan, Zhou Zhihua. Two-Dimensional non-negative ma-

trix factorization for face representation and recognition [J]. Analysis and Modelling of Faces and Gestures, 2005, 3723: 350-363.

[177] 高宏娟. 基于 NMF 改进算法的人脸识别仿真研究[J]. 计算机仿真, 2011, 28(12): 231 - 235: 303.

[178] Gu Quanquan, Zhou Jie. Two dimensional nonnegative matrix factorization [C]. // 16th IEEE International Conference on Image Processing, 2009: 2069 - 2072.

[179] 段琪. 人脸特征提取与识别方法的比较研究[D]. 上海:华东理工大学, 2013.

[180] 曾勇. 广义近邻模式分类研究[D]. 上海:上海交通大学, 2009.

[181] 宋涛, 汤宝平, 李峰. 基于流行学习和 K-最近邻分类器的旋转机械故障诊断方法[J]. 振动与冲击, 2013, 32(5): 149 - 153.

[182] 杨涛, 张明远, 张传武, 等. 基于分形特征和神经网络的柴油机故障诊断[J]. 船电技术, 2015, 35(7): 18 - 20.

[183] YANG X, YU Q, HE L, et al. The one-against-all partition based binary tree support vector machine algorithms for multi-class classification[J]. Neurocomputing, 2013, 113: 1 - 7.

[184] Kressel U. Pairwise Classification and Support Vector Machines[A]. Advances in Kernel Methods Supports Vector learning[C]. Cambridge, MA: MIT Press, 1999: 255 - 268.

[185] XIA SHIYU, LI JIUXIAN, XIA LIANGZHENG, et al. Tree-structured support vector machines for multi-class classification [C]. Lecture Notes in Computer Science. vol. 4493. Berlin, Heidelberg: Spring-Verlag, 2007: 392 - 398.

[186] 袁胜发, 褚福磊. 次序二叉树支持向量机多类故障诊断算法研究[J]. 振动与冲击, 2009, 28(3): 51 - 55.

[187] A. J. C. SHARKEY, G. O. CHANDROTH, N. E. Sharkey. A Multi-Net System for the Fault Diagnosis of a Diesel Engine. [J]Neural Comput & Applic, 2000(9): 152 - 160.

[188] 张淑清, 孙国秀, 李亮, 等. 基于 LMD 近似熵和 FCM 聚类的机械故障诊断研究[J]. 仪器仪表学报, 2013, 34(3): 714 - 719.

[189] HUANG N E, SHEN Z. The Empirical Mode Decomposition and Hilbert Spectrum for Nonlinear and Non-stationary Time Series Analysis[J]. Proceedings of the Royal Society of London. London A , 1998, 454: 903 - 993.

[190] 程军圣, 张亢, 杨宇, 等. 局部均值分解与经验模式分解的对比研究[J]. 振动与冲击, 2009, 28 (5): 13 - 15.